高等混凝土结构理论

ADVANCED THEORY OF CONCRETE STRUCTURES

主　编　朱平华　陈春红
副主编　郭　翔

图书在版编目(CIP)数据

高等混凝土结构理论/朱平华,陈春红主编. —武汉:中国地质大学出版社,2023.12
ISBN 978-7-5625-5713-5

Ⅰ.高… Ⅱ.①朱… ②陈… Ⅲ.①混凝土结构-高等学校-教材 Ⅳ.①TU37

中国国家版本馆 CIP 数据核字(2023)第 257230 号

高等混凝土结构理论	朱平华 陈春红 **主 编**	
	郭 翔 **副主编**	

责任编辑:杜筱娜	选题策划:谢媛华	责任校对:张咏梅

出版发行:中国地质大学出版社(武汉市洪山区鲁磨路388号)	邮政编码:430074
电　　话:(027)67883511　　传　　真:(027)67883580	E-mail:cbb@cug.edu.cn
经　　销:全国新华书店	http://cugp.cug.edu.cn
开本:787毫米×1 092毫米 1/16	字数:402千字　　印张:15.75
版次:2023年12月第1版	印次:2023年12月第1次印刷
印刷:武汉市籍缘印刷厂	
ISBN 978-7-5625-5713-5	定价:52.00元

如有印装质量问题请与印刷厂联系调换

前　言

"高等混凝土结构理论"是土木工程类专业研究生的主干课程之一，是本科阶段混凝土结构知识的深化和拓展。本书结合国内外最新的混凝土结构发展情况及我国最新的相关规范，主要介绍了混凝土结构相关的基本理论和分析计算方法，全书共分为10章。

绪论介绍了各种混凝土结构的主要应用特点和发展趋势，混凝土结构主要用材的发展现状，混凝土结构设计计算理论的发展，以及混凝土结构性能测试的常用方法。

第1章介绍了现代结构混凝土基本概念，具有代表性的现代结构混凝土类型、性能要点、制备技术及力学性能，现代结构混凝土的研究热点、主要研究手段和试验方法等。

第2章阐述了混凝土多轴强度的基本概念、测试设备与方法，介绍了混凝土多轴受力下的破坏形态及发生条件、多轴强度破坏准则及计算方法、多轴受力状态下的本构模型。

第3章介绍了钢筋与混凝土之间的黏结应力、黏结强度及影响因素，以及黏结性能测试技术的发展等。

第4章介绍了混凝土损伤力学基本概念、经典的损伤理论及模型、疲劳损伤代表性模型，线性断裂力学和非线性断裂力学的基本知识，以及断裂力学在混凝土结构中的应用，重复荷载下的混凝土损伤本构、损伤分析方法及影响因素。

第5章介绍了混凝土构件裂缝形成的原因、裂缝控制、裂缝宽度的计算方法，混凝土受弯构件的挠度验算方法、截面刚度计算方法，以及构件的变形计算方法，受剪构件和受扭构件的刚度和变形计算方法。

第6章介绍了钢筋混凝土结构构件的抗震性能，钢筋混凝土构件的恢复力模型，钢筋混凝土结构的抗震设计原则，设计规范在混凝土结构抗震中的应用，钢筋混凝土结构抗震设计中的延性分析方法。

第7章介绍了疲劳的基本概念、经典的损伤力学理论及模型、疲劳性能代表性模型、断裂力学在钢筋混凝土结构中的应用、重复荷载下的钢筋混凝土的疲劳本构、疲劳性能的分析方法及影响因素。

第8章介绍了钢筋混凝土结构在高温作用下的特点、温度-时间曲线、截面温度场计算方法，钢材及混凝土高温力学性能、本构关系，钢筋混凝土构件高温分析及近似计算方法，钢筋混凝土结构抗高温性能研究趋势等。

第9章介绍了再生混凝土力学基本概念，再生混凝土耐久性破坏的基本形式、碳化机理、氯离子侵蚀机理、冻融破坏机理、碱-骨料反应机理、抗溶蚀性能，以及再生混凝土结构的

I

可持续性设计。

本书由常州大学朱平华、陈春红任主编,郭翔任副主编。其中,绪论、第3章由陈春红编写,第1章由蒋宏伟编写,第2章由王少伟编写,第4章、第5章由郭翔编写,第6章、第7章由杨福剑编写,第8章由耿鞶编写,第9章由朱平华编写。全书由郭翔统稿。

限于编者的水平和能力,书中的错误和不足之处在所难免,敬请各位专家与读者批评指正。

编　者

2022年10月

目 录

0 绪 论 ··· (1)

  0.1 混凝土结构 ·· (1)

  0.2 混凝土结构的发展简况 ··· (3)

  0.3 混凝土结构的发展展望 ··· (7)

  思考题 ·· (12)

  参考文献 ··· (12)

1 现代结构混凝土 ··· (13)

  1.1 纤维混凝土 ·· (13)

  1.2 轻骨料混凝土 ··· (18)

  1.3 自密实混凝土 ··· (26)

  1.4 超高性能混凝土 ·· (29)

  1.5 再生混凝土 ·· (37)

  思考题 ·· (44)

  参考文献 ··· (44)

2 混凝土的多轴强度与本构关系 ··· (51)

  2.1 多轴强度和变形的规律 ··· (51)

  2.2 多轴受力下的破坏形态 ··· (55)

  2.3 多轴强度破坏准则与实用计算方法 ································· (56)

  2.4 多轴受力下的本构关系 ··· (57)

  思考题 ·· (61)

  参考文献 ··· (62)

3 钢筋与混凝土的黏结 ·· (63)

  3.1 钢筋与混凝土的黏结机理 ·· (63)

  3.2 黏结应力-滑移本构关系 ··· (74)

  3.3 重复荷载、反复荷载下的黏结 ······ (77)
 思考题 ······ (82)
 参考文献 ······ (83)

4 混凝土损伤与断裂 ······ (84)
  4.1 混凝土损伤力学 ······ (84)
  4.2 混凝土疲劳损伤 ······ (91)
  4.3 混凝土断裂力学 ······ (94)
 思考题 ······ (105)
 参考文献 ······ (105)

5 混凝土构件的裂缝与变形 ······ (107)
  5.1 混凝土构件裂缝宽度计算 ······ (107)
  5.2 混凝土受弯构件的刚度与变形 ······ (113)
  5.3 混凝土受剪构件的刚度与变形 ······ (120)
  5.4 混凝土受扭构件的刚度与变形 ······ (123)
 思考题 ······ (126)
 参考文献 ······ (126)

6 钢筋混凝土构件的抗震性能 ······ (127)
  6.1 钢筋混凝土结构构件的抗震性能 ······ (127)
  6.2 钢筋混凝土构件的恢复力模型 ······ (139)
  6.3 钢筋混凝土构件的抗震延性设计与分析 ······ (145)
 思考题 ······ (157)
 参考文献 ······ (158)

7 钢筋混凝土构件的疲劳性能 ······ (160)
  7.1 混凝土的疲劳性能 ······ (160)
  7.2 钢筋的疲劳性能 ······ (165)
  7.3 钢筋和混凝土黏结的疲劳性能 ······ (167)
  7.4 构件的疲劳性能及验算 ······ (170)
 思考题 ······ (172)
 参考文献 ······ (173)

8 钢筋混凝土构件的抗高温性能 (174)

- 8.1 结构抗高温的特点 (174)
- 8.2 温度-时间曲线和截面温度场 (175)
- 8.3 材料的高温力学性能 (177)
- 8.4 混凝土的高温本构关系 (185)
- 8.5 构件的高温分析和近似计算 (189)
- 8.6 钢筋混凝土结构抗高温性能研究趋势 (194)
- 思考题 (194)
- 参考文献 (194)

9 再生混凝土结构的性能 (198)

- 9.1 再生混凝土的力学性能 (198)
- 9.2 再生混凝土的碳化 (209)
- 9.3 再生混凝土的氯离子渗透 (214)
- 9.4 再生混凝土的冻融特性 (216)
- 9.5 碱-骨料反应 (220)
- 9.6 再生混凝土的溶蚀 (223)
- 9.7 再生混凝土构件的性能 (227)
- 9.8 再生混凝土结构的抗震性能 (234)
- 思考题 (239)
- 参考文献 (239)

0 绪 论

知识目标：了解各种混凝土结构的主要应用特点和发展趋势；了解混凝土结构主要用材的发展现状；了解混凝土结构设计计算理论的发展；了解混凝土结构性能测试的常用方法。

能力目标：构建清晰的混凝土材料及结构的发展趋势和基本概念，具备分析混凝土结构特点的能力。

学习重点：混凝土结构在材料、结构、设计等方面的基本概念。

学习难点：全概率设计法的内涵和耐久性设计方法理念。

0.1 混凝土结构

混凝土结构包括素混凝土结构、预应力混凝土结构、钢筋混凝土结构和其他形式的加筋混凝土结构。素混凝土结构常用于路面和一些非承重结构；预应力混凝土结构是配置了预应力钢筋的混凝土结构。在大多数情况下，混凝土结构是由钢筋和混凝土组成的钢筋混凝土结构。钢筋混凝土结构由钢筋与混凝土两种材料组成，这两种材料结合可以取长补短，是非常理想的材料组合方式。

随着技术的发展，混凝土结构在其所用材料、配筋方式上有了很多新进展，形成了一些新的混凝土结构形式，如高性能混凝土结构、纤维增强混凝土结构、钢-混凝土组合结构和装配式混凝土结构等。

0.1.1 高性能混凝土结构

高性能混凝土具有高强度、高耐久性、高流动性及高抗渗透性等优点，是今后混凝土材料发展的重要方向。我国《混凝土结构设计规范（2015年版）》（GB 50010—2010）将混凝土强度等级大于C50的混凝土划分为高强混凝土。高强混凝土的强度高、变形小、耐久性好，适应现代工程结构向大跨、重载、高耸发展和承受恶劣环境条件的需要。高强混凝土在受压时表现出较小的塑性变形和更大的脆性变形，因而在结构构件计算方法和构造措施上与普通强度混凝土有一定差别，在某些结构上的应用受到限制。如有抗震设防要求的混凝土结构，混凝土强度等级不宜超过C60（设防烈度为9度时）和C70（设防烈度为8度时）。

0.1.2 纤维增强混凝土结构

在普通混凝土中掺入适当的纤维材料而形成纤维增强混凝土，其抗拉、抗剪、抗折强度和抗裂、抗冲击、抗疲劳、抗震及抗爆等性能均有较大提高,因而获得较大发展和应用。

目前应用较多的纤维材料有钢纤维、合成纤维和碳纤维等。钢纤维混凝土是将短的、不连续的钢纤维均匀乱向地掺入普通混凝土而制成的,分为无钢筋纤维混凝土结构和钢纤维钢筋混凝土结构。钢纤维混凝土结构的应用范围很广,如机场的飞机跑道、地下人防工程、地下泵房、水工结构、桥梁与隧道工程等[1]。合成纤维(尼龙基纤维、聚丙烯纤维等)可以作为主要加筋材料,能提高混凝土的抗拉、韧性等结构性能,用于各种水泥基板材;也可以作为一种次要的加筋材料,主要用于提高混凝土材料的抗裂性。碳纤维具有轻质、高强、耐腐蚀、施工便捷等优点,已广泛用于建筑、桥梁结构的加固补强及机场飞机跑道工程等。

0.1.3 钢-混凝土组合结构

用型钢或钢板焊(或冷压)成钢截面,再将其埋置于混凝土中,使混凝土与型钢形成整体共同受力,这种结构称为钢-混凝土组合结构。国内外常用的组合结构有压型钢板与混凝土组合楼板、钢与混凝土组合梁、型钢混凝土结构、钢管混凝土结构和外包钢混凝土结构五大类[2]。

钢-混凝土组合结构除了具有钢筋混凝土结构的优点,还有抗震性能好、施工方便,能充分发挥材料性能等优点,因而得到了广泛应用。各种结构体系,如框架、剪力墙、框架-剪力墙、框架-核心筒等结构体系中的梁、柱、墙均可采用组合结构。例如,美国近年建成的太平洋第一中心大厦(44层)和双联广场大厦(58层)的核心筒大直径柱,以及北京环线地铁车站柱,都采用了钢管混凝土结构;上海金茂大厦外围柱、上海环球金融中心的外框筒柱,均采用了型钢混凝土柱;我国在电厂建筑中推广使用了外包钢混凝土结构。

0.1.4 装配式混凝土结构

由预制混凝土构件通过可靠的连接方式装配而成的混凝土结构称为装配式混凝土结构,包括装配整体式混凝土结构、预制装配式混凝土结构等。其中,装配整体式混凝土结构是指由预制混凝土构件通过可靠的方式进行连接并与现场后浇混凝土、水泥基灌浆料形成整体的装配式混凝土结构。预制装配式混凝土结构一般在固定的工厂或施工现场临时搭建的场地进行立模、浇筑、养护,在混凝土达到要求强度后运送或吊装至施工现场并进行安装[3]。根据结构体系的不同,装配式混凝土结构体系可分为多种:装配式框架结构体系、装配式剪力墙结构体系和装配式空间网格结构体系等[4,5]。

1. 装配式框架结构体系

装配式框架受力较为清晰,力传递路径明确,按照承重构件的连接方法,可以将预制混凝土框架划分为湿式连接框架和干式连接框架两种类型。湿式连接框架即将混凝土浇筑(水泥浆灌注)在框架结构的预制构件之间,从而形成整体框架结构。干式连接框架即在框架的预制构件之间采用干式连接,整体框架通过螺栓连接或焊接植入钢板或其他钢部件的连接件从而形成。

2. 装配式剪力墙结构体系

装配式剪力墙结构是除框架结构外的另一种主要结构形式,其抗侧刚度远远大于框架,在高层建筑结构中应用极为广泛。随着建筑工业化的推进,剪力墙结构的预制装配化有着十分重要的意义,其大规模的使用有利于促进我国的建筑工业化和住宅产业化的发展。与装配式框架结构需要重点研究梁柱节点不同,装配式剪力墙结构的研究重点是解决剪力墙的水平和竖向接缝问题。

3. 装配式空间网格结构体系

装配式空间网格结构体系是一种我国完全拥有自主知识产权的新型结构体系,它具有跨越能力强、构件尺寸小、节约材料、节省层高等优点,相较于传统结构体系而言有非常明显的优势,非常契合我国节约土地、促进环境友好发展的方针,是一种极有发展前景的新型结构体系。装配式空间网格结构体系主要包含装配式空间网架结构、装配式空腹夹层板结构、装配式盒式结构。

除了以上 3 种结构体系以外,近些年还有一种结构体系——装配式模块化结构体系逐渐发展起来。模块建筑是一种高度集成的预制装配体系,其特点是在三维的预制模块单元(类似于集装箱)中,集成建筑外墙、装修、管线设备等。生产完毕后,运往现场进行吊装拼接。这种体系的预制装配体现在结构与使用功能两个方面:不仅结构部分施工便捷,还免去了后期的装修等工作,这是它与其他装配技术的最大不同。

装配式混凝土结构体系具有生产效率高、建设周期短、产品质量好、对环境影响小和可持续发展能力强等优点,符合我国产业升级和绿色发展的要求,已经成为目前建筑业结构调整和转型升级的必然选择,但其现阶段的发展应用也存在诸多问题,面临很多挑战。

装配式混凝土结构中的节点是装配式建筑的薄弱环节,且国内的节点连接技术目前尚不成熟。另外,与传统建筑方法相比,预制建筑物具有更多连接界面和接缝,因此相较于现浇混凝土结构,装配式结构的抗震防水能力较差。但研究发现,若采用的节点牢固可靠,即使建筑位于地震区,装配整体式框架结构、装配整体式框架-现浇剪力墙结构在刚度和整体性等方面均可等同于现浇混凝土结构。

0.2 混凝土结构的发展简况

0.2.1 混凝土结构发展阶段

相对于木结构、钢结构、砌体结构而言,混凝土结构起步较晚,其应用仅有约 170 年的历史,可大致划分为 4 个阶段。1850 年到 1920 年为第一个阶段,这时由于钢筋和混凝土的强度都很低,仅能建造一些小型的梁、板、柱、基础等构件,钢筋混凝土本身的计算理论尚未建立,只能按弹性理论进行结构设计。1920 年到 1950 年为第二个阶段,这时已建成各种空间结构,发明了预应力混凝土并应用于实际工程,开始按破损阶段设计理论进行构件截面设计。1950年到1980年为第三个阶段,由于材料强度的提高,混凝土单层房屋和桥梁结构的跨度不断增大,混凝土高层建筑的高度已达262m,混凝土的应用范围进一步扩大;各种现代化施工方法普遍应用,同时广泛采用预制构件,结构构件设计已过渡到按极限状态方法进行设计[6]。大致从1980年起,混凝土结构的发展进入第四个阶段。尤其是近10余年来,大模板现浇和大板等工业化体系进一步发展,高层建筑新结构体系(如框桁架体系和外伸结构等)有较多的应用。振动台试验、拟动力试验和风洞试验较为普遍地开展。计算机辅助设计和绘图的程序化改进了设计方法,并提高了设计质量,减轻了设计工作人员的负担,减少了设计工作量。非线性有限元分析方法的广泛应用,推动了混凝土强度理论和本构关系的深入研究,并形成了"近代混凝土力学"这一分支学科。结构构件的设计已采用以概论理论为基础的极限状态设计方法。

0.2.2 房建工程

目前,混凝土结构已成为土木工程中的主流结构。在房屋建筑中,工厂、住宅、办公楼等单层、多层建筑广泛采用混凝土结构。如房屋建筑中的住宅、公共建筑广泛采用钢筋混凝土楼盖和屋盖;很多单层厂房采用钢筋混凝土柱、基础,钢筋混凝土或预应力混凝土屋架及薄腹梁等;高层建筑中混凝土结构体系的应用甚为广泛。其中,2010年投入使用的阿拉伯联合酋长国迪拜哈利法塔(Burj Khalifa Tower),是业内已建成的世界最高混凝土结构建筑物,见图0-1。哈利法塔原名迪拜塔(Burj Dubai),又称迪拜大厦或比斯迪拜塔,162层,总高828m。号称"亚洲第一高楼"的上海中心大厦127层,楼高632m,是亚洲最高的混凝土结构建筑物,见图0-2。1998年建成的吉隆坡石油双塔,共88层,高452m,以及2003年建成的台北101大楼,101层,高508m,这两幢房屋均采用钢-混凝土组合结构,其高度已超过美国芝加哥西尔斯大厦[Sears Tower,现称为威利斯大厦(Willis Tower),高442.3m]。我国上海金茂大厦,88层,建筑高度420.5m,为钢筋混凝土和钢构架混合结构,其中横穿混凝土核心筒的三道8m高的多方位外伸钢桁架,为世界高层建筑所罕见。已知世界上计划建造800m以上的塔楼有日本的东京千年塔(Millennium Tower),高840m,以及中国香港的超群大厦(Bionic Tower),高1228m。以上这些都是混凝土结构,其在城市高层建筑的发展中起到了重要作用。

0.2.3 桥梁工程

混凝土结构在桥梁工程中的应用也相当普遍,无论是中小跨度桥梁还是大跨度桥梁,大都采用混凝土结构建造。如分别于1991年与1997年建成的挪威斯卡恩圣特(Skarnsundet)桥和重庆长江二桥,均为预应力混凝土斜拉桥;虎门大桥中的辅航道桥为预应力混凝土刚架公路桥,跨度达270m;攀枝花预应力混凝土铁路刚架桥,跨度为168m。公路混凝土拱桥应用也较多,其中突出的有1997年建成的四川万州长江大桥,为上承式拱桥,采用钢管混凝土和型钢骨架组成三室箱形截面,跨长420m,为当时世界上同类型跨度最大的拱桥;贵州江界河桥和广西蒲庙大桥等均为混凝土桥。当今世界上最长的跨海大桥——港珠澳大桥(图0-3),全长55km,包含22.9km的桥梁和6.7km的海底隧道,整座桥梁有桥墩224

座,桥塔 7 座。值得注意的是,港珠澳大桥基础墩使用的混凝土为海工混凝土。除了混合物的强度与和易性,海洋混凝土还要满足设计和施工在耐腐蚀、防止钢材腐蚀和冰冲击方面的更高要求。

图 0-1 世界第一高楼——哈利法塔   图 0-2 "亚洲第一高楼"——上海中心大厦

而位居世界跨海大桥第四的我国杭州湾跨海大桥(图 0-4),全长 36km,据初步核定,大桥共用钢材 76.7 万 t,混凝土 240 万 m^3。为保证大桥建造、使用效果,采用新型混凝土、温控技术和低应力张拉新工艺,以应对预制箱梁早期开裂和耐久性问题。2016 年 12 月建成通车的沪昆高铁北盘江特大桥(图 0-5),全长 721.25m,是中国最大的上承式钢筋混凝土单跨桥梁,也是世界最大跨度钢筋混凝土拱桥,其拱桥跨度为 445m,大桥在施工时采用大跨度桥梁无砟轨道铺设技术、大跨度混凝土拱桥工法及大跨度桥梁刚度控制工艺,实现了施工工艺的重大突破。2008 年 6 月建成通车的苏通长江公路大桥(图 0-6)是中国建桥史上工程规模大、综合建设条件最复杂的特大型桥梁工程之一,大桥跨径为 1088m,是世界跨径最大的斜拉桥,采用高 300.4m 的混凝土塔,也为世界最高桥塔,大桥最长拉索长达 577m,为世界上最长的斜拉索。

图 0-3 世界最长跨海大桥——港珠澳大桥   图 0-4 世界第四长跨海大桥——杭州湾跨海大桥

图 0-5 沪昆高铁北盘江特大桥

图 0-6 苏通长江公路大桥

0.2.4 其他工程

混凝土结构在道路工程、隧道工程、水利工程、地下工程、特种工程中的应用也极为广泛。截至2020年,我国铁路运营里程达14余万千米,其中高铁3.6余万千米。铁路隧道、桥梁、站台、无砟轨道对于钢筋混凝土结构的使用是空前巨大的。超高性能混凝土、预应力混凝土在铁路建设中的应用也得到了广泛讨论。2022年,渝湘高铁重庆至黔江铁路重庆长江隧道进入全面施工阶段,该隧道全长11.9km,为全国最长水下高铁隧道。可以预见的是,预制混凝土衬砌管片等混凝土结构、构件的创新、应用将迎来新机遇。

在水利工程中,混凝土因自重大,其中砂石比例大且易于就地取材,常用来修建大坝。如瑞士大迪克桑斯坝,坝高285m,是目前世界上最高的混凝土重力坝,坝顶宽15.0m,坝底宽225m,坝顶长695m,库容量4亿m^3。美国胡佛水坝为1936年建成的混凝土重力坝,高221m,坝顶长379m,顶厚14m,底宽202m。美国胡佛水坝在混凝土建坝史上被认为是一个里程碑,因兴建该坝时,采用分块浇筑法,解决了大体积混凝土的收缩和温度应力问题,为以后修建大坝提供了成功经验。2021年中国第四、世界第七大水电站——乌东德水电站(图0-7)正式投产发电,其挡水建筑物为混凝土双曲拱坝,坝顶高程988m,最大坝高270m,底厚51m,厚高比仅为0.19,是世界上最薄的300m级特高拱坝,也是世界首座全坝应用低热水泥混凝土浇筑的特高拱坝。中国的三峡大坝(图0-8)全长2335m,混凝土总方量为1610万m^3,是世界上规模最大的大坝,设计坝顶高程185m。另外,我国举世瞩目的南水北调大型水利工程,沿线将建造很多预应力混凝土渡槽。除了以上介绍的工程案例外,特种结构中的烟囱、水塔、筒仓、储水池、电视塔、核电站反应堆安全壳、近海采油平台等也有很多采用混凝土结构建造。

图 0-7 乌东德水电站

图 0-8 三峡大坝

0.3 混凝土结构的发展展望

2010年我国水泥产量已达18.8亿t,居世界首位,占世界总产量的50%,钢材实际产量7.98亿t;2014年我国水泥产量达到24.7亿t,超过世界总产量的60%,钢材实际产量11.26亿t,约占世界总产量的50%。可以预见,未来混凝土仍将是一种重要的工程材料,并将在材料、结构、计算理论、耐久性等各个方面得到进一步发展。

0.3.1 材料

高性能混凝土是发展方向。一般认为,高性能混凝土具有高抗渗性、高体积稳定性(低干缩、低徐变、低温度变形和高弹性模量)、适当的高抗压强度、良好的施工性(高流动性、高黏聚性、自密实性)。《高性能混凝土应用技术规程》(CECS 207—2006)将高性能混凝土定义为:采用常规材料和工艺生产,具有混凝土结构所要求的各项力学性能,具有高耐久性、高工作性和高体积稳定性的混凝土。高性能混凝土的强度一般为C50及以上,混凝土强度高,可减小断面,减轻自重,提高空间利用率。目前国内常用混凝土的强度为20~50N/mm²(MPa),国外常用的强度等级在C60以上。在实验室内,国内外均已制成C200及以上强度的混凝土,在特殊结构(如高耸、大跨、薄壁空间结构等)的应用中,可配制出400N/mm²左右的高强混凝土。我国现有的混凝土的强度偏低,这不利于混凝土的工程应用,高性能混凝土首先得是高强混凝土。

除了强度高,高性能混凝土还具有高耐久性、高工作性和高体积稳定性。外加剂的发明与应用对高性能混凝土的性能提升起到了很大的作用。目前的外加剂主要对混凝土的性能进行以下方面的改善:拌合物流动性、混凝土凝结时间、混凝土耐久性等。随着各种高性能的复合型外加剂不断地被研制出来,高性能混凝土的性能得到更大的提升,这也将对混凝土施工工艺产生重大的影响。

近几十年来,随着科学技术的进步和土木工程发展的需要,人们逐渐意识到通过开发新型材料提高混凝土结构的综合性能是土木工程领域发展的一个趋势。因此,一大批新型土木工程材料应运而生。其中,纤维增强复合材料(fiber reinforced polymer,FRP)凭借着轻质高强、抗疲劳、耐腐蚀、耐久性好等优良性能脱颖而出,在土木与建筑工程结构中的应用和研究十分活跃,并已逐渐形成一个新的学科增长点。FRP材料具有良好的耐腐蚀性和耐久性,可以在酸、碱、氯盐和潮湿的环境中长期使用,这是传统结构材料难以比拟的。美国、瑞士、英国、加拿大等国家的寒冷地区,以及一些国家的近海地区,已经开始在桥梁等建筑中较大规模采用FRP结构或FRP配筋混凝土结构以抵抗除冰盐和大气中盐分造成的腐蚀,降低结构的维护费用,延长结构的使用寿命。随着化工、高分子聚合物生产的发展,掺入高分子化合物的混凝土,如浸渍混凝土、聚合物混凝土、树脂混凝土等得到发展和应用。实验研究和工程应用显示,这类混凝土不仅抗压性能和抗拉性能好,而且耐磨、抗渗、抗冲击、耐冻等性能均显著优于普通混凝土。聚合物混凝土的逐步推广应用,必然会引起新结构的发展[3]。

为了减轻混凝土结构的自重,轻质混凝土应运而生。轻质混凝土主要采用轻质骨料。轻质骨料主要有天然轻骨料(如浮石、凝灰岩等)、人造轻骨料(如页岩陶粒、黏土陶粒、膨胀珍珠岩等)和工业废料(如炉渣、矿渣、粉煤灰等)。轻质混凝土的密度小于 $1800kg/m^3$。轻质混凝土具有质量轻、保温性能良好、弹性模量低、抗震性能好、耐火性能较好等特点,今后会得到进一步应用。

钢材方面,高强度化是钢筋品种发展的主要方向之一。我国正在大力推进节能减排,建筑业节能对我国整体节能具有重大意义。钢筋作为建筑用重要材料之一,其强度等级和质量水平对节约资源、降低能耗有着直接影响。采用高强钢材可显著减小钢结构的构件尺寸和结构的质量,相应地减小焊接工作量和焊接材料用量,减小各种涂料(防锈、防火等)的用量及施工工作量。所取得的经济效益可使整个工程总造价降低,同时在建筑物使用方面,减小构件尺寸能够带来更大的使用空间。目前工程应用的钢材强度已经达到460MPa以上,开始推荐使用屈服强度为500MPa、590MPa、620MPa 和 690MPa 等更高强度的结构钢。我国国家体育场"鸟巢"(图 0-9)采用了 700 多吨板厚达到 110mm 的 Q460E/Z35 高强度高性能钢材。2012 年竣工交付使用的中央电视台总部大楼(图 0-10)采用了 2300t Q460E/Z35 高强度高性能钢材。

图 0-9　国家体育场"鸟巢"实景　　　　图 0-10　中央电视台总部大楼实景

此外,功能化是我国钢筋品种发展的另一个主要方向。我国城镇化的不断深入和建筑行业标准的逐渐提升,对建筑安全性提出了更高的要求,对钢筋的功能性要求也越来越高,我国钢筋品种也在向着耐腐蚀性、耐低温、复合化等各种功能性方向发展,以适应不同使用环境的特殊要求。目前,我国钢筋生产企业在钢筋产品抗震性、耐腐蚀性、耐低温等功能性技术研发与应用方面已经取得了突破,但随着建筑环境日益复杂及标准的不断提升,钢筋功能性提升仍然有巨大的空间,也是钢筋产品转型升级的重要方向。

0.3.2　结构

钢和混凝土组合结构的耐久性及维修加固、全寿命经济性能、智能化等已成为研究热点。钢和混凝土组合结构包括钢筋混凝土结构、型钢混凝土(劲性钢筋混凝土)结构、钢管混凝土结构和预应力混凝土结构等。在约束混凝土概念的指导下,外包钢混凝土组合柱已经在火电厂主厂房和石油化工企业的构筑物中得到应用。钢管混凝土在地下铁道、桥梁、高层中广泛应用。

预应力混凝土大量应用于民用建筑、桥梁结构和特种结构。在特种结构,包括地下管道、海洋工程、锚索类结构等具有特殊用途的工程结构中,采用预应力技术可以满足特殊结构的特殊功能要求,同时能够减少材料用量、减缓裂缝的出现及发展。例如,对于水池、安全壳、筒仓等环向力较大的结构,预应力筋主要呈环向布置,通过预先施加的压应力来抵消由沿径向向外的外力所产生的拉应力,使混凝土构件始终处于受压状态,防止裂缝的产生,同时提高结构的抗渗防水性能。预应力混凝土已经有先张法、后张法、无黏结预应力等技术。随着高效且耐久的锚夹具的研发,更为成熟稳定的锚固技术和张拉技术的不断发展,预应力技术在将来还会有更大的发展。比如体外张拉预应力索技术,开始只用于补强和加固,目前也已经用于新结构,体外张拉预应力可避免制孔、穿索、灌浆等工序,并且在发现问题时易于更换预应力索。

装配式建筑在节能、节材和减排方面已取得显著成效。装配式建筑和预应力技术相结合,形成预制装配式建筑施工技术,可以保证建筑的质量,实现商业化生产,缩短施工时间,提高施工效率。和传统的建筑类型相比,预制装配式建筑对地基的承载力要求不高,施工步骤更为简便,不需要全部在现场施工,可以预制部分构件,然后运输到施工现场完成安装施工,这样就有效地缩短了施工时间,可以有更多的时间留给后续施工,各个构件施工和剩余现场施工可以同步完成;同时,避免了材料的浪费,整个过程绿色环保,这也是建筑结构的发展方向之一。

在工程结构的实践上,许多大型、巨型工程都将应用混凝土结构。随着人口增长、城市发展,土建工程会向高空发展(如超高层建筑等)、向地下发展(如地下交通、地下商场等)、向海洋发展(如填海造地、人工岛等),这些工程的建设必将扩大混凝土的应用范围,建造出更加宏伟的建筑。至于越海、越江隧道,环球地铁的建造均离不开混凝土结构的支护。可以展望,混凝土结构在未来的工程建设中会发挥更大的作用。

0.3.3 计算理论

20 世纪 30 年代以前,将钢筋混凝土视为理想弹性材料,按材料力学的允许应力法进行设计计算。由于钢筋混凝土并不是一种弹性材料,而是有着明显的塑性性能,这种以弹性理论为基础的计算方法不能如实地反映构件截面的应力状态,也不能正确地计算结构构件的承载能力。

20 世纪 30 年代,苏联学者首先提出了将钢筋混凝土的塑性性能计算考虑在内的破坏阶段计算方法。这种方法充分考虑了材料性能的结构构件承载力,要求按材料平均强度计算的承载力必须大于计算的最大荷载产生的内力。计算的最大荷载是由规定的标准荷载乘单一的安全系数而得出的。安全系数仍然是依据工程经验和主观判断来确定的。

20 世纪 50 年代,国际上第一次提出了极限状态计算法。极限状态计算法是破坏阶段计算法的发展,它规定了结构的极限状态,并把单一安全系数改为 3 个分项系数,即荷载系数、材料系数和工作条件系数,故该方法又称为"三系数法"。三系数法把不同的外荷载、不同的材料、不同构件的受力性质等,都用不同的安全系数区别开来考虑,使不同的构件具有比较一致的安全度,而部分荷载系数和材料系数基本上是根据统计资料用概率方法确定的。因此,这种计算方法被称为半经验、半概率的"三系数极限状态设计法"。

20世纪70年代以来,国际上以概率论和数理统计为基础的结构可靠度理论在土木工程领域逐步进入实用阶段。我国在总结相关试验研究、工程实践经验和学习国外科技成果的基础上,也逐步将结构可靠度理论应用到建筑结构领域内,并很快取得了系列成果。1984年国家计划委员会批准颁布的《建筑结构设计统一标准》(GBJ 68—1984),首次提出了以可靠性为基础的概率极限状态设计统一原则。该标准应用18年后在2002年被《建筑结构可靠度设计统一标准》(GB 50068—2001)替代。该标准仍采用以概率理论为基础的极限状态设计方法作为工程结构设计的总原则,并提出了以设计使用年限作为工程结构设计的总体依据。最新版《建筑结构可靠性设计统一标准》(GB 50068—2018)于2019年4月开始实施,该标准要求建筑结构设计宜采用以概率理论为基础、以分项系数表达的极限状态设计方法[3]。

目前,国际上将概率方法按精确程度不同分为水准Ⅰ、水准Ⅱ和水准Ⅲ,分别为半概率设计法、近似概率设计法和全概率设计法。半概率设计法虽然在荷载和材料强度上分别考虑了概率原则,但它把荷载效应和结构抗力分开考虑,并没有从结构构件的整体性出发考虑结构的可靠性,并且各分项安全系数主要依据工程经验确定。近似概率设计法将结构抗力和荷载效应作为随机变量,按给定的概率分布估算失效概率或可靠指标,在分析中采用平均值和标准差两个统计参数,且对设计表达式进行线性化处理。但是,近似概率设计法因为在分析中忽略或简化了基本变量随时间变化的关系,确定基本变量的分布时受现有信息量限制而具有相当的近似性,所以仍是一种近似的概率设计法。我国《混凝土结构设计规范(2015年版)》(GB 50010—2010)采用的就是近似概率设计法。全概率设计法是一种完全基于概率理论的较理想的方法,不仅把影响结构可靠性的各种因素用随机变量概率模型描述,更进一步考虑了随时间变化的特性,并用随机过程概率模型描述,而且在对整个结构体系进行精确概率分析的基础上,以结构的失效概率作为结构可靠度的直接度量,是一种完全的、真正的概率方法。

0.3.4 耐久性

设计永久性建筑时,耐久性是结构必须满足的功能之一。在设计基准期内,要求结构在正常使用和维修条件下,随时间变化而能满足预定功能的要求。一般混凝土结构的使用寿命都要求大于50年,但调查资料显示,近几十年来,混凝土结构因材质劣化造成失效以致破坏崩塌的事故在国内外频繁发生,用于混凝土结构修补、重建和改建的费用日益增加。因此,混凝土结构的耐久性问题越来越受到人们的重视。在设计混凝土结构时,除进行承载力计算、变形和裂缝验算外,还必须进行耐久性设计。

耐久性设计涉及建筑周围环境和结构设计、施工、用料、维护和管理等多方面因素,是一个很复杂的问题。我国很早以前就着手进行混凝土结构耐久性设计和施工方面的研究及规范制订工作[7]。我国通过对环境条件的划分、耐久性的可靠性指标计算、混凝土碳化深度的计算、钢筋锈蚀度计算等问题的深入研究,于2008年颁布了《混凝土结构耐久性设计规范》(GB/T 50476—2008),2019年颁布了《混凝土结构耐久性设计标准》(GB/T 50476—2019)。同时颁布了不少行业标准,如《公路工程混凝土结构耐久性设计规范》(JTG/T 3310—2019)、《铁路混凝土结构耐久性设计规范》(TB 10005—2010)、《水利工程混凝土耐久性技术规范》(DB32/T 2333—2013)和《水工混凝土结构耐久性评定规范》(SL 775—2018)等,说明我国在混凝土结构耐久性设计和施工的研究取得了阶段性成果。

1. 耐久性设计现状一般考虑因素

不同混凝土结构的原材料、强度等级、水泥用量、水胶比、结构形状、混凝土保护层厚度、裂缝宽度、表层混凝土质量、含气量、混凝土渗透性及防腐附加措施等均对混凝土结构的耐久性有直接影响[8,9]。混凝土结构耐久性设计中需要对不同材料影响因素和构造参数的差异性分别进行考虑。各国规范及标准主要通过控制混凝土的原材料与结构构造这两方面来保证混凝土的耐久性,如混凝土强度等级、最小水泥用量、最大水胶比、氯离子含量、最小保护层厚度、裂缝宽度等,并通过规定混凝土中的含气量来提高混凝土的抗冻性。而对于混凝土的耐久性能,则通常通过测定混凝土的抗渗性、抗冻性等来进行评价。

目前,工程上对混凝土结构的耐久性设计,主要是在进行结构设计的同时,按照相关设计规范中所涉及的耐久性要求的基本规定,进行定量的控制。在具体的设计过程中并不涉及混凝土结构耐久性设计的相关指标的定量化计算[10]。同时,对于结构耐久性的考虑,在结构整体设计中所占的比重也非常小。

2. 设计方法

耐久性设计方法可以分为传统的定性方法和定量方法[8]。

1) 传统的定性方法

传统的定性方法主要是依据相关混凝土结构耐久性设计规范进行。首先确定结构的设计使用年限,然后进行结构的工作环境分类,针对不同使用年限和不同环境类别及环境作用等级,对混凝土材料和结构构造做出规定,如混凝土原材料、混凝土配合比、混凝土最低强度等级、抗冻等级、结构构造等。传统方法由于沿用了工程人员熟悉和便于应用的方法,容易被工程设计人员所接受与采纳。但是这些规定并没有明确与结构全寿命成本(structural life – cycle cost,SLCC)和在各种侵蚀作用下的数学劣化模型相结合。因此,这类传统设计方法只能通过不断细化工作环境类别来提高设计的满意程度,而对应的复杂设计规定中的指标仍采取无概率意义的确定值。而事实上,这些确定值也并不是那么确定的。

2) 定量方法

定量方法大致可以分为评分法、劣化模型法、因子法等。

1990年日本土木工程学会的《混凝土结构物耐久设计准则》中,采用评分方法将有关混凝土结构耐久性的各种因素分别加以量化并与结构的使用年限相联系,做到了耐久性设计的定量分析。

此后,针对不同环境类别的侵蚀作用,许多规范提出了材料性能劣化的计算模型并据此预测结构的使用年限,这已成为研究和发展混凝土结构耐久性设计方法的主流。1996年国际材料与结构研究实验联合会的《混凝土结构的耐久性设计》报告,2000年欧洲共同体DuraCrete的《混凝土结构耐久性设计指南》的技术文件,2001年美国ACI 365委员会发布的寿命预测模型Life – 365,1998年欧洲共同体资助成立为期3年的DuraNet工作网的年度报告,以及2003—2004年欧洲共同体LIFECON的总报告等,都是基于劣化模型的混凝土结构寿命预测。劣化模型法在设计方法上取得了相当丰富的成果。

2000年,国际标准ISO 15686《建筑物及建筑资产——使用年限规划》提出了用因子法估计建筑构件的使用年限。ISO 13823:2008 *General Principles on the Design of Structures for Durability*(《耐久性结构设计的一般原则》)对环境作用及劣化机理等做了详细的阐述,提出结构耐久性设计的4种模型:①经验模型;②概念模型;③数学模型;④试验模型。

思考题

0.1 简述混凝土材料及结构的发展趋势。
0.2 简述装配式混凝土建筑的主要优缺点及发展趋势。
0.3 简述纤维混凝土结构的发展前景。

参考文献

[1] 赵国藩. 高等钢筋混凝土结构学[M]. 北京:机械工业出版社,2005.

[2] 薛建阳. 钢与混凝土组合结构设计原理[M]. 北京:科学出版社,2010.

[3] 陆春华,操礼林. 高等混凝土结构理论[M]. 镇江:江苏大学出版社,2020.

[4] 郭正兴,朱张峰,管东芝. 装配整体式混凝土结构研究与应用[M]. 南京:东南大学出版社,2018.

[5] 吴刚,冯德成,徐照,等. 装配式混凝土结构体系研究进展[J]. 土木工程与管理学报,2021,38(4):41-51.

[6] 沈蒲生. 混凝土结构设计原理[M]. 北京:高等教育出版社,2020.

[7] 中国土木工程学会. 混凝土结构耐久性设计与施工指南:CCES 01—2004[S]. 北京:中国建筑工业出版社,2005.

[8] 金伟良,武海荣,吕清芳,等. 混凝土结构耐久性环境区划标准[M]. 杭州:浙江大学出版社,2019.

[9] 陈肇元. 混凝土结构安全性耐久性及裂缝控制[M]. 北京:中国建筑工业出版社,2013.

[10] 中华人民共和国住房和城乡建设部. 混凝土结构耐久性设计标准:GB/T 50476—2019[S]. 北京:中国建筑工业出版社,2019.

1 现代结构混凝土

知识目标：掌握现代结构混凝土基本概念；了解具有代表性的现代结构混凝土类型；掌握各类现代结构混凝土的性能要点、制备技术及力学性能；了解现代结构混凝土研究的热点、主要研究手段和试验方法。

能力目标：能够构建现代结构混凝土类别体系，具备开展现代结构混凝土性能研究的能力。

学习重点：现代结构混凝土力学性能。

学习难点：现代结构混凝土本构模型。

1.1 纤维混凝土

1.1.1 概述

纤维增强混凝土(fiber reinforced concrete,FRC)简称纤维混凝土，是通过在水泥净浆、砂浆或混凝土基质中，适量掺入非连续的短纤维或连续的长纤维等增强材料，生产而成的一种可浇筑、可喷射的新型增强建筑材料[1]。采用纤维进行改性，能够克服普通混凝土脆性大、抗拉强度较低等缺陷，使混凝土的抗拉强度、抗弯强度、变形能力和抗冲击能力等得到提升[2]。

依照纤维弹性模量的高低，纤维混凝土可分为高弹模纤维增强混凝土(如钢纤维混凝土、碳纤维混凝土、玻璃纤维混凝土等)和低弹模纤维增强混凝土(如尼龙纤维混凝土、聚酯纤维混凝土等)。目前在实际工程中使用最多的纤维混凝土主要是钢纤维混凝土、碳纤维混凝土和聚丙烯纤维混凝土。其中，以钢纤维混凝土和合成纤维混凝土应用最为广泛。

纤维混凝土的研究始于20世纪初，其中以钢纤维混凝土的研究时间最早，应用也最广泛。钢纤维混凝土由Porter在1910年提出，到20世纪40年代，西方发达国家先后进行了许多关于采用钢纤维来提高混凝土耐磨性和抗裂性的研究。20世纪60年代初期，美国Romualdi提出纤维的阻裂机理，得出了钢纤维混凝土开裂强度是由对拉伸应力起有效作用的钢纤维平均间距决定的结论，即纤维间距理论，这大大促进了钢纤维混凝土的研究和应用。到20世纪80年代，我国对钢纤维混凝土的研究也逐渐兴起，赵国藩和黄承逵对钢纤维混凝土进行了系统的理论研究，取得了重要的科研成果[3]。

合成纤维混凝土由Goldfein于1965年提出，他研究了用合成纤维改善混凝土力学性能的可能性，并建议使用聚丙烯纤维拌和混凝土。到20世纪60年代末，美国、欧洲等地开始把聚丙烯纤维混凝土用于水泥制品和建筑业。目前,研究和应用最多的是丙纶纤维混凝土、维纶纤维混凝土、锦纶纤维混凝土和高弹模聚乙烯纤维混凝土等[4,5]。我国对合成纤维混凝土的研究和应用起步较晚,20世纪80年代中国建筑材料科学研究院和北京建筑材料科学研究院总公司等开始对丙纶纤维混凝土和维纶纤维混凝土进行研究。之后,有更多的合成纤维出现在纤维混凝土的研究中,国内的应用也越来越广泛。

1.1.2 特点

纤维混凝土相对于普通混凝土,有更优异的力学性能,能适应更多的使用环境,具体表现在以下几点:

(1)纤维混凝土的抗拉强度、抗弯强度和抗剪强度均有所提高,尤其当掺入高弹模纤维或纤维含量较高时,提高幅度较大。

(2)掺入纤维可明显抑制早期收缩裂缝的出现,并可减缓温度裂缝和长期收缩裂缝的发展。

(3)纤维混凝土收缩变形和徐变变形较小。

(4)纤维混凝土的抗压疲劳和弯拉疲劳性能及抗冲击、抗爆性能有显著提高。

(5)纤维混凝土在拌和后有较好的黏聚性能,可满足某些特殊环境的施工需求,如纤维混凝土在水下施工时有更优异的不分散性。

虽然掺入纤维很大程度上改善了混凝土的性能,但目前所使用的纤维也有自身缺陷。钢纤维拌和时易结团、和易性差、自重大、泵送困难且易被腐蚀;玻璃纤维耐久性差,长时间暴露于环境中其强度和韧性会大幅度下降;合成纤维抗拉强度较低,抗老化和耐碱方面也存在不足。

1.1.3 力学性能

相对于普通混凝土,纤维混凝土的抗拉强度、抗弯强度均相对增大,抗剪强度也有所改善,抗压强度增加有限,但延性大大提高。以钢纤维混凝土为例,对纤维混凝土与普通混凝土的差别进行分析。

1. 抗压强度

《纤维混凝土试验方法标准》(CECS 13:2009)[6]中明确表示钢纤维混凝土100mm×100mm×100mm非标准试件对150mm×150mm×150mm标准试件立方体抗压强度的换算系数为0.90,100mm×100mm×300mm非标准试件对150mm×150mm×300mm标准试件轴心抗压强度的换算系数为0.90。

朱海堂等[7]分别测定了钢纤维高强混凝土试件的立方体抗压强度和轴心抗压强度,发现钢纤维对高强混凝土立方体抗压强度的影响并不显著,基于试验结果提出立方体抗压强度可采用以下公式计算:

$$f_{fcu} = f_{cu}(1 + \alpha_{cu}\lambda_f) \tag{1-1}$$

式中:λ_f为钢纤维含量特征参数,即钢纤维体积分数与长径比的乘积;α_{cu}为钢纤维对高强混凝土立方体抗压强度的增强系数,可根据试验确定;f_{fcu}为钢纤维高强混凝土的立方体抗压强度;f_{cu}为素混凝土的立方体抗压强度。

同时,试验结果表明,钢纤维的加入并没有对高强混凝土的轴心抗压强度产生明显影响,因此在实际设计中,钢纤维高强混凝土的轴心抗压强度可取用基体高强混凝土的轴心抗压强度。

已有研究结果表明,高强混凝土标准棱柱体抗压强度与标准立方体抗压强度间的换算系数随混凝土强度等级的提高而提高[8],混凝土强度等级和钢纤维特征参数对钢纤维高强混凝土棱柱体抗压强度与立方体抗压强度之间的换算系数无显著影响。根据文献[7]的试验结果,高强混凝土轴心抗压强度与立方体抗压强度间的换算系数 f_c/f_{cu} 平均值为 0.88(f_c 为同强度等级普通混凝土的轴心抗压强度),钢纤维高强混凝土轴心抗压强度与立方体抗压强度换算系数 f_{fc}/f_{fcu} 平均值为 0.80(f_{fc} 为钢纤维高强混凝土的轴心抗压强度),高于相应普通强度混凝土换算系数(0.76)和普通强度钢纤维混凝土的换算系数(0.70)。

2. 受压应力-应变全曲线

钟晨等[9]对不同体积率的钢纤维混凝土进行了材料准静态力学性能试验,得到同一应变率下,不同钢纤维含量混凝土的受压应力-应变全曲线,如图 1-1 所示,曲线形状与普通混凝土相似,以钢纤维掺量为 6.00% 为例,曲线可分为 3 个阶段。

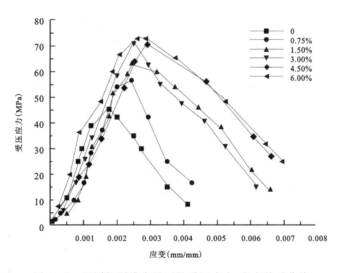

图 1-1 不同钢纤维含量下的受压应力-应变关系曲线

(1)线弹性阶段。受压应力与应变呈线性关系,曲线斜率反映试件的初始刚度。
(2)峰值应力前非线性段。裂纹萌生后稳定发展,材料随之损伤呈现出非线性特征。
(3)达到峰值应力后,微裂纹的非稳定扩展使试件出现软化效应,曲线进入明显下降段,最终导致材料强度迅速降低直至破坏。

可以看出,在材料受压损伤后钢纤维含量是影响峰值应力、峰值应变、曲线丰满程度及形状的主要因素。相对素混凝土而言,钢纤维可以显著提高混凝土材料的峰值应力和极限应变,即钢纤维对混凝土基体具有增强和增韧效果,且钢纤维含量越高,对材料的增韧效果就越明显。

3. 受压应力-应变本构模型

目前,针对钢纤维混凝土本构关系,国内外学者开展了广泛的研究,给出了以不同理论为基础的本构关系表达式。

(1)钟晨等[9]通过拟合不同钢纤维含量混凝土试验曲线(图1-2),并基于唯象学理论,提出了在材料低应变率范围内的受压应力-应变本构关系的一般表达式[式(1-2)]。其中:①为对试验曲线进行最优拟合,设 $k(v_f)=1.0$,得出 $f(\varepsilon)=\alpha_1\varepsilon+\alpha_2\varepsilon^2+\alpha_3\varepsilon^3+\alpha_4\varepsilon^4$;②通过对试验曲线的拟合,可得出 $k(v_f)=c_0+c_1v_f+c_2v_f^2$[当 $v_f=0$ 时,$k(v_f)=1.0$]。

$$\sigma = (\alpha_1\varepsilon + \alpha_2\varepsilon^2 + \alpha_3\varepsilon^3 + \alpha_4\varepsilon^4)(c_0 + c_1v_f + c_2v_f^2) \quad (1-2)$$

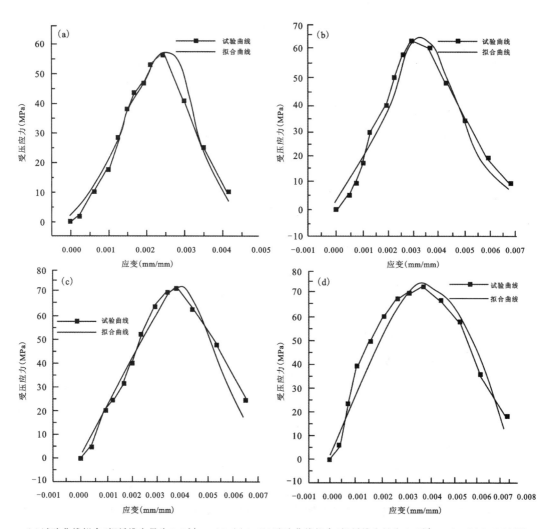

(a)试验曲线拟合(钢纤维含量为 0.5%,$\varepsilon=10^{-4}/s$);(b)试验曲线拟合(钢纤维含量为 1.5%,$\varepsilon=10^{-4}/s$);(c)试验曲线拟合(钢纤维含量为 4.5%,$\varepsilon=10^{-4}/s$);(d)试验曲线拟合(钢纤维含量为 6%,$\varepsilon=10^{-4}/s$)

图1-2 不同钢纤维含量下试验曲线和拟合曲线

式中：$f(\varepsilon)$ 为钢纤维含量 $v_f=0$ 时试件的受压应力-应变关系，描述了素混凝土材料的非线性力学行为；ε 为混凝土材料的应变；$k(v_f)$ 为材料的钢纤维增强效应；α_1 为材料在原点处的初始切线模量；α_2、α_3、α_4 为用来描述进入塑性阶段的非线性力学行为的参数；c_0、c_1、c_2 是用来拟合 $k(v_f)=c_0+c_1 v_f+c_2 v_f^2$ 曲线的参数。

（2）刘永胜等[10]根据钢纤维混凝土试验的受压应力-应变全曲线的基本特征，假定纤维增强和应变率硬化是两个相互独立的增强因素，提出了一种钢纤维混凝土的含损伤的受压应力-应变本构模型，具体表达式为

$$\sigma = E\varepsilon(1-D)K_f K_\varepsilon \tag{1-3}$$

$$K_f = 0.45987\ln(v_f+0.00346)+3.60643 \tag{1-4}$$

$$K_\varepsilon = 1.04656-0.07846\lg\left(\frac{\dot\varepsilon}{\dot\varepsilon_s}\right)+0.04691\left[\lg\left(\frac{\dot\varepsilon}{\dot\varepsilon_s}\right)\right]^2 \tag{1-5}$$

式中：E 为材料的杨氏模量；D 为损伤量；v_f 为钢纤维含量；K_f 为材料的增强效果，即钢纤维混凝土与素混凝土的峰值应力比（$K_f=\sigma/\sigma_0$）；K_ε 为应变增强系数，$K_\varepsilon=\sigma/\sigma_s$，描述应变率对钢纤维混凝土峰值应力的增强效果，其中 σ_s 为参考应变 $\dot\varepsilon_s=10^{-5} s^{-1}$ 下的峰值应力；$\dot\varepsilon$ 为材料应变率。

4. 受拉应力-应变关系

赵顺波等[11]研究了钢纤维体积率、钢纤维长径比、钢纤维类型对钢纤维混凝土劈裂抗拉强度、轴心抗拉强度及轴心受拉应力-应变全曲线的影响规律。由试验可知，钢纤维混凝土轴心抗拉强度（f_{ft}）与钢纤维含量特征值 λ_f 有关，钢纤维混凝土与基体混凝土轴心抗拉强度的比值（f_{ft}/f_t）和钢纤维含量特征值 λ_f 线性关系良好，轴心抗拉强度随纤维含量的增加而提高。

不同钢纤维掺量的混凝土轴心受拉应力-应变全曲线如图 1-3 所示。与素混凝土试件相比，下降段逐渐平缓，说明试件开裂后仍能承受较大拉力。纤维混凝土的峰值点应力随纤维掺入量的增加而增大。

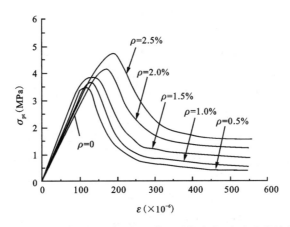

图 1-3 不同钢纤维掺量对混凝土轴心受拉应力-应变全曲线的影响

5. 抗剪性能

高丹盈等[12]对钢纤维高强混凝土进行了抗剪试验,研究了纤维类型和纤维体积率对高强混凝土的抗剪强度与变形性能的影响。对于不掺入纤维的高强混凝土试件,其破坏呈现脆性,无明显征兆,破坏时试件丧失完整性。对于钢纤维高强混凝土,存在随荷载不断增加,裂缝开展、蔓延、连通的过程,其破坏具有较好的塑性性质。

试验发现,对于高强混凝土试件,剪切破坏荷载与变形的关系表现为线性,沿剪切破坏面中部出现可见裂缝后便随之发生破坏,变形能力差,脆性大,破坏极具突然性。对于钢纤维高强混凝土试件,初裂前荷载-变形关系仍为线性,开裂后,曲线下降段较为平缓。对比高强混凝土与钢纤维高强混凝土曲线可以看出,掺入纤维使试件初裂荷载、极限荷载及变形均有所提高。

对于钢纤维高强混凝土,在达到极限荷载之后,表现出应变软化行为,其原因主要是在试件开裂后跨越裂缝的钢纤维起到较大的抗拉作用,使原本已失去承载力的高强混凝土试件重新获得一定的承载能力。

1.2 轻骨料混凝土

1.2.1 概述

我国《轻骨料混凝土应用技术标准》(JGJ/T 21—2019)[13]对轻骨料混凝土(lightweight aggregate concrete)的定义为:用轻粗骨料、轻砂(或普通砂)、水泥和水配制而成的干表观密度不大于1950kg/m³的混凝土。其中由普通砂或部分轻砂做细骨料的混凝土称为砂轻混凝土,全部由轻砂做细骨料的混凝土称为全轻混凝土。对轻质混凝土的定义,国内外略有区别,例如美国 ACI 318-95[14]定义:使用轻骨料并且干表观密度不超过1840kg/m³的混凝土,不使用普通砂的混凝土称为"全轻混凝土",全部细骨料采用普通砂的混凝土称为"砂轻混凝土"。

轻骨料可选用天然轻骨料(如浮石、凝灰岩等)、工业废料轻骨料(如炉渣、粉煤灰陶粒、自燃煤矸石等)、人造轻骨料(如页岩陶粒、黏土陶粒、膨胀珍珠岩等)等。陶粒为人造轻骨料,质量稳定可靠,因此目前使用的轻骨料主要是陶粒。与普通骨料(天然密实石子)相比,陶粒的密度小、强度低且弹性模量小。

20世纪90年代初期,挪威、日本等国家研究了高性能轻骨料混凝土的配方、生产工艺、高性能轻骨料,在改善混凝土的工作性和耐久性方面取得了一定的成果。挪威是应用轻骨料混凝土最先进的国家之一,自1987年以来,已用强度等级为LC55~LC60的轻骨料混凝土建造了11座桥梁,其中1999年建造了当时世界上主跨最大的连续钢构桥 Stolma 和 Raftsund,主跨长度分别为301m和298m,在主跨184m处采用LC60的高强轻骨料混凝土。在美国,采用轻骨料混凝土修建的桥梁已有几百座,取得了显著的经济效益。

轻骨料混凝土在国内也得到了广泛应用。早在20世纪50年代,我国就开始研究将轻骨料混凝土用于桥梁工程,如湛河大桥、山东黄河大桥、南京长江大桥和九江长江大桥公路桥桥面板等都使用了轻骨料混凝土,但这些轻骨料混凝土的强度都比较低,强度等级为LC25~LC30[15,16],主要用来减轻桥梁上部结构质量。20世纪90年代以来我国高强轻骨料混凝土的研究取得突破性进展,并在高层、大跨房屋建筑和桥梁工程中的应用越来越多。例如,珠海国际会议中心20层以上的结构全都采用LC40级轻骨料混凝土;阜新22层的商业大厦、本溪24层的建溪大厦的主体结构均采用LC30级天然煤矸石轻骨料混凝土;卢浦大桥部分引桥使用了LC30~LC40级轻骨料混凝土[17];2000年竣工的天津永定新河大桥南北引桥,是我国目前轻骨料混凝土用量最大、强度等级最高的桥梁,总长度约1.2km,原设计方案为普通混凝土预应力箱梁结构,经优化设计后由LC40级高强轻骨料混凝土取代普通混凝土,跨度由原来的24m增至35m[18]。

对于大跨度桥梁,自重占很大比重,减轻自重可以有效降低结构的内力,使桥梁跨度增大,减少桥墩数量;可以减少上部结构的预应力钢筋数量,降低基础处理费用,有显著的经济效益。对于地震区域的桥梁工程,由于地震作用与上部结构的自重成正比,当采用高强轻骨料混凝土时,可显著降低地震作用的影响。可见,轻骨料混凝土具有广阔的应用前景。

1.2.2 特点

(1)轻质高强。强度等级达到LC30以上的轻骨料混凝土,干表观密度在1200~1900kg/m^{3}之间,比相同强度等级的普通混凝土低20%~50%。因此,应用轻骨料混凝土可以显著降低建筑物的自重,并有利于预制构件的轻量化。

(2)保温隔热性能好。多孔轻质骨料的引入使混凝土密度减小的同时,也使其导热系数显著降低。如密度等级为1700的轻骨料混凝土在平衡含水率的条件下导热系数低于0.87W/(m·K),相比于普通混凝土的1.5W/(m·K),减小40%以上。

(3)耐火性优。热量在轻骨料混凝土内部传导速率较低,使其具有更好的耐火性。一般建筑物发生火灾时,普通混凝土耐火1h,而轻骨料混凝土可耐火4h。在600℃高温环境下,轻骨料混凝土能维持室温强度的85%,而普通混凝土只能维持35%~75%。

(4)有利于抗震。轻骨料混凝土由于密度小,弹性模量低,变形性能好,可有效降低结构自重,大量吸收地震荷载下的冲击波能量,具有很好的减震效果。

(5)耐久性能优。轻骨料表面粗糙并具有大量的纹路凹槽,增加了其与水泥石的机械咬合力,同时,多孔的结构具有"微泵"作用,改善了骨料-水泥浆体界面过渡区的致密程度,因此具有良好的抗渗性,轻骨料的多孔性可以缓解低温环境下水结冰产生的膨胀力,使得轻骨料混凝土具有良好的抗冻性。

(6)技术经济性好。尽管高性能轻骨料混凝土单方价格比同强度等级的普通混凝土高,但由于其减轻了结构自重、降低了基础处理费用、缩小了结构断面和增加了使用面积,可降低工程造价5%~10%,尤其在用于高层建筑、大跨度结构维修加固工程时,具有更显著的经济效益。

基于以上特点,轻骨料混凝土在各类天然、人造、工业废渣轻骨料混凝土及其制品中都取得了一定的实际工程应用,多用于高层建筑、桥梁建筑。其中,目前应用最多的是陶粒混凝土,尤其是在承载结构中,陶粒混凝土相比于其他轻骨料混凝土具有明显的强度优势。

1.2.3 制备

在轻骨料混凝土配合比设计时,水泥强度等级和用量、砂率、水灰比是3个最为重要的设计参数。轻骨料混凝土配合比设计的关键在于确定三者关系。

轻骨料混凝土的配合比设计主要应满足工作性能和力学性能的要求,并以合理使用材料和节约水泥为原则。砂轻混凝土和全轻混凝土宜采用松散体积法进行配合比计算,砂轻混凝土也可采用绝对体积法。松散体积法是以给定每立方米混凝土的粗细集料松散总体积为基础进行计算的[19],配合比计算中粗细骨料用量均应以干燥状态为基准。

不同试配强度的轻骨料混凝土的水泥用量可按表1-1选用。

表1-1 轻骨料混凝土的水泥用量

混凝土试配强度 (MPa)	轻骨料密度等级(kg/m³)						
	400	500	600	700	800	900	1000
<5.0	260~320	250~300	230~280	—	—	—	—
5.0~7.5	280~360	260~340	240~320	220~300	—	—	—
7.5~10.0	—	280~370	260~350	240~320	—	—	—
10.0~15.0	—	—	280~350	260~340	240~330	—	—
15.0~20.0	—	—	300~400	280~380	270~370	260~360	250~350
20.0~25.0	—	—	—	330~400	320~390	310~380	300~370
25.0~30.0	—	—	—	380~450	370~440	360~430	350~420
30.0~40.0	—	—	—	420~500	390~490	380~480	370~470
40.0~50.0	—	—	—	—	430~530	420~520	410~510
50.0~60.0	—	—	—	—	450~550	440~540	430~530

净水用量根据稠度和施工要求,可按表1-2选用。

表1-2 净水用量

轻骨料混凝土用途	拌合物性能要求		净水用量 (kg/m³)
	维勃稠度(s)	坍落度(mm)	
振动加压成型	10~20	—	45~140
振动台成型	5~10	0~10	140~180
振动棒或平板振动台振实	—	30~80	160~180
机械振捣	—	150~200	140~170
钢筋密集机械振捣	—	≥200	145~180

当采用松散体积法设计配合比时,粗细骨料总体积可按表1-3选用。

表1-3 粗细骨料总体积

轻粗骨料粒型	细骨料品种	粗细骨料总体积(m^3)
圆球型	轻砂	1.25~1.50
圆球型	普通砂	1.10~1.40
碎石型	轻砂	1.35~1.65
碎石型	普通砂	1.10~1.60

借鉴高强轻骨料混凝土制备技术,参考《轻骨料混凝土应用技术标准》(JGJ/T 12—2019)[13],以强度等级为LC60的轻骨料混凝土为例,对轻骨料混凝土配合比的设计步骤进行介绍。

(1)确定试配强度。轻骨料混凝土的试配强度按式(1-6)确定,式中 $f_{cu,o}$ 为试配强度,$f_{cu,k}$ 为抗压强度标准值,σ 为轻骨料混凝土强度标准差,取6MPa,则轻骨料混凝土的试配强度为70MPa。

$$f_{cu,o} \geq f_{cu,k} + 1.645\sigma \quad (1-6)$$

(2)确定水泥强度等级及用量。LC60轻骨料混凝土,试配强度大于30MPa,故选用水泥强度等级为42.5的水泥。根据国内外经验,水泥用量一般在450~550kg/m^3之间,胶凝材料总量采用550kg/m^3,粉煤灰取代率为12%,硅灰取代率为8%。

(3)确定净用水量。轻骨料混凝土的用水量分为净用水量和总用水量,由于轻骨料混凝土中的陶粒具有一定的吸水作用,通常用净用水量来表示。为提高混凝土的强度,选用较低的水胶比,同时掺入减水剂来保证拌合物的流动性。根据相关制备技术,水胶比定为0.26,净用水量为143kg/m^3。

(4)确定砂率。根据相关规范,当采用松散体积法进行配合比设计时,砂率控制在35%~45%,综合考虑轻骨料混凝土强度、拌合物工作性能和混凝土干表观密度3种影响因素,选择砂率为40%。

(5)确定骨料质量。按式(1-7)、式(1-8)计算粗细骨料的质量。

$$\frac{m_c}{\rho_c} + \frac{m_f}{\rho_f} + \frac{m_g}{\rho_g} + \frac{m_s}{\rho_s} + \frac{m_a}{\rho_a} + \frac{m_a \times w}{\rho_w} + \frac{m_{wn}}{\rho_w} + \frac{m_{bks}}{\rho_{bks}} = 1 \quad (1-7)$$

$$S_p = \frac{m_s}{\rho_s \left(\frac{m_s}{\rho_s} + \frac{m_a}{\rho_a}\right)} \times 100\% \quad (1-8)$$

式中:m_a 为每立方米轻骨料混凝土中粗骨料的质量(kg);m_{bks} 为每立方米轻骨料混凝土中聚羧酸减水剂的用量(kg);m_c 为每立方米轻骨料混凝土中水泥的用量(kg);m_f 为每立方米轻骨料混凝土中粉煤灰的用量(kg);m_g 为每立方米轻骨料混凝土中硅灰的用量(kg);m_s 为每立方米轻骨料混凝土中细骨料的质量(kg);m_{wn} 为每立方米轻骨料混凝土中的净用水量(kg);S_p 为绝对体积砂率(%);w 为粗骨料1h吸水率,取2.2%;ρ_a 为混凝土中粗骨料的表观密度,取1512kg/m^3;ρ_{bks} 为聚羧酸减水剂的密度,取1000kg/m^3;ρ_c 为水泥表观密度,取

3150kg/m^3;ρ_f 为粉煤灰表观密度,取 2600kg/m^3;ρ_g 为硅灰的表观密度,取 2700kg/m^3;ρ_s 为混凝土中细骨料的表观密度,取 2620kg/m^3;;ρ_w 为水的表观密度,取 1000kg/m^3。

把每立方米混凝土中水泥 440kg/m^3、粉煤灰 66kg/m^3、硅灰 44kg/m^3、水 143kg/m^3、减水剂 5.5kg/m^3 代入式(1-7)、式(1-8)中,可得到混凝土中细骨料和预湿粗骨料的用量,分别为 690kg/m^3、608kg/m^3。

(6)计算干表观密度。按式(1-9)计算混凝土干表观密度,计算的混凝土干表观密度为 1930kg/m^3($<1950 \text{kg/m}^3$),满足重度要求。

$$\rho_{cd} = 1.15(m_c + m_f + m_b) + m_a + m_s \tag{1-9}$$

式中:ρ_{cd} 为混凝土干表观密度(kg/m^3);m_b 为每立方米轻骨料混凝土中胶凝材料的用量(kg);其余物理量定义同式(1-7)、式(1-8)。

1.2.4 力学性能

1. 受压应力-应变全曲线及本构模型

与普通混凝土类似,轻骨料混凝土试件在单轴受压荷载作用下经历了弹性变形、内部裂缝开展、可见裂缝发展和破坏 4 个阶段[20],典型试件单轴受压应力-应变全曲线如图 1-4 所示,各阶段曲线的特征如下。

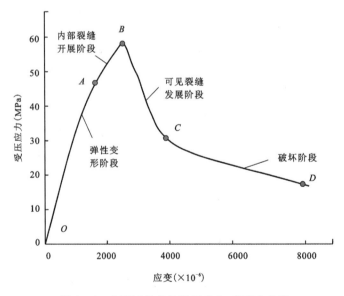

图 1-4 典型试件单轴受压应力-应变全曲线

(1)弹性变形阶段(O—A 段)。应力与应变呈线性增长,曲线斜率反映试件的初始刚度,弹性模量较同强度等级普通混凝土略小。

(2)内部裂缝开展阶段(A—B 段)。应力增长稳定而应变增大,速率提升,曲线斜率逐渐降低,试件刚度退化。

(3)可见裂缝发展阶段(B—C段)。相比普通混凝土,轻骨料混凝土内部薄弱面增多,裂缝数量和发展速率增大,当达到峰值应力后,应力下降速率较快,脆性显著。

(4)破坏阶段(C—D段)。随着应变继续增加,应力下降缓慢,试件承载力主要由裂缝间残余黏结力及摩阻力提供,约为峰值荷载的60%。

叶列平等[21]使用3种不同类型的高强轻骨料配置了LC30~LC50的轻骨料混凝土,轻骨料混凝土的干表观密度为1700~1800kg/m³,其骨料选用见表1-4。试件尺寸为100mm×100mm×300mm,应变量测标距为200mm,加载速率为50~400$\mu\varepsilon$/min。

表1-4 试验所用高强轻骨料

标记	高强轻骨料种类	堆积密度(kg/m³)	表观密度(kg/m³)	筒压强度(MPa)	1h吸水率(%)
LG	碎石状普通型火山岩轻骨料	820	1400	18.0	2.5
KB	短柱状普通型黏土轻骨料	820	1543	12.0	12.0
LH	碎石型页岩轻骨料	770	1470	6.1	2.5

图1-5给出了不同强度轻骨料混凝土受压应力-应变全曲线,其中轴压强度为58.5MPa的轻骨料混凝土只作了上升段曲线。轴压强度为16.2MPa、25.5MPa、30.0MPa的数据引自文献[22,23]。对于低强轻骨料混凝土,受压应力-应变曲线下降较平缓,有较好的延性;高强轻骨料混凝土到达峰值应变后,曲线骤然下降,表现出很大的脆性。可见混凝土强度越高,达到峰值应变后下降越快,曲线越陡,曲线参数见表1-5。

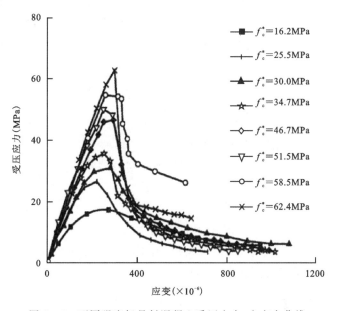

图1-5 不同强度轻骨料混凝土受压应力-应变全曲线

表 1-5 主要实验结果

数据来源	文献[21]					文献[22,23]		
强度等级	LC30	LC40	LC45	LC50	LC55	LC10	LC20	LC25
峰值应力 f_c(MPa)	34.7	46.7	51.5	58.5	62.4	16.2	25.5	30.0
加载速度($\times 10^{-6}$/min)	400	200	150	100	50	500	770	500
峰值应变 ε_c($\times 10^{-6}$)	2351	2710	2558	2926	2836	2160	2014	2470
拐点应变($\times 10^{-6}$)	2935	3161	2924	—	3164	3425	2576	3297
拐点应力(MPa)	27.8	36.8	41.4	—	48.5	13.8	20.5	24.6
收敛点应变($\times 10^{-6}$)	3404	3513	3213	—	3415	4523	3000	3052
收敛点应力(MPa)	20.5	26.4	30.0	—	34.1	11	15.4	18.8

2. 受压应力-应变本构模型

针对轻骨料混凝土构件的正截面承载力计算,我国《轻骨料混凝土应用技术标准》(JGJ/T 12—2019)[13]给出的受压应力-应变本构关系如式(1-10)所示:

$$\left. \begin{array}{ll} \sigma_c = f_c \left[1.5 \left(\dfrac{\varepsilon_c}{\varepsilon_0} \right) - 0.5 \left(\dfrac{\varepsilon_c}{\varepsilon_0} \right)^2 \right] & (\varepsilon \leqslant \varepsilon_0) \\ \sigma_c = f_c & (\varepsilon_0 < \varepsilon \leqslant \varepsilon_{cu}) \end{array} \right\} \quad (1-10)$$

式中:σ_c 为轻骨料混凝土压应力(MPa);ε_c 为轻骨料混凝土压应变;f_c 为轻骨料混凝土轴心抗压强度设计值(MPa);ε_0 为轻骨料混凝土压应力刚达到 f_c 时的混凝土压应变;ε_{cu} 为正截面的轻骨料混凝土极限压应变,当处于非均匀受压时,取 0.003 3,当处于轴心受压时,取 ε_0。

文献[20]结合轻骨料混凝土自身特点,对已有模型相关参数进行修正,建立了修正的分段式轻骨料混凝土应力-应变全曲线模型,上升段采用过镇海模型,下降段采用 Wee TH 模型:

$$\begin{cases} 上升段:y = \alpha x + (3-2\alpha)x^2 + (\alpha-2)x^3 \\ 下降段:y = \dfrac{k_1 \beta x}{k_1 \beta - 1 + x^{k_2 \beta}} \end{cases} \quad (1-11)$$

式中:α、k_1、k_2 为曲线形状系数,计算公式见式(1-12)。

$$\left. \begin{array}{l} \alpha = 1.797 E_c/E_p - 1.264 \\ k_1 = (37.15/f_c)^{3.062} \\ k_2 = (41.25/f_c)^{1.544} \\ \beta = 1/(1 - f'_c/E_c \varepsilon_c) \end{array} \right\} \quad (1-12)$$

式中:E_c 为轻骨料混凝土弹性模量(MPa);E_p 为割线弹性模量(MPa);f'_c 为轻骨料混凝土强度(MPa);其他物理量定义同式(1-10)。

3. 受拉应力-应变关系

叶列平等[21]采用短柱状黏土高强陶粒配了抗压强度等级为 LC30~LC50 的试件,轻骨料混凝土的干表观密度为 1700~1800kg/m³。试件尺寸为 100mm×100mm×100mm，应变量测标距为 200mm，加载速率为 6με/min。抗拉强度为轴心受拉试验中应力-应变曲线的峰值应力。其结果汇总见表 1-6。

表 1-6 受拉应力-应变全曲线试验结果

试件编号	立方体抗压强度 f_{cu} (MPa)	劈拉强度 f_{ts} (MPa)	轴心受拉试验		
			抗拉强度 f_t (MPa)	峰值应变 ε_p (×10⁻⁶)	初始弹性模量 E_0 (GPa)
T2-5	52.5	2.67	3.37	166	24.3
			2.85	154	22.8
T2-6	44.7	2.81	2.98	149	21.7
			2.45	118	28.5
T2-7	40.4	2.54	2.89	152	22.3
			2.39	121	21.6
T2-8	57.7	2.67	3.01	137	25.9
			3.57	156	30.0

由图 1-6 轻骨料混凝土应力-应变全曲线可得，峰值应变 ε_p 随抗拉强度的提高而增大。试件开始加载后，当应力 $\sigma<0.5f_t$ 时，混凝土的变形基本随拉应力增加呈比例增大，此后出现少量塑性变形，应变增长稍快，曲线微凸。当平均应变达到 $(130\sim170)\times10^{-6}$ 时，曲线的

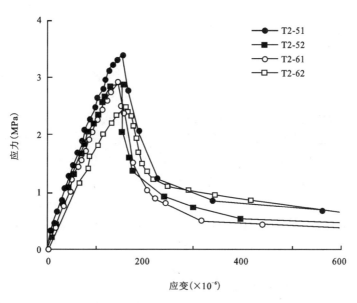

图 1-6 部分轻骨料混凝土受拉应力-应变全曲线（每组 2 个试件）

切线水平达到抗拉强度 f_t,随后试件承载力很快下降,出现尖峰,其峰值应力比同强度等级的普通混凝土大 15%[22]。曲线进入下降段,平均应变为 $(1.5\sim2)\varepsilon_p$,出现细而短的横向裂缝,残余应力为 $(0.15\sim0.3)f_t$。此后荷载缓慢下降,曲线平缓,直至残余应力小于 $0.1f_t$。

轻骨料混凝土受拉应力-应变全曲线与普通混凝土的相似,建议采用在峰值点连续的两个方程分别描述上升段和下降段曲线。曲线的应力和应变采用式(1-13)表示:

$$x = \frac{\varepsilon}{\varepsilon_p} = \frac{\delta}{\delta_p}, \quad y = \frac{\sigma}{f_t} \tag{1-13}$$

根据试验实测曲线分析,轻骨料混凝土和普通混凝土受拉应力-应变全曲线的上升形式相同且 E_0/E_p 也非常接近。故上升段采用过镇海等[22]建议的六阶抛物线,取 $E_0/E_p=1.2$,则:

$$x \leqslant 1, \quad y = 1.2x - 0.2x^6 \tag{1-14}$$

式中:f_t 为轻骨料混凝土轴心抗拉强度(MPa);E_0 为轻骨料混凝土初始弹性模量(MPa);E_p 为轻骨料混凝土峰值应力时的割线弹性模量(MPa)。

下降段采用有理分式:

$$y = \frac{x}{a(x-1)^\beta + x} \tag{1-15}$$

对普通混凝土,过镇海等建议 $a=0.312f_t^2$,$\beta=1.4$,对轻骨料混凝土,结合上述试验公式拟合可得:

$$a = 1.1f_t^2 \tag{1-16}$$

式中:a、β 均为曲线的拟合参数。

1.3 自密实混凝土

1.3.1 概述

自密实混凝土(self-compacting concrete,SCC)具有高流动性、高间隙穿过能力、高抗离析性 3 个特点。在 20 世纪 80 年代早期,挪威建造混凝土结构海上石油平台,由于配筋密集且结构庞大,无法对混凝土振捣,所配制使用的混凝土实际上是依靠重力密实。1986 年,日本学者 Okamura 正式提出自密实混凝土这一概念[24]。随后,东京大学的 Ozawa 等[25]开展了自密实混凝土的研究。1988 年,自密实混凝土第一次使用市售原材料研制成功,获得了满意的性能,包括适当的水化放热性能、良好的密实性能等。

由于自密实混凝土的优越性,自密实混凝土的研究与应用实践在世界范围内广泛展开[26~32]。至 1994 年底,日本已有 28 家建筑公司掌握了自密实混凝土的技术。从日本 1992—1993 年各学会、技术刊物等发表的自密实高性能混凝土在土木工程中的应用实例来看,自密实高性能混凝土特别适合于浇筑量大、浇筑高度大、钢筋密集、有特殊形状等的工程。

我国对自密实混凝土也逐步开展了相关研究,廉慧珍等[33]对配合比与自密实混凝土物理、力学性能影响关系进行了研究。罗小勇等[34]研究了自密实部分预应力混凝土梁的疲劳性能,研究结果表明自密实混凝土梁与振捣密实混凝土梁的疲劳性能没有明显的差异。陶津等[35]研究了自密实混凝土在高温下爆裂的特征,研究表明初始应力是影响自密实混凝土爆裂的重要因素,且一定掺量的聚丙烯纤维对抑制自密实混凝土高温爆裂具有显著的作用。

1.3.2 特点

自密实混凝土能保证混凝土在不利的浇筑条件下也能密实成型,同时因使用大量矿物细掺料而降低混凝土的温升,并提高其抗劣化的能力,从而可提高混凝土的耐久性。

自密实混凝土即拌合物具有很高的流动性且不离析、不泌水,能不经振捣或少振捣就能自动流平并充满模型和包裹钢筋的混凝土。自密实混凝土综合效益显著,特别是用于难以浇筑甚至无法浇筑的部位,可避免出现由振捣不足造成的空洞、蜂窝、麻面等质量缺陷。自密实混凝土的强度等级越高,所需费用比常态混凝土越低。自密实混凝土的主要优点可总结为以下几点:

(1) 保证混凝土具有良好的密实度。

(2) 提高生产效率。由于不需要振捣,混凝土浇筑需要的时间大幅度缩短,工人劳动强度大幅度降低,需要工人数量减少。

(3) 改善工作环境和安全性。没有振捣噪声,避免工人长时间手持振动器导致的"手臂振动综合征"。

(4) 改善混凝土的表面质量。不会出现表面气泡或蜂窝麻面,不需要进行表面修补;能够逼真地呈现模板表面的纹理或造型。

(5) 增加了结构设计的自由度。不需要振捣,可以浇筑成形状复杂、薄壁和密集配筋的结构。在此之前,这类结构往往因为混凝土浇筑施工的困难而限制采用。

(6) 避免了振捣对模板产生的磨损。

(7) 可以降低工程整体造价。从提高施工速度、环境对噪声限制、减少人工作业量和保证质量等诸多方面降低成本。

1.3.3 制备

自密实混凝土原材料包括粗细骨料、胶凝材料、超塑化剂等。为了获得满意的性能,必须采取相应的技术途径,对自密实混凝土配比进行精心设计,确定各特定性质组成材料的合理比例。实践表明:混凝土拌合物的性能取决于浆体和骨料的性质与含量。当骨料性质与含量一定时,优化浆体的黏度、屈服剪切应力,即可获得满意的拌合物工作性能。Okamura等[24]认为通过限制骨料的含量、选用低水胶比、添加超塑化剂等措施,可使混凝土拌合物达到自密实性要求。Okamura等为预拌混凝土工厂制定了如下配制自密实混凝土的技术原则:①混凝土中粗骨料占总骨料体积的50%;②细骨料占砂浆体积的40%左右;③水与胶凝材料体积比根据胶凝材料性质调整,在0.9~1.0之间;④依据拌合物的自密实性,确定超塑化剂的掺量和最终的水胶比。

随着矿物掺和料、高分子聚合物合成技术及其在混凝土中应用技术的进步,自密实混凝土已形成了三大配制技术途径,即所谓的矿物掺合料(填料)体系、增稠剂体系及两者并用体系[36~38]。化学外加剂对促进混凝土技术的发展起到了非常大的作用,应用潜力巨大,包括自密实混凝土在内的混凝土外加剂的研制与应用技术还有很大的发展空间。相信在不久的将来,自密实混凝土技术会取得更大的进步,配制技术、经济性不再成为其广泛应用的障碍,自密实混凝土将成为真正普遍应用的"普通混凝土"。

1.3.4 力学性能

硬化混凝土的性能取决于新拌混凝土的质量、施工过程中振捣密实程度、养护条件及龄期等。自密实混凝土由于具有优异的工作性能,在同样的条件下,其硬化混凝土的力学性能将能得到保证。文献[39]通过模拟足尺梁、柱构件试验研究表明:自密实混凝土表现出良好的匀质性。采用自密实混凝土制作的构件,其不同部位混凝土强度的离散性要小于普通振捣混凝土构件。在水胶比相同的条件下,自密实混凝土的抗压强度、抗拉强度与普通混凝土相似,强度等级相同的自密实混凝土的弹性模量与普通混凝土的相当[40]。Holschemacher 和 Kiog[41]通过拔出试验,研究自密实混凝土中不同形状钢纤维的拔出行为发现:自密实混凝土明显改善了钢纤维与基体之间的界面结构,使得自密实混凝土中钢纤维的黏结行为明显好于普通混凝土中的情况。另外,与相同强度的高强混凝土相比,虽然自密实混凝土与普通高强混凝土一样呈现出较大的脆性,但自密实混凝土的峰值应变明显偏大,这表明自密实混凝土具有更高的断裂韧性[42]。

1. 抗压强度

张军等[43]研究了自密实普通混凝土抗压强度尺寸效应,试验结果如图 1-7 所示,并得到以下结论。

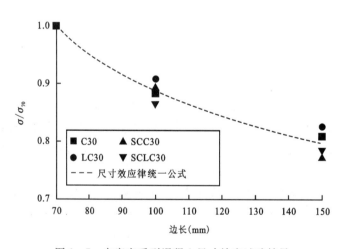

图 1-7 自密实系列混凝土尺寸效应试验结果

(1)随着混凝土立方体边长的增大,自密实系列混凝土受压破坏后均表现出相对较好的整体性;使用轻骨料的混凝土受压破坏后均为页岩陶粒的剪切破坏,使用普通碎石的混凝土均为水泥胶凝层的剪切破坏。

(2)4 种不同混凝土抗压强度特征值均表现出较为明显的尺寸效应,随着立方体边长的提高,混凝土抗压强度逐步降低。混凝土抗压强度越高,受尺寸效应影响,混凝土抗压强度变化值相对较大,混凝土种类对抗压强度尺寸效应的影响相对较小。

(3) 从尺寸效应度和尺寸效应律两个角度对自密实系列混凝土抗压强度尺寸效应进行分析研究,同时基于尺寸效应律提出的 4 种混凝土抗压强度尺寸效应预测方程能够较好地预测不同尺寸混凝土抗压强度值。

2. 弹性模量

杨志坚[44]以粉煤灰、硅灰作为矿物掺和料,选用粗骨料为 5~20mm 连续级配的河卵石、花岗岩、石灰石,水胶比变化范围控制在 0.25~0.35 之间,配制自密实混凝土,通过改变矿物掺合料用量、粗骨料种类、水胶比这三个方面,来研究其对自密实混凝土弹性模量的影响。

研究表明,粉煤灰的掺入有利于提高 SCC 的流动性能,早期弹性模量较低而后期弹性模量有较大发展,而硅灰的掺入有利于改善 SCC 的抗离析性能并加速 SCC 前期弹性模量的发展(图 1-8)。研究证明,复掺 4% 的硅灰和 20% 的粉煤灰有利于提高 SCC 的综合性能。

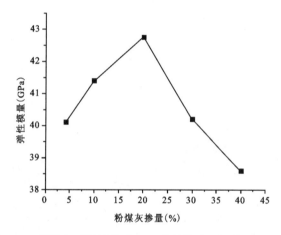

图 1-8 粉煤灰不同掺量对 SCC 弹性模量的影响(龄期 180d)

1.4 超高性能混凝土

1.4.1 概述

超高性能混凝土(ultra-high performance concrete,UHPC)是一种超高强、低脆性、耐久性优异并具有广阔应用前景的新型超高强混凝土,由水泥、粉煤灰、石英砂、硅粉、高效减水剂等组成。为了提高 UHPC 的韧性和延性,可以加入纤维并在 UHPC 的凝结、硬化过程中采取适当的加压、加热等成型养护工艺。

美国、加拿大等国首先对 UHPC 进行了研究。1996 年 Richard 和 Cheyrez[45]研究了原材料、成压、加热等成型养护工艺、养护制度对UPHC性能的影响;Dugat等[46]进行了UHPC200和UHPC800的力学性能试验,研究了UHPC的应力-应变全曲线、弹性模量、泊松比、极限应变、抗弯(折)强度和平均断裂能,考察了钢纤维性能对UHPC延性的影响。Bonneau等[47]研究了UHPC的抗压强度、弹性模量、抗冻融循环的能力、抗除冰盐腐蚀、抗氯离子渗透能力等耐久性能。

在国内,清华大学的覃维祖等首先提出从物理和化学角度,即静态的密实堆积和动态的水化填充两方面来研究UHPC[48]。湖南大学研究了原材料品种、性质及配合比对UHPC强度的影响[49~51]。北京交通大学安明喆等[52~54]研究了UHPC的微观结构和耐久性,对试件在标准养护、高温养护下的水化产物和内部形貌进行了分析。同济大学的龙广成等[55]研究了养护温度和龄期对UHPC强度的影响,以期确定最佳养护条件。北京科技大学的刘娟红等[56]研究了大掺量超高性能混凝土的性能和微观结构。

随着对UHPC研究的逐渐深入,UHPC开始应用于实际工程中。美国、加拿大对UHPC的研究较早,故UHPC的应用也最先在这些国家展开。1997年,加拿大Sherbrooke建起一座跨径60m的UHPC桁架桥[57]。桥构件采用30mm厚无纤维UHPC桥面板、直径150mm的预应力UHPC钢管混凝土架、纤维UHPC加劲肋和纤维UHPC梁,这在很大程度上减轻了桥梁结构的自重,同时提高了桥梁在高湿度环境、除冰盐腐蚀环境和冻融循环作用下的耐久性能。2006年美国建成了一座UHPC单跨简支梁桥梁,如图1-9所示,该桥主梁是由3片跨度为33.53m的T梁构成[58],被誉为开创"未来桥梁"的重要一步。

图1-9 加拿大Sherbrooke桥(左)和美国火星山UHPC桥(右)

我国应用UHPC较晚,北京交通大学在2003年首次用UHPC材料制成无筋空心盖板,并用于北京五环路桥建设,有效降低了主体结构恒载,至今运营良好。2006年在青藏铁路多年冻土区的桥梁上试用了UHPC人行道板。2007年在迁曹铁路上试用了20m跨度的低高度T形UHPC梁,减小了桥的高度和截面尺寸。

工程实践表明,应用UHPC可大幅度减轻结构自重,降低结构恒载,提高结构的耐久性能,具有良好的社会效益和经济效益。UHPC 基于自身及工程应用的优越性,在以下领域极具推广价值和发展前景。

1. 大跨结构和桥梁工程领域

UHPC 具有超高强度和高韧性,能够承受剪切荷载,故在梁构件中无须配备辅助配筋,既利于生产出薄壁、细长、大跨等新颖形式的预制构件,又可减轻构件自重、降低工程造价、缩短施工工期。

2. 高层建筑领域

钢筋混凝土结构的最大缺点是自重较大,通常可达有效荷载的 8~10 倍,而用无纤维 UHPC 制作的钢管混凝土结构构件,用于高层或超高层建筑中可大幅度减小截面尺寸和结构自重,增加建筑物使用面积[59]。

3. 市政环境工程领域

将 UHPC 制作的预制构件用于立交桥等市政工程,可增加桥下净空间、降低工程造价、缩短建设工期。此外,利用 UHPC 制作的下水道井盖可取代铸铁井盖广泛用于市政工程中,具有良好的社会效益和经济效益。

4. 石油、核电工业等特殊工程

利用 UHPC 的抗腐蚀性能与抗拉性能,可代替钢材制造压力管道和腐蚀性介质的输送管道,用于石油、天然气输送,城市远距离大管径输水,以及腐蚀性气体的输送。

5. 军事防护工程领域

掺入钢纤维的 UHPC 具有良好的强度和冲击韧性,可用于承受冲击荷载和爆炸荷载,在军事防护领域具有极大的开发应用空间[60,61]。

6. 其他工程

UHPC 的早期强度发展快,后期强度高,用于补强和修补工程时,替代钢材和昂贵的有机聚合物,既可保持混凝土体系的整体性,又可降低工程造价[62]。此外,UHPC 还可用于对耐磨性、抗冲击、耐蚀性及抗渗性等性能要求较高的其他工程或结构部位,如路面、仓库地坪、物料流槽、水坝溢流坝面、闸墩表层及下游消力池与泄洪洞等。

1.4.2 特点

基于国内外学者的深入研究,与普通混凝土相比,超高性能混凝土具有以下优点:

(1)超高力学性能。UHPC 的立方体抗压强度可达 200~800MPa,抗拉强度则可以达到 25~150MPa。

(2)自重小。UHPC 的自重仅为同体积普通混凝土的 1/3~1/2,其体积密度与钢结构相当。根据这一特点,在结构设计时可减小恒载和构件的截面尺寸,加大设计跨度,增大建筑物或构筑物的使用空间[63]。

(3) 优异的耐久性。UHPC 水胶比小，具有良好的孔结构和较低的孔隙率。UHPC 的孔径分布在纳米级别上，因此具有极低的渗透性、很高的抗环境介质侵蚀能力和良好的耐磨性能，表现出优异的抗冻性、抗碳化性、抗氯离子渗透性、抗硫酸盐侵蚀和抗化学溶液侵蚀能力。

此外，超高性能混凝土还具有良好的环保性。但 UHPC 也有缺陷，即抗火性能差，且配制成本高于普通混凝土，单方造价达 4000 元以上，若能设法降低配制成本，UHPC 的应用前景会更广阔。

1.4.3 制备

UHPC 的基本配制原理[64]是剔除粗骨料，通过提高组分的细度与活性，减少材料的内部孔数与微裂缝，以获得较高的强度与耐久性。UHPC 中的活性组分通常包括优质水泥、硅粉、高效减水剂和微钢纤维等。通常材料粒径在 0.5～1.0mm 之间，以尽量减少混凝土中的孔隙，使拌合物更加密实。

1. 材料选取

考虑 UHPC 骨料的矿物成分、平均粒径、粒径范围、颗粒形状等因素，选用平均粒径为 $250\mu m$ 的细砂代替粗骨料，减小了过渡区的厚度和范围，消除了粗骨料对浆体收缩的约束，在整体上提高了体系的匀质性，从而改善 UHPC 的各项性能。细石英砂具有很高的强度和优良的界面性能，同时易于采购，因而在 UHPC 中使用较多。

选用粒径为 $40\sim80\mu m$ 的普通硅酸盐水泥作为活性基材，用磨细钢渣、粉煤灰、硅灰、石灰石粉作为混合材料，掺入活性组分相容性良好的高效减水剂以达到极高的强度和极好的性能，辅以超细矿物掺合料，通过降低水胶比、提高组分细度的方法，使 UHPC 内部达到最大填充密实度，将材料的初始缺陷降至最低。

掺入微细钢纤维，在一定范围内可提高 UHPC 的强度，对提高韧性和延性效果显著。未掺钢纤维的 UHPC，其受压应力-应变曲线呈线弹性变化，破坏时呈明显的脆性，断裂能低。但钢纤维含量过高会使拌制中的拌合物变得非常干涩，造成施工不便，故需合理控制钢纤维的掺入量。通常，UHPC 中使用的钢纤维直径为 0.15～0.20mm，长度约为 12mm，掺量为体积的 1.5%～3%。

2. 制备工艺

(1) 优化颗粒级配。在凝固前和凝固期间加压，以提高拌合物的密实度。水泥基材料体系的堆积密实度对硬化浆体性能有重要影响，提高混合物体系的颗粒堆积密实度，可以加快体系的水化反应进程，改善体系的微观结构，提高其力学性能。

(2) 凝固后进行热养护，以改善微观结构。在凝固后进行热养护可以加快水化反应及火山灰效应的进程和程度，促进细骨料和活性粉末的反应，改善水化物的微观结构，提高界面黏结力。

(3) 采用高频常速搅拌，使黏稠的浆料得到有效的液化。极大提高了各组分间的匀质性。同时排出料浆中的空气，提高了料浆的密实度。

为配制出高性能的UHPC，国内外学者对其配合比进行了大量的试验研究，几种典型的配合比见表1-7。

表1-7 国内外几种典型的UHPC配合比

原料种类	配比试样编号				
	1[65]	2[66]	3[67]	4[68]	5[69]
水泥等级	42.5级	42.5级	42.5级	42.5级	52.5级
硅灰	0.30	0.25	0.20~0.30	0.25	0.35
超细粉煤灰	—	0.30~0.40	0.25	0.20	—
超细矿渣	0.45~0.50	—	—	—	—
石英粉	0.3	—	0.3~0.4	—	0.3
砂	1.00~1.50	—	0.88~1.12	1.25	1.10
砂胶比	0.56~0.83	1.20	0.70~0.90	0.86	0.81
高效减水剂(%)	2.5	2.0	2.5~3.0	1.3	2.5
水胶比	0.23±0.01	0.16	0.22	0.16	0.18~0.22
钢纤维(%)	1.5~2.0	—	—	2.6	—
抗压强度(MPa)	125	200/250	150~60	210	160~170
养护制度	热水养护	热水养护	热水养护	热水养护	热水养护

原料种类	配比试样编号				
	6[69]	7[70]	8[71]	9[72]	10[73]
水泥等级	52.5级	42.5级	42.5级	52.5级	42.5级
硅灰	0.13	0.35	0~0.35	0.20	0.30
超细粉煤灰	0.20~0.32	—	—	0~0.35	—
超细矿渣	0~0.13	—	—	—	0.25
石英粉	—	0.25~0.40	0.37	—	0.3
砂	1.25	0.90	1.10	1.44~1.86	1.20
砂胶比	0.86	—	0.70~0.90	1.2	—
高效减水剂(%)	5.7	1.6	2.0~3.0	5.0	4.0
水胶比	0.17	0.20	0.22	0.24~0.31	0.22
钢纤维(%)	2~3	—	2	3	2
抗压强度(MPa)	160~175	110~125	145~180	200~240	150~160
养护制度	热水养护	热水养护	热水养护	热水养护	热水养护

1.4.4 力学性能

1. 抗压强度

根据组分、养护方法和成型条件等的不同,UHPC 可以分为两类:一类是采用蒸汽养护处理的 UHPC,强度可达到 200MPa;另一类是经高温、高压处理的 UHPC,强度可达到 800MPa[48]。

UHPC 不仅具有极高的抗压强度,其抗剪强度和抗拉强度也很大,可不配置钢筋抵抗各种荷载共同产生的剪力。若对 UHPC 施加环向约束或预应力,其强度和韧性会进一步提高。

UHPC200、UHPC800 与高强混凝土(HSC)及普通混凝土(NSC)的主要力学性能比较见表 1-8。

表 1-8 UHPC200、UHPC800 与 HSC、NSC 的主要力学性能比较

主要力学性能	混凝土种类			
	UHPC200	UHPC800	HSC	NSC
抗压强度(MPa)	170~230	500~800	60~100	15~55
抗折强度(MPa)	50~60	45~140	6~10	2.0~4.5
断裂能(J/m^2)	20 000~40 000	1200~2000	140	100
弹性模量(GPa)	50~60	65~75	30~40	20~35

表 1-9 是几种不同材料的断裂能对比表,图 1-10 为不同材料的断裂能和抗弯强度示意图。由表 1-9 和图 1-10 可知,UHPC 属于高断裂能材料,其断裂能比普通混凝土高 2 个数量级以上,抗弯强度比普通混凝土高 1 个数量级。

表 1-9 几种不同材料的断裂能

项目	材料种类					
	玻璃	陶瓷及岩石	金属	钢	普通混凝土	UHPC
断裂能(J/m^2)	5	<100	10 000	>100 000	120	30 000

2. 抗拉强度

NSC 的拉压强度比一般在 1/20~1/15 之间,超高性能混凝土的拉压强度比为 1/10~1/6,其韧性高于普通高强混凝土,这主要是因为钢纤维的增强、增韧效应。钢纤维具有控制混凝土开裂的作用,当混凝土所受应变超过脆性基体的最大应变时,钢纤维可以在裂缝间

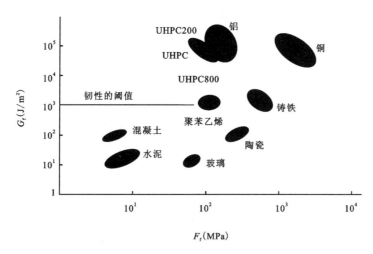

图 1-10 不同材料的断裂能和抗弯强度示意图

(裂缝后区域)起到桥接作用,为超高性能混凝土提供了开裂后的延性。在裂缝后区域,钢纤维可以传递通过裂缝的荷载,增强混凝土的抗拉强度。混凝土通过逐步脱黏和拔出钢纤维来消耗能量,以此增加自身的韧性。

3. 弹性模量

表 1-10 给出了超高性能混凝土弹性模量的部分研究结果。同时,部分研究者建立了弹性模量表达式,见表 1-11。

表 1-10 超高性能混凝土弹性模量

研究机构	同济大学	北京交通大学	南京理工大学	福州大学	马尔凯理工大学	多库兹艾尔大学	布尔戈斯大学
弹性模量(GPa)	33.8	43~47	55~57	40	25~40	46~57	50~60

表 1-11 弹性模量表达式

研究者	弹性模量表达式	研究者	弹性模量表达式
郝文秀和徐晓[74]	$E=(0.25\sqrt{f_c}+1.52)\times 10^4$	柯开展[77]	$E=(0.3011\sqrt{f_c}+0.6135)\times 10^4$
吕雪源等[75]	$E=0.3027\sqrt{f_c}+0.9533$	何雁斌[78]	$E=(0.084\sqrt{f_c}+3.49)\times 10^4$
余志武和丁发兴[76]	$E=0.95(1.25f_c)^{2/7}$	—	

由表 1-10、表 1-11 可知,UHPC 的弹性模量较 HSC(30~40GPa)和 NSC(20~35GPa)有所增加,且随抗压强度的增大而提高。

4. 受压应力-应变全曲线及本构模型

图1-11为超高性能混凝土典型受压应力-应变全曲线[79]。由该曲线可知，曲线上升段斜率变化较小，应力与应变基本保持线弹性关系，弹性比例极限约为峰值应力的85%，远高于普通混凝土的40%~50%。超过比例极限点后，进入裂缝稳定扩展阶段。随着荷载增加，试件中部的细微裂缝沿对角线方向稳定发展，试件内部发出嘈杂的劈裂声，曲线斜率开始逐渐减小，当达到峰值应力点时，曲线斜率为零，此时试件中裂缝宽度仍然较小。

达到峰值应力后，进入裂缝失稳扩展阶段，裂缝迅速发展，试件内部劈裂声更加明显，表明钢纤维发挥了更加显著的阻裂作用。在曲线下降段，斜率为负值，首先到达一个拐点（C点），继而到达曲率最大的点（D点），随后曲率缓慢下降并逐渐趋于平缓，进入破坏阶段。

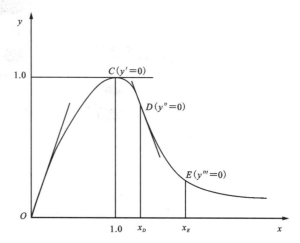

图1-11 超高性能混凝土典型受压应力-应变全曲线[79]

鞠彦忠等[79]对试验结果进行了线性回归拟合，给出了UHPC受压应力-应变全曲线方程：

$$y = \begin{cases} 1.35x + 0.05x^2 - 0.33x^4 & (0 \leqslant x \leqslant 1) \\ \dfrac{x}{8.3(x-1)^2 + 12x} & (x > 1) \end{cases} \quad (1-17)$$

式中：$x = \varepsilon_c / \varepsilon_{c0}$；$y = \sigma_c / f_c$。

对于超高性能混凝土受压应力-应变全曲线，其他研究者给出的本构关系见表1-12。

表1-12 超高性能混凝土受压应力-应变全曲线方程

研究者	本构关系		峰值应变 ($\times 10^{-3}$)
	上升段	下降段	
屈文俊等[80]	$y = 0.0338x$	—	约为3
安明喆等[81]	$y = 1.2x + 0.2x^4 - 0.6x^5$	$y = \dfrac{x}{12(x-1)^2 + x}$	2.5~4
郑文忠等[82]	$y = 1.35x + 0.05x^2 - 0.33x^4$	$y = \dfrac{x}{8.3(x-1)^2 + 12x}$	约为4
吴有明[83]	$y = 1.1x + 0.5x^5 - 0.6x^6$	$y = \dfrac{x}{3(x-1)^2 + x}$	3.1~4.2

1.5 再生混凝土

1.5.1 概述

随着全球经济的发展,建筑物的拆除和重建产生了大量废弃混凝土,导致砂石资源的过度消耗,长久下去必将导致生态环境的破坏。而且废弃混凝土会占用大量土地,现今所采用的填埋处理方式并不是有效的解决办法。再生混凝土的问世,为废弃混凝土的处理提供了一个绿色有效的解决途径。

再生混凝土(recycled concrete,RC)也称再生集料混凝土,是指将废弃混凝土经过破碎、清洗、分级后,按一定比例与级配混合,部分或全部替代天然集料配制而成的新混凝土。再生集料混凝土因具有低能耗、可循环再生等特点受到广泛关注。

再生混凝土的研究起于第二次世界大战之后,苏联、德国、日本等国对再生混凝土材料及构件进行了大量的研究,并取得了丰厚的成果[84,85]。Crentsil 等[86]对全再生骨料混凝土的抗压强度进行了试验,研究表明水泥的种类对于全再生骨料混凝土的抗压强度有较大影响。Mukai 和 Kikuchi[87]及 Ishill[88]分别对再生混凝土梁的受弯性能开展了研究,结果均表明再生混凝土梁在挠度及承载力方面和普通混凝土相差不大,而 Ippei 等[89]的研究表明弯矩作用下再生混凝土梁裂缝宽度大于普通混凝土梁。

我国对再生混凝土也进行了一定的研究并取得了一定的进展,但起步较晚,对再生混凝土的应用还处于试验和继续研究阶段,并没有进行大范围的工程推广应用。肖建庄等[90]研究了单一来源再生混凝土梁的受弯性能,研究表明再生混凝土梁的受弯破坏过程依然具有弹性、开裂、屈服和破坏4个阶段,且基本符合平截面假定。陈宗平等[91]对再生混凝土的棱柱体抗压强度、抗折强度、弹性模量和泊松比等力学性能开展了系统的研究,并提出了再生混凝土应力-应变本构方程。

1.5.2 特点

再生集料由废弃混凝土经过处理加工而成,具有低消耗、低能耗、无污染、可循环再生等特点,其使用和推广有利于解决大量废弃混凝土处理困难和堆积掩埋引起的生态环境恶化等问题,同时可减少对天然石材的开采,缓解由大量开山凿石引起的生态环境破坏问题。

和普通混凝土相比,再生混凝土虽然有绿色环保等方面的优势,但在强度、裂缝、承载力等方面仍存在不足。再生混凝土的骨料也存在结构问题,其吸水性大、孔隙率高、强度普遍比天然骨料低。若能改进再生混凝土的力学性能和结构性能,提高其强度和耐久性,那么再生混凝土将得到广泛的应用。

1.5.3 制备

再生骨料的特性与天然石材骨料相差较大,主要表现在吸水性大、空隙率高、强度普遍

比天然骨料低等。考虑以上特点,再生混凝土配合比设计应满足以下要求:

(1)保证再生混凝土的变形性能和耐久性。

(2)满足再生混凝土的强度设计要求。

(3)施工和易性、节约水泥用量和成本控制问题。

对于再生混凝土,还没有统一的配合比设计方法,常用的方法有以下几种:

(1)遵循普通混凝土配合比设计方法。由于再生骨料吸水率高,用该法配制水灰比较低的再生混凝土工作性较差,又由于改变了水灰比,实际用水量降低,再生混凝土强度有所提高。因此,该方法适宜配制强度等级较低(如C25及以下等级)的混凝土。

(2)以普通混凝土配合比设计方法为基础,根据再生骨料吸水率计算所得的水量计入拌合水中,或用水对再生骨料进行预处理。该方法的特点是所得的再生混凝土和易性较好,满足施工要求,但改变了水灰比,增加了实际用水量,在一定程度上降低了混凝土的强度。

(3)以普通混凝土配合比设计方法为基础,用相同水灰比的水泥浆对再生骨料进行预处理,或者拌和时直接增加水泥和水的用量。该方法的最大特点是不会改变水灰比,混凝土的强度可以控制,但增加了水泥的用量。

针对再生混凝土的配合比设计,国内部分学者开展了研究,并已取得了一定的成果。

肖建庄[92]将连续级配的再生粗骨料与天然粗骨料混合,配制再生混凝土,骨料性能见表1-13。考虑了5种再生粗骨料的取代率,分别为0、30%、50%、70%和100%,具体配合比见表1-14。

表1-13 粗骨料的基本性能

粗骨料类型	粒径(mm)	堆积密度(kg/m^3)	表观密度(kg/m^3)	吸水率(%)	压碎指标(%)
天然	5~31.5	1453	2820	0.40	4.04
再生	5~31.5	1290	2520	9.25	15.2

表1-14 混凝土的配合比

编号	水灰比	单位体积使用量(kg/m^3)					
		水泥	砂	粗骨料		水	
				天然	再生	拌合水	附加水
NSC	0.43	430	555	1295	—	185	—
RC-30	0.43	430	534	872	374	185	15
RC-50	0.43	430	522	609	609	185	24
RC-70	0.43	430	510	357	832	185	33
RC-100	0.43	430	492	—	1149	185	46

注:NSC表示普通混凝土,RC表示再生混凝土。

古松等[93]对再生混凝土的配合比设计及其早期强度进行了试验研究。采用某工程废弃混凝土块作为再生骨料的原材料,其基本性能见表1-15。在试验中采用了基于自由水灰比再生混凝土配合比的设计方法,设计了3种不同水灰比,以其中一个为基准,另外两个水灰比分别增加和减少0.05,砂率随之增加和减少0.01。配合比见表1-16,表中附加的用水量为使再生粗骨料处于饱和面干状态的用水量。

表1-15 再生骨料与普通骨料基本性能

骨料类型	表观密度 (kg/m³)	吸水率 (%)	含水率 (%)	堆积密度 (kg/m³)	压碎指标 (%)
再生骨料	2484	5.79	2.5	1223	15.2
普通碎石	2670	2.19	<0.5	1392	10.1

表1-16 再生混凝土配合比设计

组别	再生骨料	混凝土中材料用量(kg/m)				净水灰比 (W_1/C)	总水灰比 $(W_1+W_2)/C$	砂率 (S_p)
		砂 (S)	水泥 (C)	水 (W_1)	附加用水 (W_2)			
A1	1 223.3	499.5	584.1	232.8	70.8	0.40	0.52	0.29
A2	1 236.0	529.1	516.4	232.8	71.6	0.45	0.59	0.30
A3	1 244.5	558.7	465.6	232.8	72.1	0.50	0.65	0.31

陈宗平等[91]采用来自南方电网已服役50a的废弃混凝土电杆作为再生骨料,进行再生混凝土基本力学性能试验。废弃混凝土设计强度为C30,破碎筛分成的再生粗骨料实测强度为31MPa,最大粒径20mm。再生骨料取代率为0~100%(中间级差为10%)。混凝土的强度配置,以取代率0(即普通混凝土)为基准,试配强度为C30,水胶比为0.41,细骨料砂率为0.32。不同取代率条件下保证水泥、水、砂的配比及粗骨料总质量相同,只按级差改变再生粗骨料的取代率。

1.5.4 力学性能

再生骨料是由废弃混凝土经过回收处理后制备而成,其力学性能与天然石材制成的骨料存在差异,使得再生混凝土与普通混凝土的力学性能也不同,故对再生混凝土的研究应用不能直接套用普通混凝土的力学性能。本章基于国内外对再生混凝土基本力学性能的研究成果,介绍了再生混凝土的抗压性能、弹性模量、泊松比等基本性能,并与普通混凝土力学性能进行对比。

1. 抗压强度

肖建庄[92]将连续级配的再生粗骨料与天然粗骨料混合,配制再生混凝土,骨料性能见

表1-13。再生粗骨料取代率为0、30%、50%、70%和100%的情况下,混凝土的棱柱体强度和立方体强度的平均值见表1-17。

表1-17 再生混凝土的棱柱体强度与立方体强度

编号	坍落度(mm)	表观密度/(kg/m³)	立方体强度(MPa)	棱柱体强度(MPa)	棱柱体与立方体强度之比
NSC	42	2402	35.9	26.9	0.75
RC-30	33	2368	34.1	25.4	0.74
RC-50	41	2345	29.6	23.6	0.80
RC-70	40	2316	30.3	24.2	0.80
RC-100	44	2280	26.7	23.8	0.89

对比普通混凝土发现,再生混凝土的棱柱体强度和立方体强度均有所降低,且棱柱体与立方体强度之比 f_c/f_{cu} 随着取代率的提高而增加。再生混凝土棱柱体强度(f_c^r)与立方体强度(f_{cu}^r)和骨料取代率(r)之间的关系为:

$$f_c^r = \frac{0.76 f_{cu}^r \rho_r}{2400}\left(1+\frac{r}{A}\right) \quad (1-18)$$

式中:r 为骨料取代率;ρ_r 为混凝土表观密度(kg/m³);A 为 r 的函数,可表示为

$$A = -89.338r^2 + 131.49r - 37.572 \quad (1-19)$$

陈宗平等[91]以设计强度为C30的再生骨料混凝土制备了66件标准棱柱体试件和33件150mm×150mm×550mm的棱柱体试件,对再生骨料混凝土的基本力学性能进行了试验研究,包括抗压强度、抗折强度、弹性模量、泊松比。

在标准棱柱体试件抗压强度试验中,加载初期再生混凝土试件与普通混凝土试件的破坏发展并无区别。但荷载达到峰值后,部分试件的破坏裂缝发展迅速,表现为明显的脆性,突然破坏而丧失承载力。部分试件的裂缝发展缓慢,最后劈裂,承载力缓慢降低,与普通混凝土并无太大差异。

通过试验实测得到的标准龄期条件下再生混凝土与天然混凝土的峰值比和取代率的关系如图1-12所示,可见再生骨料的取代率对混凝土的峰值应力影响不大,在10%范围内波动。但取代率对混凝土的峰值应变影响较大,在20%的范围内上下波动。当骨料取代率超过20%时,峰值应力和峰值应变呈现相似的波动情况,但峰值应变的波动范围略大于峰值应力。

2. 受压应力-应变全曲线及本构模型

陈宗平等[91]进行了再生粗骨料取代率在0~100%之间(中间级差为10%)的混凝土棱柱体单轴受压应力-应变研究。不同再生粗骨料取代率条件下,再生混凝土的受压应力-应变全曲线如图1-13所示。与普通混凝土相比,再生混凝土的应力-应变全曲线也经历了上升段和下降段,但在峰值之后的应力下降段,再生混凝土要比普通混凝土下降更快,且下降

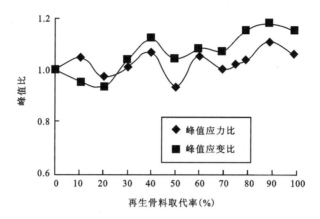

图 1-12 再生混凝土与天然混凝土的峰值比和取代率的变化

速度随粗骨料取代率的增加而加快。说明再生骨料存在天然的材料缺陷，内部裂缝的发展速度更快，材料呈现明显的脆性。

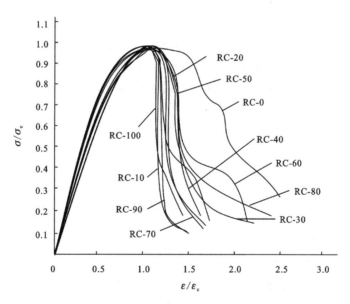

图 1-13 再生混凝土的受压应力-应变全曲线

基于普通混凝土单轴受压本构方程，对再生混凝土应力-应变全曲线进行拟合[式(1-20)]，结果如图 1-14 所示。

$$y = \begin{cases} 1.4x + 0.2x^2 - 0.6x^3 & (0 \leqslant x < 1) \\ \dfrac{x}{10(x-1)^2 + x} & (x \geqslant 1) \end{cases} \quad (1-20)$$

肖建庄[92]通过试验研究发现，再生混凝土棱柱体试块的破坏形态与普通混凝土类似。但再生混凝土达到峰值应力后，裂缝很快贯通从而破坏，其裂缝和荷载垂线的夹角明显大于

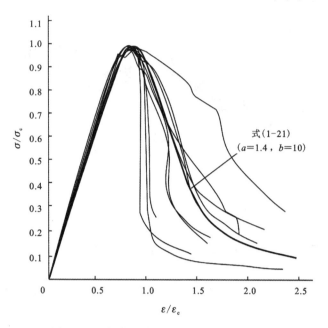

图 1-14 拟合的应力-应变曲线与试验曲线

普通混凝土。图 1-15 为通过实测得到的不同再生骨料取代率的应力-应变全曲线(以 σ/f_c^r 和 $\varepsilon/\varepsilon_0^r$ 为坐标)。可以看出,曲线与普通混凝土的应力-应变全曲线形状相似,但随骨料取代率的增大,再生混凝土应力-应变全曲线上升段斜率变小,达到峰值应力后的下降段变陡,即弹性模量降低,脆性增大。

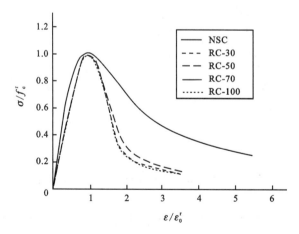

图 1-15 再生混凝土应力-应变全曲线

基于试验结果得到的本构方程如式(1-21)所示。式中 a 为曲线初始切线的斜率,b 的值与下降段曲线下的面积有关,其值见表 1-18。由表中数据可看出,再生混凝土参数 a 小于普通混凝土,说明再生混凝土弹性模量小,其值随取代率的提高而降低;再生混凝土参数 b 大于普通混凝土,说明再生混凝土脆性大,其值随取代率提高而增大。

$$y = \begin{cases} ax + (3-2a)x^2 + (a-2)x^3 & (0 \leqslant x < 1) \\ \dfrac{x}{b(x-1)^2 + x} & (x \geqslant 1) \end{cases} \quad (1-21)$$

表 1-18 参数 a 和 b

参数	再生混凝土骨料取代率 $r(\%)$				
	0	30	50	70	100
a	2.20	1.32	1.26	1.15	1.04
b	0.80	3.30	3.96	4.31	7.50

3. 抗折强度

陈宗平等[91]的研究结果表明:设计强度为 C30 的再生混凝土实测抗折强度在 5.1~6.0MPa 之间,其均值为 5.65MPa,同普通混凝土相比,总体差距不大,但再生混凝土的抗折强度随骨料取代率的提高呈现先增大后减小的趋势。比较同批次再生混凝土的抗折强度与立方体试件的抗压强度,由表 1-19 可以看出再生混凝土的抗折强度 f_{tm} 与立方体抗压强度 f_{cu} 的比值在 0.12 附近波动,二者之间的关系可近似用式(1-22)表示。

$$f_{tm} = 0.12 f_{cu} \quad (1-22)$$

表 1-19 非标准棱柱体试件的抗折强度值和立方体抗压强度值

再生混凝土替代率 (%)	抗折强度 (MPa)	立方体抗压强度 (MPa)	抗折强度与立方体抗压强度之比
0	5.50	45.30	0.121
10	5.70	46.50	0.123
20	5.90	44.7	0.132
30	6.00	47.20	0.127
40	6.10	46.80	0.130
50	5.10	43.40	0.118
60	5.70	49.20	0.116
70	5.50	44.60	0.123
80	5.30	48.40	0.110
90	5.40	47.40	0.114
100	5.90	48.40	0.122

4. 弹性模量

肖建庄等[92]给出了不同取代率下再生混凝土的弹性模量,如图1-16所示。再生混凝土弹性模量较普通混凝土低,当全部使用再生骨料(即取代率为100%)时,弹性模量下降约45%。再生混凝土弹性模量的统计回归公式为:

$$E_c^r = 5.0 \times 10^3 \sqrt{f_c^r} \frac{\rho_r}{2400}\left(1 - \frac{r}{2.2876r + 0.1288}\right) \quad (1-23)$$

式中:E_c^r 为再生混凝土弹性模量(MPa);f_c^r 为再生混凝土棱柱体抗压强度(MPa);ρ_r 为再生混凝土表观密度(kg/m³);r 为再生混凝土骨料取代率。

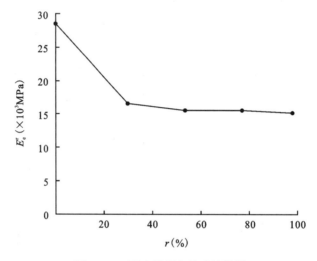

图1-16 再生混凝土的弹性模量

思考题

1.1 研究表明,再生混凝土在复杂、严酷服役条件下依然具备相当的结构强度。现需对冻土地区服役的再生混凝土进行性能提升,简述可以从哪几个方面着手开展研究,具体说明研究内容、研究方案和试验手段等。

1.2 某输变电及管理用房工程地下室为地下连续墙与钢筋混凝土内衬墙两墙合一的叠合墙,此工程运用了大体积自密实混凝土,需解决自密实混凝土大流动性与黏聚性和保水性之间的矛盾、大体积混凝土的升温和裂缝控制两方面的问题。请简述针对性技术措施。

参考文献

[1] 林倩,吴飚.浅谈纤维混凝土[J].福建建材,2011(1):30-32.
[2] 赵国藩,彭少民,黄承逵.钢纤维混凝土结构[M].北京:中国建筑工业出版社,1999.
[3] 赵国藩,黄承逵.钢纤维混凝土的性能和应用[J].工业建筑,1989(10):2-9.

[4] 陈润锋,张国防,顾国芳.我国合成纤维混凝土研究与应用现状[J].建筑材料学报,2001(2):167-173.

[5] 周明耀,杨鼎宜,汪洋.合成纤维混凝土材料的发展与应用[J].水利与建筑工程学报,2003(4):1-4.

[6] 大连理工大学.纤维混凝土试验方法标准:CECS 13:2009[S].北京:中国计划出版社,2010.

[7] 朱海堂,高丹盈,汤寄予.钢纤维高强混凝土的强度指标及其相互关系[J].建筑材料学报,2009,12(3):323-327.

[8] 高丹盈,刘建秀.钢纤维混凝土基本理论[M].北京:科学技术文献出版社,1994.

[9] 钟晨,叶中豹,王颖.一种新形式非线性钢纤维混凝土本构关系[J].硅酸盐通报,2018,37(5):1583-1588.

[10] 刘永胜,王肖钧,金挺,等.钢纤维混凝土力学性能和本构关系研究[J].中国科学技术大学学报,2007(7):717-723.

[11] 赵顺波,赵明爽,张晓燕,等.钢纤维轻骨料混凝土单轴受压应力-应变曲线研究[J].建筑结构学报,2019,40(5):181-190.

[12] 高丹盈,朱海堂,汤寄予.纤维高强混凝土抗剪性能的试验研究[J].建筑结构学报,2004(6):88-92.

[13] 中华人民共和国住房和城乡建设部.轻骨料混凝土应用技术标准:JGJ/T 12—2019[S].北京:中国建筑工业出版社,2019.

[14] American Concrete Institute. Builiding code requirements for structural concrete and commentary:ACI 318-95[S]. Farmington Hills,MI:American Concrete Institute,1995.

[15] 中国建筑科学研究院建筑结构研究所.轻骨料混凝土的研究和应用文集[M].北京:中国建筑工业出版社,1981.

[16] 翟红侠,李美娟.高强轻集料混凝土的发展与分析[J].安徽建筑工业学院学报(自然科学版),1997(3):66-69.

[17] 黄融.上海桥梁建设的发展与展望[C]// 第十九届全国桥梁学术会议论文集.北京:人民交通出版社,2010.

[18] 曹诚,杨玉强.高强轻集料混凝土在桥梁工程中应用的效益和性能特点分析[J].混凝土,2000(12):27-29.

[19] 中华人民共和国住房和城乡建设部.混凝土结构设计规范(2015年版):GB 50010-2010[S].北京:中国建筑工业出版社,2010.

[20] 赵天俊.高强轻骨料混凝土单轴受压力学性能研究[D].西安:长安大学,2017.

[21] 叶列平,孙海林,陆新征.高强轻骨料混凝土结构:性能、分析与计算[M].北京:科学出版社,2009.

[22] 过镇海,张秀琴,张达成,等.混凝土应力-应变全曲线的试验研究[J].建筑结构学报,1982(1):1-12.

[23] 王玉起,王春瑞,陈云霞,等.混凝土轴心受压时的应力应变关系[J].天津大学学

报,1983(2):29-40.

[24] HAJIME O, MASAHIRO O. Self-compacting concrete: development, present use and future[A]// SKARENDAHL A, PETERSSON O. Proceedings of 1st International RILEM Symposium on Self-Compacting Concrete[C]. Paris: RILEM Publication SARL, 1999.

[25] OZAWA K, MAEKAWA K, KUNISHIMA M, et al. Development of high performance concrete based on the durability design of concrete structures[A]// The Second East-Asia and Pacific Concrete on Structural Engineering and Construction(EASEC-2)[C]. Tokyo, 1989.

[26] BARTOS P J M. Testing-SCC: towards new European Standards for fresh SCC[A]// ZHIWU Y, CAIJUN S, KHAYAT K H, et al. Proceedings of 1st International Symposium on Design, Performance and Use of Self-Consolidating Concrete[C]. Paris: RILEM Publication SARL, 2005.

[27] SVEN M, ASMUS F, YANG J Y. State of the art admixtures for high performance SCC in China[A]// ZHIWU Y, CAIJUN S, KHAYAT K H, et al. Proceedings of 1st International Symposium on Design, Performance and Use of Self-consolidating Concrete[C]. Paris: RILEM Publication SARL, 2005.

[28] WIM B. SCC-an excellent concrete for the pre-cast industry[A]// YU Z W, SHI C J, KHAYAT K H, et al. Proceedings of 1st International Symposium on Design, Performance and Use of Self-Consolidating Concrete[C]. Paris: RILEM Publication SARL, 2005.

[29] CORINALDESI V, MORICONI G, TITTARELLI F. SCC: a way to sustainable construction development[A]// YU Z W, SHI C J, KHAYAT K H, et al. Proceedings of 1st International Symposium on Design, Performance and Use of Self-Consolidating Concrete[C]. Paris: RILEM Publication SARL, 2005.

[30] 刘小洁,余志武.自密实混凝土的研究与应用综述[J].铁道科学与工程学,2006,3(2):6-10.

[31] LUO S R, ZHENG J L. Study on the application of self-compacting concrete in strengthening engineering[A]// YU Z W, SHI C J, KHAYAT K H, et al. Proceedings of 1st International Symposium on Design, Performance and Use of Self-Consolidating Concrete[C]. Paris: RILEM Publication SARL, 2005.

[32] COLLEPARDI M, VALENTE M. Recent developments in self-compacting concretes in Europe[A]// YU Z W, SHI C J, KHAYAT K H, et al. Proceedings of 1st International Symposium on Design, Performance and Use of Self-Consolidating Concrete[C]. Paris: RILEM Publication SARL, 2005.

[33] 廉慧珍,张青,张耀凯.国内外自密实高性能混凝土研究及应用现状[J].施工技术,1999(5):3-5.

[34] 罗小勇,余志武,聂建国,等.自密实预应力混凝土梁的疲劳性能试验研究[J].建筑结构学报,2003(3):76-81.

[35] 陶津,柳献,袁勇,等.自密实混凝土高温爆裂性能影响因素的试验研究[J].土木工程学报,2009,42(10):22-26.

[36] BOUZOUBA N,LACHEMI M. Self-compacting concrete incorporating high volumes of class F fly ash preliminary results[J]. Cement and Concrete Research,2001,31(3):413-420.

[37] DAVOUST P. New admixture to self-compacting concrete[A]// SKARENDAHL A,PETERSSON O. Proceedings of 1st International RILEM Symposium on Self-Compacting Concrete[C]. Paris:RILEM Publication SARL,1999.

[38] LACHEMIA M,HOSSAINA K M A,LAMBROS V,et al. Self-consolidating concrete incorporating new viscosity modifying admixtures[J]. Cement and Concrete Research,2004,34(6):917-926.

[39] ZHU W Z,GIBBS J C,BARTOS P J M. Uniformity of in situ properties of self-compacting concrete in full-scale structural elements[J]. Cem Concr Compos,2001,23(1):57-64.

[40] PERSSON B. A comparison between mechanical properties of self-compacting concrete and the corresponding properties of normal concrete[J]. Cement and Concrete Composites,2001,31(2):193-198.

[41] HOLSCHEMACHER K,KIOG Y. Pull-out behavior of steel fibers in self compacting concrete[A]//YU Z W,SHI C J,KHAYAT K H,et al. Proceedings of 1st International Symposium on Design,Performance and Use of Self-Consolidating Concrete[C]. Paris:RILEM Publication SARL,2005.

[42] LI L C,HUANG C L. Analysis on the stress-strain behavior of self-consolidating concrete[A]//YU Z W,SHI C J,KHAYAT K H,et al. Proceedings of 1st International Symposium on Design,Performance and Use of Self-Consolidating Concrete[C]. Paris:RILEM Publication SARL,2005.

[43] 张军,余振鹏,樊梓元,等.自密实混凝土抗压强度尺寸效应试验研究[J].混凝土,2019(12):60-63+68.

[44] 杨志坚.自密实混凝土弹性模量影响因素的研究[D].长沙:湖南大学,2011.

[45] RICHARD P,CHEYREZ M. Composition of reactive powder concretes[J]. Cement and Concrete Research,1995,25(7):1501-1511.

[46] DUGAT J,ROUX N,BERNIER G. Mechanical properties of reactive powder concretes[J]. Materials and Structures,1996,29(4):233-240.

[47] BONNEAU O,VERNET C,MORANVILLE M,et al. Characterization of the granular packing and percolation threshold of reactive powder concrete[J]. Cement and concrete research,2000,30(12):1861-1867.

[48] 覃维祖,曹峰.一种超高性能混凝土——活性粉末混凝土[J].工业建筑,1999(4):18-20.

[49] 何峰,黄政宇.200~300MPa活性粉末混凝土(RPC)的配制技术研究[J].混凝土与

水泥制品,2000(4):3-7.

[50] 杨吴生,黄政宇.活性粉末混凝土耐久性能研究[J].混凝土与水泥制品,2003(1):19-20.

[51] 何峰,黄政宇.硅灰和石英粉对活性粉末混凝土抗压强度贡献的分析[J].混凝土,2006(1):39-42.

[52] 闫光杰,阎贵平,安明喆,等.200MPa级活性粉末混凝土试验研究[J].铁道学报,2004(2):116-119.

[53] 安明喆,杨新红,王军民,等.RPC材料的耐久性研究[J].建筑技术,2007(5):367-368.

[54] 安明喆,王军民,崔宁,等.活性粉末混凝土的微观结构研究[J].低温建筑技术,2007(3):1-3.

[55] 龙广成,谢友均,陈瑜.养护条件对活性粉末砼(RPC200)强度的影响[J].混凝土与水泥制品,2001(3):15-16.

[56] 刘娟红,宋少民,梅世刚.RPC高性能水泥基复合材料的配制与性能研究[J].武汉理工大学学报,2001(11):14-18.

[57] BLAIS P Y, COUTURE M. Precast, prestressed pedestrian bridge: World's first Reactive Powder Concrete structure[J]. PCI Journal, 1999, 44(5):60-71.

[58] BIERWAGEN D, HAWASH A. Ultra high performance concrete highway bridge[C]. Proceeding of the 2005 Mid-Continent. Transportation Symposium, Iowa, 2005.

[59] 毕巧巍,杨兆鹏.活性粉末混凝土的研究与应用概述[J].山西建筑,2008(17):5-6.

[60] 颜祥程,许金余,段吉祥,等.超高强活性粉末混凝土的抗侵彻特性数值仿真研究[J].弹箭与制导学报,2009,29(6):103-106.

[61] 陈万祥,郭志昆.活性粉末混凝土基表面异形遮弹层的抗侵彻特性[J].爆炸与冲击,2010,30(1):51-57.

[62] 王立闻.活性粉末混凝土高温后动力学特性研究[D].哈尔滨:哈尔滨工业大学,2011.

[63] 李业学,谢和平,彭琦,等.活性粉末混凝土力学性能及基本构件设计理论研究进展[J].力学进展,2011,41(1):51-59.

[64] 刘娟红,宋少民.活性粉末混凝土——配制、性能与微结构[M].北京:化学工业出版社,2013.

[65] 施韬,陈宝春,施惠生.掺矿渣活性粉末混凝土配制技术的研究[J].材料科学与工程学报,2005(6):867-870.

[66] 谢友均,刘宝举,龙广成.掺超细粉煤灰活性粉末混凝土的研究[J].建筑材料学报,2001(3):280-284.

[67] 吴炎海,何雁斌.活性粉末混凝土(RPC200)的配制试验研究[J].中国公路学报,2003(4):45-50.

[68] 刘娟红,宋少民,梅世刚.RPC高性能水泥基复合材料的配制与性能研究[J].武汉理工大学学报,2001(11):14-18.

[69] 黄利东,邢锋,邓良鹏,等.活性粉末混凝土强度影响因素研究[J].深圳大学学报,

2004(2):178-182.

[70]时术兆,齐砚勇,严云,等.活性粉末混凝土的配合比试验研究[J].混凝土,2009(4):83-86.

[71]王震宇,陈松来,袁杰.活性粉末混凝土的研究与应用进展[J].混凝土,2003(11):39-41.

[72]刘娟,侯新宇,嵇晓雷.基于正交试验设计的活性粉末混凝土配合比优化研究[J].四川建筑科学研究,2015,41(3):98-100.

[73]李莉.活性粉末混凝土梁受力性能及设计方法研究[D].哈尔滨:哈尔滨工业大学,2010.

[74]郝文秀,徐晓.钢纤维活性粉末混凝土力学性能试验研究[J].建筑技术,2012,43(1):35-37.

[75]吕雪源,王英,符程俊,等.活性粉末混凝土基本力学性能指标取值[J].哈尔滨工业大学学报,2014,46(10):1-9.

[76]余志武,丁发兴.混凝土受压力学性能统一计算方法[J].建筑结构学报,2003(4):41-46.

[77]柯开展,周瑞忠.掺短切碳纤维活性粉末混凝土的受压力学性能研究[J].福州大学学报(自然科学版),2006(5):739-744.

[78]何雁斌.活性粉末混凝土(RPC)的配制技术与力学性能试验研究[D].福州:福州大学,2003.

[79]鞠彦忠,王德弘,康孟新.不同钢纤维掺量活性粉末混凝土力学性能的试验研究[J].应用基础与工程科学学报,2013,21(2):299-306.

[80]屈文俊,邬生吉,秦宇航.活性粉末混凝土力学性能试验[J].建筑科学与工程学报,2008,25(4):13-18.

[81]安明喆,宋子辉,李宇,等.不同钢纤维含量RPC材料受压力学性能研究[J].中国铁道科学,2009,30(5):34-38.

[82]郑文忠,李海艳,王英.高温后不同聚丙烯纤维掺量活性粉末混凝土力学性能试验研究[J].建筑结构学报,2012,33(9):119-126.

[83]吴有明.活性粉末混凝土(RPC)受压应力-应变全曲线研究[D].广州:广州大学,2012.

[84]NIXON P J. Recycled concrete as an aggregate for concrete[J]. Materials and Structures,1978,11(6):371-378.

[85]TOPCU I B,GUNCAN N F. Using waste concrete as aggregate[J]. Cement and Concrete Research,1995,25(7):1385-1390.

[86]CRENTSIL K K,BROWN T,TAYLOR A H. Performance of concrete made with commercially produced coarse recycled concrete aggregate[J]. Cement and Concrete Research,2001(37):707-712.

[87]MUKAI T,KIKUCHI M. Properties of reinforced concrete beams containing recycled aggregate[C]//LAURITZON E K. Demolition and Reuse of Concrete and Masonry:

Proceedings of the Third International RILEM Symposium Odensen,1993.

[88]ISHILL K. Flexible characters of RC beam with recycled coarse aggregate[A]// Proceedings of the 25♯ JSCE Annual Meeting. Kanto Branch,1998.

[89]IPPEI M,MASARU S,TAKAHISA S,et al. Flxural properties of reinforced concrete betas[A]// Conference on the Use of Recycled Materials in Building and Structures. Barcelona,2004.

[90]肖建庄,兰阳.再生粗骨料混凝土梁抗弯性能试验研究[J].特种结构,2006(1):9-12.

[91]陈宗平,徐金俊,郑华海,等.再生混凝土基本力学性能试验及应力应变本构关系[J].建筑材料学报,2013,16(1):24-32.

[92]肖建庄.再生混凝土单轴受压应力-应变全曲线试验研究[J].同济大学学报(自然科学版),2007(11):1445-1449.

[93]古松,雷挺,陶俊林.再生混凝土配合比设计及早期强度试验研究[J].工业建筑,2012,42(4):1-4.

2 混凝土的多轴强度与本构关系

知识目标:掌握混凝土多轴强度的基本概念;了解混凝土多轴强度测试装备与方法;理解混凝土多轴受力下的破坏形态及其发生条件;理解混凝土的多轴强度破坏准则,并掌握实用计算方法;掌握混凝土在多轴受力状态下的本构模型。

能力目标:构建混凝土多轴强度与破坏理论的基本概念体系,具备混凝土在复杂应力状态下破坏分析的理论和应用能力。

学习重点:混凝土多轴强度与破坏理论。

学习难点:混凝土多轴受力下的本构模型及应用。

2.1 多轴强度和变形的规律

混凝土的多轴强度指的是在试件破坏时,三向主应力的最大值,包含双轴受压、双轴拉压、双轴受拉、真三轴受压、三轴拉压和三轴受拉等应力状态。一般认为[1,2]:多轴受压状态下,混凝土多轴强度高于单轴强度;多轴受拉状态下,混凝土多轴强度低于单轴强度。

多轴强度用 σ_{1f}、σ_{2f} 和 σ_{3f} 来表示,相应的峰值应变为 ε_{1p}、ε_{2p} 和 ε_{3p}。受拉为正,受压为负,符号规则为:

$$\sigma_{1f} \geqslant \sigma_{2f} \geqslant \sigma_{3f}, \varepsilon_{1p} \geqslant \varepsilon_{2p} \geqslant \varepsilon_{3p} \tag{2-1}$$

2.1.1 双轴受压

研究表明,混凝土在双轴应力状态下的抗压强度 σ_{3f} 高于其在单轴应力状态下的抗压强度 f_c,即

$$|\sigma_{3f}| \geqslant f_c \tag{2-2}$$

随应力比的变化规律为:当 $\sigma_2/\sigma_3=0\sim0.2$ 时,σ_{3f} 随应力比的增大而提高较快;当 $\sigma_2/\sigma_3=0\sim0.7$ 时,σ_{3f} 变化平缓,最大抗压强度为 $(1.25\sim1.60)f_c$,发生在 $\sigma_2/\sigma_3=0.3\sim0.6$ 之间;当 $\sigma_2/\sigma_3=0.7\sim1.0$ 时,σ_{3f} 随应力比的增大而降低;二轴等压($\sigma_2/\sigma_3=1$)时,最大抗压强度为 $(1.15\sim1.35)f_c$。

峰值应变 ε_{2p} 和 ε_{3p} 随应力比(σ_2/σ_3)的变化具有一定规律性,其中:ε_{3p} 的变化曲线与二轴抗压强度 σ_{3f} 的曲线类似,最大应变值发生在 $\sigma_2/\sigma_3\approx0.05$ 处;而 ε_{2p} 由单轴受压($\sigma_2/\sigma_3=0$)时的拉伸变形逐渐转为压缩变形,应力比增至二轴等压($\sigma_2/\sigma_3=1$)时,达到最大应变($\varepsilon_{2p}=\varepsilon_{3p}$),且整体上近似呈现为直线变化。

2.1.2　双轴拉压

混凝土在双轴拉/压应力状态下的抗压强度 σ_{3f} 随着另一方向拉应力的增大而降低。同样地,抗拉强度 σ_{1f} 随压应力的增大而减小。在任意应力比例(σ_1/σ_3)下,混凝土在双轴拉/压应力状态下的强度均低于其在单轴应力状态下的强度,即

$$|\sigma_{3f}| \leqslant f_c, |\sigma_{1f}| \leqslant f_t \tag{2-3}$$

二轴拉(压)应力状态下,试件破坏时的峰值应变均随拉力 f_1 的增大或者应力比($|\sigma_1/\sigma_3|$)的增大而迅速减小。

2.1.3　双轴受拉

在任意双轴拉应力比($\sigma_2/\sigma_1=0\sim1$)下,混凝土的二轴抗拉强度 σ_{1f} 均与其单轴抗拉强度 f_t 接近,即

$$\sigma_{1f} \approx f_t \tag{2-4}$$

随着双轴拉应力比(σ_2/σ_1)的增大,受应力 σ_2 引起的横向变形的影响,相同应力 σ_1 下的主拉应变 ε_1 减小,因而达到二轴抗拉强度时的峰值应变 ε_{1p} 也减小;而 ε_{2p} 则由单轴受拉时的压缩变形过渡为双轴受拉时的拉伸变形,当 $\sigma_2/\sigma_1=0$ 时,ε_{2p} 与泊松比一致。

2.1.4　真三轴受压

混凝土在三轴受压应力状态下的抗压强度 σ_{3f} 随应力比 σ_1/σ_3 和 σ_2/σ_3 的一般变化规律有以下 3 点。

(1) 随着应力比(σ_1/σ_3)的增大,混凝土三轴受压状态下的抗压强度成倍增长。

(2) 第二主应力(σ_2 或 σ_2/σ_3)对混凝土三轴受压应力状态下的抗压强度有明显影响。当 σ_1/σ_3 为常数时,最高抗压强度发生在 $\sigma_2/\sigma_3=0.3\sim0.6$ 之间,受此影响产生的最高和最低抗压强度相差 20%~25%。

(3) 当 σ_1/σ_3 为常数时,若 $\sigma_1/\sigma_3<0.15$,则 $\sigma_2=\sigma_1$ 时的抗压强度低于 $\sigma_2=\sigma_3$ 时的强度;反之,若 $\sigma_1/\sigma_3\geqslant0.15$,则 $\sigma_2=\sigma_1$ 时的抗压强度高于 $\sigma_2=\sigma_3$ 时的强度。

混凝土三轴受压峰值应变 ε_{3p} 随应力比(σ_1/σ_3)的增大而增长极快,随 σ_2/σ_3 的变化则与三轴抗压强度的变化相似,ε_{3p} 最大值发生在 $\sigma_2/\sigma_3=0.3\sim0.6$ 之间。第二主应力方向的峰值应变 ε_{2p} 随应力比的变化规律为:由 $\sigma_1=\sigma_2$ 时的拉伸逐渐转化为压缩,至 $\sigma_2=\sigma_3$ 时达到最大应变($\varepsilon_{2p}=\varepsilon_{3p}$)。$\varepsilon_{2p}=0$ 时的应力比(σ_1/σ_3)恰好与 ε_{3p} 达到最大值符合。

2.1.5　三轴拉压

有一轴或二轴受拉的混凝土三轴拉(压)试验,由于试验的技术难度非常大,已有的试验数据量非常少,且离散度大,反映出的一般性规律可总结以下 3 点。

(1) 任意应力比例下,混凝土三轴拉压应力状态下的强度分别不超过其单轴应力状态下的强度,即

$$|\sigma_{3f}| \leqslant f_c, |\sigma_{1f}| \leqslant f_t \tag{2-5}$$

(2) 随应力比 $|\sigma_1/\sigma_3|$ 的增大,混凝土在三轴拉压应力状态下的抗压强度 σ_{3f} 快速降低。

(3) 第二主应力 σ_2 不论是拉应力还是压应力,也不论应力比 (σ_2/σ_3) 的大小,对三轴拉压应力状态下的抗压强度 σ_{3f} 的影响很小,影响幅度一般在 10% 以内。

混凝土在三轴拉压应力状态下,大部分发生拉断破坏,其应力-应变曲线与单轴受拉时类似。应力接近极限强度时,塑性变形才有所发展;试件破坏时的峰值主拉应变 $\varepsilon_{1p} \approx (70 \sim 200) \times 10^{-6}$,略微大于单轴受拉的峰值应变,是主应力 σ_3 引起的横向变形所致;在主压应力方向上,塑性变形也很少发展,且随着主拉应力 σ_1 的增大而减小,应力-应变曲线接近直线。

2.1.6 三轴受拉

混凝土的三向主应力都是受拉 $(\sigma_1 \geqslant \sigma_2 \geqslant \sigma_3 > 0)$ 的状况,在实际工程中出现的可能性极小,加之试验技术难度大,所以与之相关的试验数据极少,部分文献给出的混凝土三轴等拉 $(\sigma_1 = \sigma_2 = \sigma_3)$ 应力状态下的抗拉强度为 $\sigma_{1f} = (0.7 \sim 1.0) f_t$。混凝土在双轴受拉和三轴受拉应力状态下的极限强度 σ_{1f} 等于或略低于其单轴抗拉强度,原因是前两种应力状态下由混凝土内部缺陷和损伤引发破坏的概率更大。

2.1.7 多轴强度测试设备与方法

1. 三轴试验机

某公司生产的大型液压伺服混凝土动态三轴试验机如图 2-1 所示。该试验机能对试块施加 3 个方向上的拉力和压力,共有 6 个作动器加载头,通过参数的输入及计算机自动控制,可以实现任意应力比例、任意应力状态和任意速率的加载,并且加载时可以选择力控制或者位移控制,十分方便。该试验机的组成主要有 4 部分:计算机及数字伺服控制器、液压油源及冷却水系统、液压分油器及管路系统、电液伺服作动器组件。

图 2-1 大型液压伺服混凝土动态三轴试验机

2. 试验加载方法[3]

对于单轴压缩、双轴压缩和三轴压缩试验，在整个加载过程中，必须将每个混凝土立方体试件的尺寸偏差控制在很小范围内。每个作动加载头作用的主应力作用方向必须垂直于混凝土试件表面，为此受压试块的上表面需要经过打磨。

多轴受压应力状态下，在主应力 σ 方向上以 $0.3\sim0.5\text{MPa/s}$ 的加载速度对混凝土试块施加压力。在试件和加载板之间带有两层中间涂有油脂的塑料薄膜垫层，在单轴和双轴加载时可能出现滑动，因此在预加载时要注意观察，如果出现滑动，则应立刻停止加载，重新矫正后继续加载，保证加载头轴心和混凝土试件轴心在一条直线上。三轴试验机加载头部的球铰具有自动找平和对中的功能，因此试验前要检查球铰是否能正常工作。

对混凝土单轴受拉试件，试验时先将混凝土试件放到下部加载头上，初步对中后，通过加载头上的球铰反复校正，然后将上部加载头缓慢降下，并将钢板孔洞与试件螺栓对正插入，预加 10 kN 的压力后，两位试验操作员同时拧紧上下 8 个螺母，之后再进行拉荷载的施加。对于双轴拉压和三轴拉压的试件，都先进行上述操作，然后将两个水平加载头移动到加载位置，同时进行 2 个或者 3 个方向的加载。值得注意的是，拉压试件的减摩垫层的位置一定要保持与加载头位置一致，因此拉压试件的减摩垫层的位置一定要经过事先精确测量，粘贴时用尺子精确定位。

试验位移数据可通过固定在加载头或混凝土试件上的 LVDT 位移计量测出来。此位移计灵敏度高、线性范围宽、重复性好，可以连接到控制台，并最终可以和加载的其他数据在一个文件里同时输出，十分便捷。每次试件安装完成后先预加一定的荷载，然后将位移计放到相应的位置及支架上。

3. 试验注意事项

为了确保试验顺利进行，试验过程中需要注意以下事项。

(1) 实时交流，确保试验操作员人身安全和机器安全，这是试验过程中最为重要的一点。由于操作室和试验机之间存在一定距离，试件安装人员与操作人员需用对讲机进行交流。为了保证安装人员安全以及机器正常运行，试件安装人员将试件安装完毕从机器内部撤离后，给出可以进行操作的讯息后，操作人员方可进行操作。同时，操作人员的每一步操作都要告知现场人员，现场人员若发现仪器运作与操作步骤不符，应立即告知操作人员，必要情况下要暂停，紧急情况应喊急停，操作人员应立即关闭油源。

(2) 每次试验开始之前都要对机器和油源进行检查，确保机器正常运作。每次试验结束都要对机器进行清洁打扫，将位移计等精密仪器要妥善保存，以免损坏。

(3) 预加荷载。每次试验正式加载之前，都要先给试件预加一定的压力或拉力，使试件与加载头紧密贴合，并检查试验机是否正常运行，试件安装是否正确。预加荷载后再加装位移计，可避免由球铰空隙及减摩垫层变形引起的试验误差。

(4) 合理安装位移计。混凝土在双轴和三轴受压时的强度和变形较单轴受力时均有较大的提高，为保证试验量测准确可靠，需要根据试件受力状态，在安装位移计时合理调整位移计的可伸缩长度。

2.2 多轴受力下的破坏形态

根据试件的变形、微裂缝及损伤的发展和积累的形式不同，混凝土在多轴应力状态下存在 5 种典型的宏观破坏形态[4]，如图 2-2 所示。

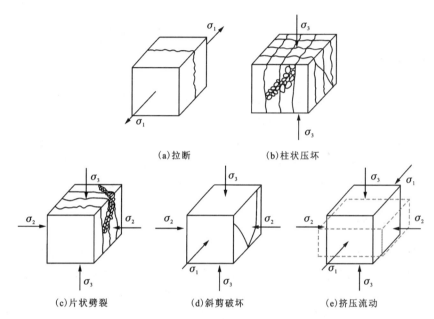

图 2-2 混凝土多轴受力下的典型破坏形态

2.2.1 拉断

在多轴受拉或拉压应力状态下，混凝土主要受力方向是主拉应力 σ_1 方向，当主拉应变超过极限拉应变 ε_{1p} 时，最薄弱截面处会先形成垂直于 σ_1 方向的裂缝，并逐渐开展，导致有效受拉面积减小。最后，试件破坏过程及特征与棱柱体试件单轴受拉时基本完全相同，试件会突然被拉断成两半，如图 2-2(a)所示。

2.2.2 柱状压坏

在多轴受压或拉压应力的状态下，当两个主应力 σ_1 和 σ_2 都远小于主压应力 σ_3 的绝对值时，混凝土试件会沿两个垂直方向产生拉应变，即 ε_1 和 ε_2 均大于零。由于采取了减摩措施，试验时有效消减了试件加载面上的约束作用，当拉应变达到混凝土的极限值后，会形成两组平行于试件侧表面且平行于 σ_3 的裂缝，裂缝逐渐扩展增宽，最后形成分离的短柱群并贯通全试件，最终导致试件破坏，如图 2-2(b)所示。

2.2.3 片状劈裂

在多轴受压或拉压应力的状态下,混凝土试件的第二主应力 σ_2 能阻止在 σ_2 方向上发生受拉裂缝,因此试件将在 σ_3 和 σ_2 的共同作用下,沿 σ_1 方向产生较大拉应变 ε_1,并且逐渐形成多个和 $\sigma_2-\sigma_3$ 作用面平行的裂缝面,当裂缝贯通整个试件后,发生片状劈裂破坏。不规则的倾斜角和曲度是由于宏观平行的主劈裂面受到了粗骨料阻挡,边长 100mm 的立方体试件通常会被劈成 3~5 片。此时的破坏特征与单轴受压状态下的特征很相似,劈裂面两侧的粗骨料界面和砂浆内部会有明显的损坏和碎片,但粗骨料完整,不会被劈碎,如图 2-2(c)所示。

2.2.4 斜剪破坏

在三轴受压应力状态下,混凝土试件的主应力 σ_1 较大且会防止片状劈裂破坏,但如果 σ_1 和 σ_3 的差值较大,试件破坏后表面会出现斜裂缝面,如图 2-2(d)所示。斜裂缝面一般与 σ_2 方向平行,个数为 1~3 个,与 σ_3 轴的夹角一般在 20°~30°左右。应力状态在柱状压坏和片状劈裂的范围以内,在形成相应的平行裂缝之后,终止试验时的变形如果较大,有些棱柱体试件的应力状态即使是单轴受压也会在表面上出现明显的斜裂缝。

2.2.5 挤压流动

在三轴受压应力状态下,如果 σ_1 和 σ_2 都很大,则混凝土试件在 3 个方向的主应变均为压缩状态。混凝土内部骨料间的水泥砂浆以及粗骨料及其界面都主要承受压应力,从而导致内部微裂缝的出现和发展会延缓,甚至被防止发生,混凝土的极限强度因此得到很大提高。在很高的压应力下,混凝土的压缩剪切变形会很大,试件的塑性变形增大。沿最大压应力 σ_3 方向,试件会在达到极限荷载后发生宏观压缩变形;在 σ_1 和 σ_2 的挤压状态下,侧向则向外膨胀,试件的形状由原来的正方体变成了扁方体,如图 2-2(e)所示。

2.3 多轴强度破坏准则与实用计算方法

混凝土的破坏准则是用数学形式对材料特性的描述,是判定混凝土材料在多轴应力条件下是否达到破坏状态的条件。破坏准则大都基于对大量试验结果的总结,随着试验数据的积累,国内外研究者提出了多种多参数的破坏准则数学表达式。基于破坏准则的适用范围宽窄、计算值与试验值的相符程度以及对理论破坏包络面几何特征的合理性进行综合评定,本节列举了几种目前常用的破坏准则[5]。

2.3.1 双轴受压破坏准则

(1)Kupfer15S1 破坏准则[6]。

$$\left(\frac{\sigma_3}{f_c}+\frac{\sigma_2}{f_c}\right)^2 + a\frac{\sigma_3}{f_c} + b\frac{\sigma_2}{f_c} = 0 \qquad (2-6)$$

(2)过镇海提出的破坏准则[7]。

当应力比 $0 \leqslant \alpha = \sigma_2/\sigma_3 \leqslant 0.2$ 时：

$$\frac{\sigma_3}{f_c} = \frac{1}{1 - 1.4286\alpha} \quad (2-7)$$

当应力比 $0 \leqslant \alpha = \sigma_2/\sigma_3 \leqslant 1$ 时：

$$\frac{\sigma_3}{f_c} = \frac{1.4336}{1 + 0.12\alpha} \quad (2-8)$$

2.3.2 三轴破坏准则

(1)Ottosen 破坏准则[8]。

模式规范 CEB-FIP MC90 中采纳了 Ottosen 破坏准则。该准则是根据偏平面包络线由三角形过渡为圆形的特点，应用薄膜比拟法得到。Ottosen 破坏准则是对二阶偏微分方程求解后，转换成以应力不变量形式表达：

$$a\frac{J_2}{f_c^2} + \lambda\frac{\sqrt{J_2}}{f_c} + b\frac{I_1}{f_c} - 1 = 0 \quad (2-9)$$

式中：a、b、λ 为模型参数；J_2、I_1 为应力不变量。

Hsieh-Ting-Chen 和 Podgórski 在 Ottosen 破坏准则的基础上进行了相应的简化和修正。Hsieh-Ting-Chen 破坏准则表达式为[9]：

$$a\frac{J_2}{f_c^2} + b\frac{\sqrt{J_2}}{f_c} + c\frac{\sigma_1}{f_c} + d\frac{I_1}{f_c} - 1 = 0 \quad (2-10)$$

式中：a、b、c、d 为模型参数。

Podgórski 破坏准则表达式为[10]：

$$\sigma_{oct} - c_0 + c_1 p\tau_{oct} + c_2 \tau_{oct}^2 = 0 \quad (2-11)$$

式中：c_0、c_1、c_2、p 为模型参数；$\sigma_{oct} = (\sigma_1 + \sigma_2 + \sigma_3)/3$，表示八面体正应力；$\tau_{oct} = \sqrt{(\sigma_1-\sigma_2)^2 + (\sigma_2-\sigma_3)^2 + (\sigma_3-\sigma_1)^2}/3$，表示八面体切应力。

(2)过-王(过镇海-王传志)破坏准则[7]。

我国混凝土结构设计规范采纳了过-王破坏准则，该准则应用幂函数拟合了混凝土的破坏包络面，其表达式为：

$$\tau_0 = a\left(\frac{b - \sigma_0}{c - \sigma_0}\right)^d \quad (2-12)$$

$$c = c_t(\cos 1.5\theta)^{1.5} + c_c(\sin 1.5\theta)^2 \quad (2-13)$$

式中：a、b、c_t、c_c、d 为模型参数；$\sigma_0 = \sigma_{oct}/f_c$；$\tau_0 = \tau_{oct}/f_c$；$\theta$ 为相似角。

2.4 多轴受力下的本构关系

混凝土在多轴应力状态下的本构关系十分复杂，3个方向的主应力同时作用，使得各个方向上的正应变和横向变形效应相互约束和牵制，影响内部裂纹的出现和发展。同时，混凝土多轴试验方法不统一,再加上应变测量技术困难,导致现有试验数据存在较大离散性,进而使得本构关系的研究非常困难。

为反映结构的真实服役状态,在结构设计和有限元分析中必须引入混凝土的多轴本构关系,许多学者进行了大量的试验和理论研究,提出了多种多样的本构模型。根据这些模型对混凝土材料力学性能特征的概括,可将其分为 4 类[3,5]:线弹性模型、非线性弹性模型、塑性理论模型和其他理论模型。

2.4.1 线弹性各向同性本构模型

对于各向同性材料,其在 3 个方向的弹性参数的数值相等,因而本构模型可简化为:

$$\begin{Bmatrix} \varepsilon_{11} \\ \varepsilon_{22} \\ \varepsilon_{33} \end{Bmatrix} = \begin{bmatrix} \frac{1}{E} & -\frac{\upsilon}{E} & -\frac{\upsilon}{E} \\ -\frac{\upsilon}{E} & \frac{1}{E} & -\frac{\upsilon}{E} \\ -\frac{\upsilon}{E} & -\frac{\upsilon}{E} & \frac{1}{E} \end{bmatrix} \begin{Bmatrix} \sigma_{11} \\ \sigma_{22} \\ \sigma_{33} \end{Bmatrix} \tag{2-14}$$

和

$$\begin{Bmatrix} \gamma_{12} \\ \gamma_{23} \\ \gamma_{31} \end{Bmatrix} = \frac{1}{G} \begin{Bmatrix} \tau_{12} \\ \tau_{23} \\ \tau_{31} \end{Bmatrix} \tag{2-15}$$

式中:σ_{ii} 为正应力;ε_{ii} 为正应变;E 为弹性模量;υ 为泊松比;τ_{ij} 为剪应力;γ_{ij} 为剪应变。

由于

$$G = \frac{E}{2(1+\upsilon)} \tag{2-16}$$

则线弹性各向同性本构模型中只有 2 个独立参数,分别为弹性模量 E 和泊松比 υ。

2.4.2 线弹性各向异性本构模型

结构中任何一点有 6 个应力分量,如果各应力和应变分量之间的弹性常数都不同,其一般的本构关系式为:

$$\begin{Bmatrix} \sigma_{11} \\ \sigma_{22} \\ \sigma_{33} \\ \tau_{12} \\ \tau_{23} \\ \tau_{31} \end{Bmatrix} = \begin{bmatrix} c_{11} & c_{12} & c_{13} & c_{14} & c_{15} & c_{16} \\ c_{21} & c_{22} & c_{23} & c_{24} & c_{25} & c_{26} \\ c_{31} & c_{32} & c_{33} & c_{34} & c_{35} & c_{36} \\ c_{41} & c_{42} & c_{43} & c_{44} & c_{45} & c_{46} \\ c_{51} & c_{52} & c_{53} & c_{54} & c_{55} & c_{56} \\ c_{61} & c_{62} & c_{63} & c_{64} & c_{65} & c_{66} \end{bmatrix} \begin{Bmatrix} \varepsilon_{11} \\ \varepsilon_{22} \\ \varepsilon_{33} \\ \gamma_{12} \\ \gamma_{23} \\ \gamma_{31} \end{Bmatrix} \tag{2-17}$$

这里已经取 $\tau_{12} = \tau_{21}$、$\tau_{23} = \tau_{32}$、$\tau_{31} = \tau_{13}$ 和 $\gamma_{12} = \gamma_{21}$、$\gamma_{23} = \gamma_{32}$、$\gamma_{31} = \gamma_{13}$,这一模型中刚度矩阵不对称,共有 6×6=36 个材料弹性参数。

2.4.3 线弹性正交异性本构模型

对于正交异性材料,正应力作用下不产生剪应变,剪应力作用下不产生正应变,且不在其他平面产生剪应变,本构模型可以分解化简为:

$$\begin{Bmatrix} \sigma_{11} \\ \sigma_{22} \\ \sigma_{33} \end{Bmatrix} = \begin{bmatrix} c_{11} & c_{12} & c_{13} \\ c_{21} & c_{22} & c_{23} \\ c_{31} & c_{32} & c_{33} \end{bmatrix} \begin{Bmatrix} \varepsilon_{11} \\ \varepsilon_{22} \\ \varepsilon_{33} \end{Bmatrix} \quad (2-18)$$

$$\begin{Bmatrix} \tau_{11} \\ \tau_{22} \\ \tau_{33} \end{Bmatrix} = \begin{bmatrix} c_{44} & 0 & 0 \\ 0 & c_{55} & 0 \\ 0 & 0 & c_{66} \end{bmatrix} \begin{Bmatrix} \gamma_{11} \\ \gamma_{22} \\ \gamma_{33} \end{Bmatrix} \quad (2-19)$$

式(2-18)中刚度矩阵对称,只含有 6 个独立参数,再加上式(2-19)中的 3 个参数,故正交异性本构模型中的弹性参数为 9 个。

若材料的弹性常数用熟知的工程量 E、v 和 G 表示,则本构关系(即广义胡克定律)可表示为:

$$\begin{Bmatrix} \varepsilon_{11} \\ \varepsilon_{22} \\ \varepsilon_{33} \end{Bmatrix} = \begin{bmatrix} \dfrac{1}{E_1} & -\dfrac{v_{12}}{E_2} & -\dfrac{v_{13}}{E_3} \\ -\dfrac{v_{21}}{E_1} & \dfrac{1}{E_2} & -\dfrac{v_{23}}{E_3} \\ -\dfrac{v_{31}}{E_1} & -\dfrac{v_{32}}{E_2} & \dfrac{1}{E_3} \end{bmatrix} \begin{Bmatrix} \sigma_{11} \\ \sigma_{22} \\ \sigma_{33} \end{Bmatrix} \quad (2-20)$$

和

$$\begin{Bmatrix} \gamma_{12} \\ \gamma_{23} \\ \gamma_{31} \end{Bmatrix} = \begin{bmatrix} \dfrac{1}{G_{12}} & -\dfrac{v_{12}}{E_2} & 0 \\ 0 & \dfrac{1}{G_{12}} & 0 \\ 0 & 0 & \dfrac{1}{G_{12}} \end{bmatrix} \begin{Bmatrix} \tau_{12} \\ \tau_{23} \\ \tau_{31} \end{Bmatrix} \quad (2-21)$$

式中:E_1、E_2、E_3 为 3 个垂直方向的弹性模量;G_{12}、G_{23}、G_{31} 为 3 个平面内的剪切模量;v_{12} 为应力 σ_{22} 对 σ_{11} 方向上的横向变形系数,即泊松比,v_{23} 和 v_{31} 等以此类推。

式(2-18)中柔度矩阵对称,故有 $E_1 v_{12} = E_2 v_{21}$,$E_2 v_{23} = E_3 v_{32}$ 和 $E_3 v_{31} = E_1 v_{13}$,因此本方程中独立参数也是 9 个。

2.4.4 非线性弹性各向同性本构模型(Ottosen 三维各向同性全量模型)[11]

非线性弹性各向同性本构模型引入非线性指数 β,表示当前应力(σ_1,σ_2,σ_3)距离破坏包络面的远近,反映塑性变形的发展程度。假定主应力 σ_1 和 σ_2 保持不变,σ_3 增大至 σ_{3f} 时混凝土破坏,则

$$\beta = \frac{\sigma_3}{\sigma_{3f}} \tag{2-22}$$

混凝土的应力-应变关系仍采用单轴受压时的 Sargin 方程：

$$-\frac{\sigma}{f_c} = \frac{A(\varepsilon/\varepsilon_c) + (D-1)(\varepsilon/\varepsilon_c)^2}{1 + (A-2)(\varepsilon/\varepsilon_c) + D(\varepsilon/\varepsilon_c)^2} \tag{2-23}$$

用多轴应力状态的相应值代替：

$$\left. \begin{array}{l} -\dfrac{\sigma}{f_c} = -\dfrac{\sigma}{\sigma_{3f}} = \beta, A = \dfrac{E_i}{E_p} = \dfrac{E_i}{E_f} \\[2mm] \dfrac{\varepsilon}{\varepsilon_c} = \dfrac{\varepsilon}{\varepsilon_f} = \dfrac{\sigma/E_s}{\sigma_{3f}/E_f} = \beta \dfrac{E_f}{E_s} \end{array} \right\} \tag{2-24}$$

将式(2-24)带入式(2-23)中，可得到一元二次方程解，即得到混凝土的割线模量为：

$$E_s = \frac{E_i}{2} - \beta\left(\frac{E_i}{2} - E_f\right) \pm \sqrt{\left[\frac{E_i}{2} - \beta\left(\frac{E_i}{2} - E_f\right)\right]^2 + E_f^2 \beta[D(1-\beta) - 1]} \tag{2-25}$$

式中：E_i 为初始弹性模量；E_f 为多轴峰值割线模量，可表示为式(2-26)。

$$E_f = \frac{E_p}{1 + 4(A-1)x} \tag{2-26}$$

式中：E_p 为单轴受压峰值割线模量，其中：

$$A = E_i/E_p, \quad x = \frac{\sqrt{J_{2f}}}{f_c} - \frac{1}{\sqrt{3}} \geqslant 0 \tag{2-27}$$

式中：J_{2f} 为按应力 $(\sigma_1, \sigma_2, \sigma_{3f})$ 计算的偏应力第二不变量。

2.4.5 非线性弹性正交异性本构模型(过-徐本构模型)

非线性弹性正交异性本构模型的主要特点是引入拉应力指标来区分不同应力状态下混凝土的破坏形态，给出相应等效单轴应力-应变曲线方程[12]。其中，拉应力指标定义为拉应力矢量与总应力矢量的比值，可用 α 表示：

$$\alpha = \sqrt{\frac{\sum_i (\delta_i \sigma_i)^2}{\sum_i \sigma_i^2}} \tag{2-28}$$

当拉应力指标达到一定临界值 α_i 时，混凝土发生拉断破坏。统计试验数据发现，此临界值变化范围为 $\alpha_i = 0.05 \sim 0.09$，本构模型中建议偏低采用，即 $\alpha_i = 0.05$。当 $\alpha_i \geqslant 0.05$ 时，混凝土发生拉断破坏，当 $\alpha_i < 0.05$ 时发生其他破坏。

采用应力水平指标反映混凝土塑性变形的发展程度，具体定义为：

$$\beta = \frac{\tau_{oct}}{(\tau_{oct})_f} \tag{2-29}$$

式中：τ_{oct} 为按当前应力 $(\sigma_1, \sigma_2, \sigma_3)$ 计算的八面体剪应力；$(\tau_{oct})_f$ 为按比例加载 $(\sigma_1 : \sigma_2 : \sigma_3 = $ 常数)途径计算的混凝土破坏时 $(\sigma_{1f}, \sigma_{2f}, \sigma_{3f})$ 的八面体剪应力。

混凝土在双轴和三轴应力状态下应力-应变曲线的形状和参数值，因破坏形态不同而有很大差别。选用单一的曲线形状不能很好地模拟各种试验曲线，因此该模型建议采用统一的应力-应变方程，如式(2-30)所示，但式中的参数因破坏形态而有所不同。

$$\beta = Ax + Bx^2 + Cx^n \tag{2-30}$$

式中:$\beta = \sigma_i/\sigma_{ip} = \tau_{oct}/(\tau_{oct})_f$ 为当前应力水平;$x = \varepsilon_i/\varepsilon_{ip} = \dfrac{\sigma_i/E_{is}}{f_i/E_{ip}} = \beta\dfrac{E_{ip}}{E_{is}}$ 为当前应变与等效单轴应力应变曲线上峰值应变的比例,其中 E_{ip} 为 i 方向等效单轴曲线的峰值割线模量,E_{is} 为当前应力状态下的割线模量。

式(2-30)应满足的几何条件为:

$$当\ x = 0\ 时, \beta = 0, \dfrac{\mathrm{d}\beta}{\mathrm{d}x} = A = \dfrac{E_0}{E_p} \tag{2-31}$$

$$当\ x = 1\ 时, \beta = 1, \dfrac{\mathrm{d}\beta}{\mathrm{d}x} = 0 \tag{2-32}$$

由几何条件,可将式(2-30)中的系数化简为:

$$B = \dfrac{n - (n-1)A}{n - 2} \tag{2-33}$$

$$C = \dfrac{A - 2}{n - 2} \tag{2-34}$$

由此,式(2-30)中独立参数只有 A 和 n。其中三轴受压下的 A 可按下式计算:

$$A = \dfrac{1}{0.18 + 0.086\theta + 0.385\left|\dfrac{(\sigma_{oct})_f}{f_c}\right|^{-1.75}} \tag{2-35}$$

正交异性材料的本构关系可用主应力和主应变表示,其一般方程与式(2-17)相同,式中柔度矩阵对称,若取:

$$\mu_{12} = \sqrt{v_{12}v_{21}}, \mu_{23} = \sqrt{v_{23}v_{32}}, \mu_{31} = \sqrt{v_{31}v_{13}} \tag{2-36}$$

并对矩阵求逆,可得到非线性弹性正交异性本构模型的基本方程为:

$$\begin{Bmatrix}\sigma_1\\\sigma_2\\\sigma_3\end{Bmatrix} = \dfrac{1}{\varphi}\begin{bmatrix} E_1(1-\mu_{23}^2) & \sqrt{E_1E_2}(\mu_{31}\mu_{23}+\mu_{12}) & \sqrt{E_1E_3}(\mu_{12}\mu_{23}+\mu_{13})\\ \sqrt{E_1E_2}(\mu_{31}\mu_{23}+\mu_{12}) & E_1(1-\mu_{23}^2) & \sqrt{E_2E_3}(\mu_{12}\mu_{31}+\mu_{23})\\ \sqrt{E_1E_3}(\mu_{12}\mu_{23}+\mu_{13}) & \sqrt{E_2E_3}(\mu_{12}\mu_{31}+\mu_{23}) & E_1(1-\mu_{23}^2)\end{bmatrix}\begin{Bmatrix}\varepsilon_1\\\varepsilon_2\\\varepsilon_3\end{Bmatrix}$$

$$\tag{2-37}$$

其中,

$$\varphi = 1 - \mu_{12}^2 - \mu_{23}^2 - \mu_{31}^2 - 2\mu_1\mu_2\mu_3 \tag{2-38}$$

这是本构模型的全量式,同样的方法可以推导增量式。

思考题

2.1 当前混凝土单轴和多轴试验主要是针对标准立方体试件开展的,骨料粒径较小,请思考如何解决大体积混凝土结构所用的全级配大骨料混凝土的多轴破坏准则和本构关系。

2.2 对处于多轴受压状态的混凝土结构,若考虑抗压强度的提高,就可以充分发挥材料的潜力,节约大量建材;而对于二轴或三轴拉压应力状态下的混凝土,若不考虑多轴强度而仍然采用单轴强度指标,将会过高地估计结构的承载能力或抗裂能力,降低结构的实际安全储备。请结合混凝土多轴强度准则,思考混凝土多轴强度安全系数的计算方法。

参考文献

[1] 过镇海,王传志.多轴应力下混凝土的强度和破坏准则研究[J].土木工程学报,1991,24(3):1-14.

[2] 过镇海.钢筋混凝土原理和分析[M].北京:清华大学,2003.

[3] 胡雄志.复杂应力状态下再生混凝土本构关系研究[D].北京:北方工业大学,2017.

[4] 吴燕巍,王沂.混凝土多轴强度及其破坏形态的探讨[J].建材与装饰,2016,(21):102-103.

[5] 王玉梅.再生混凝土在多轴应力下的强度及本构关系研究[D].南宁:广西大学,2018.

[6] KUPFER H,HILSDORF H K,RUSCH H. Behavior of concrete under biaxial stresses[J]. Journal proceedings,1969,66(8):656-666.

[7] 过镇海,王传志,张秀琴,等.混凝土的多轴强度试验和破坏准则研究[M].北京:清华大学出版社,1996.

[8] OTTOSEN N S. A failure criterion for concrete[J]. Journal of the Engineering Mechanics Division,1977,103(4):527-535.

[9] HSIEH S S,TING E C,CHEN W F. An elastic-fracture model for concrete[C]. Proceeding of 3rd engineering mechanics division,special conference ASCE,Austin,1979.

[10] PODGÓRSKI J. General failure criterion for isotropic media[J]. Journal of engineering mechanics,1984,111(2):188.

[11] OTTOSEN N S. Constitutive model for short-time loading of concrete[J]. Journal of the Engineering Mechanics Division,1979,105(1):127-141.

[12] 过镇海,郭玉涛,徐族,等.混凝土非线弹性正交异性本构模型[J].清华大学学报(自然科学版),1997,37(6):78-81.

3 钢筋与混凝土的黏结

知识目标：掌握钢筋与混凝土之间的黏结应力、黏结强度及其影响因素；掌握钢筋与混凝土之间的黏结强度；了解黏结性能测试技术的发展趋势。

能力目标：构建清晰的钢筋与混凝土黏结的基本概念体系，具备分析和设计钢筋与混凝土黏结锚固的能力。

学习重点：钢筋与混凝土的黏结机理。

学习难点：黏结-应力滑移本构关系。

在钢筋混凝土结构中，钢筋和混凝土这两种材料之所以能够共同工作、共同承受荷载，其中很重要的一个原因是钢筋和混凝土之间有较好的黏结作用。黏结作用实质上是钢筋与外围混凝土之间的一种复杂的相互作用。通过黏结传递混凝土和钢筋两者间的应力，协调变形。黏结性能的退化和失效必然导致钢筋混凝土结构力学性能的降低。

3.1 钢筋与混凝土的黏结机理

3.1.1 黏结力的产生和组成

1. 黏结力的产生

如图 3-1 所示，混凝土中埋入一根直径为 d 的表面钢筋，在其端部施加拉力 N，如果钢筋和混凝土之间无黏结，钢筋将轻易地被拔出；如果有黏结，但钢筋埋入长度不足，也同样会被拔出。只有当钢筋和混凝土之间具有一定的黏结应力和足够的埋入长度，钢筋才不会被拔出。在这里，黏结应力可视为是钢筋和混凝土接触面上抵抗相对滑移而产生的剪应力。通过黏结应力，钢筋将部分拉力传给混凝土，使两者共同受力。

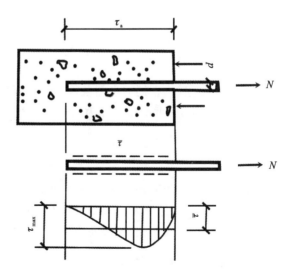

图 3-1 钢筋与混凝土的黏结

根据受力性质的不同,钢筋与混凝土之间的黏结应力可分为裂缝间的局部黏结应力和钢筋端部的锚固黏结应力两种。裂缝间的局部黏结应力是在相邻的两个开裂截面之间产生的,它使得相邻两条裂缝之间的混凝土参与受拉,造成裂缝间的钢筋应变不均匀。局部黏结应力的丧失会造成构件的刚度降低和裂缝开展。钢筋伸进支座或在连续梁中承担负弯矩的上部钢筋在跨中截断时,需要伸出一段长度,即锚固长度。要使钢筋承受所需的拉力,就要求受拉钢筋有足够的锚固长度以积累足够的黏结力,否则,将发生锚固破坏。

再以钢筋混凝土梁为例进一步说明黏结的作用。图 3-2 所示的梁,若混凝土梁的纵筋沿其长度与混凝土无黏结,端部也未设锚具(图 3-2a),则此梁在较小荷载作用下将会发生脆性折断,钢筋不受力,与素混凝土梁无异。若混凝土梁的纵筋沿其长度与混凝土无黏结,但在端部设置机械式锚具,则此混凝土梁在荷载作用下钢筋应力沿全场相等,承载力有较大提高,但其受力宛如二铰拱(图 3-2b),不是"梁"的应力状态,只有当钢筋沿全长(包括端部)与混凝土可靠地黏结,钢筋与混凝土接触面上将产生黏结应力,通过它将拉力传给钢筋,使钢筋与混凝土共同受力,才符合"梁"的基本受力特点。

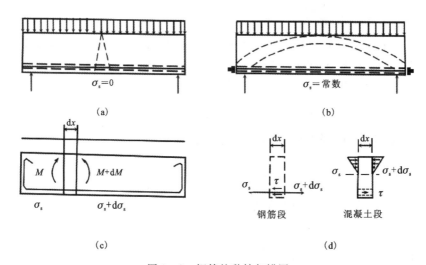

图 3-2 钢筋的黏结与锚固

分析混凝土梁内钢筋的平衡条件,任何一段钢筋两端的应力差都由其表面的纵向剪应力平衡(图 3-2d)。此剪应力即为周围混凝土所提供的黏结应力:

$$(\sigma_s + d\sigma_s)A_s - \sigma_s A_s = \pi d \bar{\tau} dx \quad (3-1)$$

$$\bar{\tau} = \frac{d}{4} \cdot \frac{d\sigma_s}{dx} \quad (3-2)$$

式中:d、A_s 为钢筋的直径(mm)和截面面积(mm^2)。

从式(3-2)可见,如果没有黏结应力,钢筋应力就不会沿其长度发生变化;反之,如果钢筋应力沿其长度没有变化,即钢筋两端没有应力差,也就不会产生黏结应力。

2. 黏结力的组成

一般认为钢筋与混凝土之间的黏结力由 3 部分组成。

(1) 钢筋与混凝土接触面上的胶结力。这种胶结力来自水泥浆体对钢筋表面氧化层的渗透,以及水化过程中水泥晶体的生长和硬化。胶结力一般很小,仅在受力阶段的局部无滑移区域起作用,一旦钢筋和混凝土产生相对滑移,就失去作用。

(2) 混凝土收缩握裹钢筋而产生摩阻力。混凝土凝固时收缩,对钢筋产生垂直于摩擦面的压应力。这种压应力越大,接触面的粗糙程度越大,摩阻力就越大。

(3) 钢筋表面凹凸不平与混凝土之间产生的机械咬合力。对于光面钢筋,这种咬合力来自表面的粗糙不平。对于变形钢筋,咬合力是由变形钢筋肋间嵌入混凝土而产生的。虽然也存在胶结力和摩擦力,但变形钢筋的黏结力主要来自钢筋表面凸出的肋与混凝土的机械咬合作用。变形钢筋与混凝土之间的这种机械咬合作用改变了钢筋与混凝土间相互作用的方式,显著提高了黏结强度。

其实,组成黏结力的3部分都与钢筋表面的粗糙度和锈蚀程度密切相关,在试验中很难单独量测或严格区分。在钢筋的不同受力阶段,随着钢筋滑移的发展、荷载(应力)的加卸等,各部分黏结作用也有变化。

3.1.2 黏结性能试验

黏结性能试验按试件类型的不同可以归纳为3种类型:第一类是中心拔出试验,用来模拟钢筋混凝土梁柱节点或梁端纵筋的受力状态;第二类是梁式试验或模拟梁式试验;第三类是两端对拉试验,一般用来模拟梁跨中的钢筋与混凝土的黏结机理或轴心受拉构件中钢筋与混凝土界面的受力。

1. 中心拔出试验

根据试验中有效黏结区长度的不同,拔出试验试件可分为短锚试件和普通拉拔试件,拔出试验试件的构造如图3-3所示。为了使量测的平均黏结应力及滑移具有局部对应关系,理论上黏结长度应尽可能地短,以使黏结应力 τ 及滑移 s 沿埋长接近均匀分布,方可近似地代表局部 τ-s 关系。但实际上,埋长不可能非常短,一般为2~3倍钢筋直径。为了消除加载端部的局部挤压效应,试验加载端的局部钢筋应与混凝土试件脱空。

拔出试验试件一般为棱柱体,钢筋埋设在其中心,水平方向浇筑混凝土。试验时,试件的一端支撑在带孔的垫板下,试验机夹持外露钢筋端施加拉力,直至钢筋被拔出或者屈服。无论哪种钢筋拔出试验,试验过程中都可

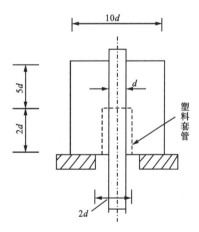

图 3-3 黏结试验的拉拔试件构造

以量测钢筋的拉力 N 及其极限值 N_u,以及钢筋加载端和自由端与混凝土的相对滑移,从而可得钢筋与混凝土间的平均黏结应力 τ 和滑移 s 的关系。

拔出试验虽然比较简单,但作为对各种钢筋黏结性能进行相对比较的基础,也还有许多问题需要考虑。至今,世界各国对试验的标准试件的规定,如试件的横向尺寸(a/d)或保护层厚度(c/d)、钢筋的埋入和黏结长度(l/d)、配箍筋与否等尚不统一。

2. 梁式试验或模拟梁式试验

为了更好地模拟钢筋在梁端的黏结锚固状况，可采用梁式试件。梁式试件（图3-4）分两部分制作，钢筋在加载端和支座端各有一段无黏结区，中间的黏结长度为$10d$（d为钢筋直径）。梁跨中的拉区为试验钢筋，压区用铰连接，以便根据试验荷载准确地计算钢筋拉力。

在材料长度和黏结长度相同的条件下，拔出试验比梁式试验测得的平均黏结强度高，其比值为1.1～1.6。除了二者钢筋周围混凝土应力状态的差别之外，后者的混凝土保护层厚度（c/d）显著小于前者是造成上述变化的主要原因。

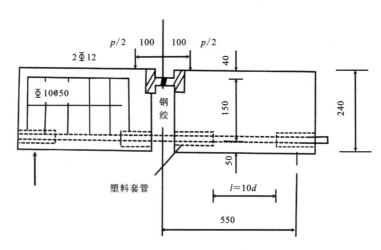

图3-4 黏结试验的梁式试件结构图（单位：mm）

3. 两端对拉试验

两端对拉试验一般用来研究梁跨中的钢筋与混凝土的黏结机理或轴心受拉构件中的钢筋与混凝土界面的受力以及裂缝开展的规律。为了得到沿钢筋长度方向每一点的应变随拉力变化的情况，并使所测数值误差尽可能小，可以采用将钢筋剖开、铣槽粘贴应变片的方式。在已知钢筋两点间的距离和两点的应变的情况下，可以计算出两点范围内的钢筋与混凝土的平均黏结应力与黏结强度。事实上，取两端对拉试件的微段进行分析，根据钢筋微段隔离体受力平衡条件：

$$A_s \frac{d\sigma_s}{dx} = \tau \sum_0 \tag{3-3}$$

假设钢筋处于弹性受力阶段：

$$d\sigma_s = E_s d\varepsilon_s \tag{3-4}$$

式（3-4）代入式（3-3），经过简化为：

$$\tau = \frac{E_s A_s d\varepsilon}{\pi d\, dx} = \frac{E_s d\, d\varepsilon}{4\, dx} \tag{3-5}$$

式中：E_s为钢筋的弹性模量（Pa）；$d\varepsilon$为应变差值；d为钢筋的直径（mm）；dx为两个应变片间的距离（mm）；A_s为钢筋截面面积（mm²）。

无论是哪类钢筋拔出试验,试验过程中都量测钢筋拉力 N 和其极限值 N_u,以及钢筋加载端和自由端与混凝土的相对滑移 τ_u(图 3-5)。钢筋与混凝土之间的平均黏结应力和极限黏结强度为:

$$\bar{\tau} = \frac{N}{\pi d l}, \tau_u = \frac{N_u}{\pi d l} \tag{3-6}$$

式中:d、l 为钢筋直径(mm)和黏结长度(mm)。

为了量测黏结应力沿钢筋埋长的分布,又不破坏其表面黏结状态,必须在钢筋内部设置电阻应变片(图 3-5)。钢筋经机床加工成两半、内部铣出一个浅槽,上贴电阻片,连接线从钢筋一段引出。槽内做防水处理后,两半钢筋合龙,并在贴片区外点焊成一整体,然后浇筑拔出试件的混凝土。试验后按相邻电测点的钢筋应力差值计算相应的黏结应力,并得黏结应力的分布规律。有些试验还在钢筋拔出过程中研究混凝土内部裂缝的发展,在试件中预留的孔道内压注了红墨水,混凝土开裂后红墨水渗入缝隙,卸载后剖开试件可清楚地观察到裂缝的数量和形状。

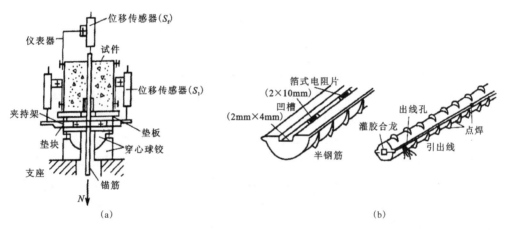

图 3-5 黏结试验的装置和量测
(a)试验量测装置;(b)钢筋内部粘贴电阻片

3.1.3 黏结机理

光面钢筋和变形钢筋与混凝土的极限黏结强度相差悬殊,而且黏结机理、钢筋滑移特征和试件的破坏形态也多有不同,分述如下。

1. 光面钢筋

光面钢筋与混凝土之间的黏结力主要来自摩擦力。光面钢筋的黏结性能和破坏形态可通过拔出试验加以研究,混凝土的黏结强度通常也可用拔出试验来测定。

图 3-6(a)为拔出试验所得拉拔力 N 和滑移 S 的关系曲线(N-S 曲线),纵坐标 N 表示试件的拉拔力,横坐标 S 表示试件的滑移。钢筋应力 σ_s 沿其埋长的分布和据以计算的黏结应力 τ 分布,以及钢筋滑移的分布等随荷载增长的变化如图 3-6(b)所示。

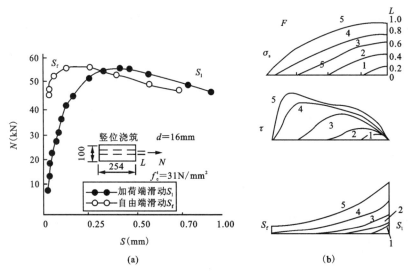

图 3-6 光面钢筋的拔出试验
(a)N-S 曲线；(b)应力和滑移沿试件长度的分布

对典型试验的观察与分析表明：在加荷初期，拉力较小，钢筋与混凝土界面上开始受剪时，化学胶结力起主要作用，此时，界面上无滑移。随着拉力增大，从加荷端(L)开始产生滑移，化学胶结力逐渐丧失，摩擦力开始起主要作用，此时，即可测得加载端钢筋和混凝土的相对滑移(S_l)，滑移逐渐增大，黏结刚度逐渐减小。以后，随着滑移的增大，自由端(F)产生滑移，黏结应力逐渐增大；当自由端的滑移 $S_f = 0.1 \sim 0.2$ mm 时，试件荷载达到最大值 N_u，即可得到钢筋的极限黏结强度 τ_u，称为峰值黏结强度。然后，滑移急剧增大，N-S 曲线进入下降段。此时，嵌入钢筋表面凹陷处的混凝土被陆续剪碎磨平，摩擦力不断减小。破坏时，钢筋从试件内拔出，拔出的钢筋光面与其周围混凝土有明显的纵向摩擦痕迹[1,2]。

光面钢筋的黏结破坏属剪切型破坏，光面钢筋与混凝土的黏结较差，表现为黏结强度较低、滑移较大。

2. 变形钢筋

变形钢筋拔出试验中测量的黏结应力-滑移典型曲线如图 3-7(a)所示，钢筋应力、黏结应力和滑移沿钢筋埋长的分布随荷载的变化如图 3-7(b)所示，变形钢筋的拔出试验示意图如图 3-8 所示。

变形钢筋和光面钢筋的主要区别是变形钢筋表面具有不同形状的横肋或斜肋。变形钢筋受拉时，肋的凸缘挤压混凝土[图 3-8(a)]，大大提高了机械咬合力，改变了黏结受力机理，有利于钢筋在混凝土中的黏结锚固[3,4]。

一个不配横向钢筋的拔出试件，钢筋受力后由于加载端局部应力集中造成混凝土的黏结力破坏，发生滑移。当荷载增大到 $\bar{\tau}/\tau_u \approx 0.3$ 时，钢筋自由端的黏结力也被破坏，开始出现滑移，加载端的滑移快速增长。与光面钢筋相比，变形钢筋自由端滑移时的应力值接近，

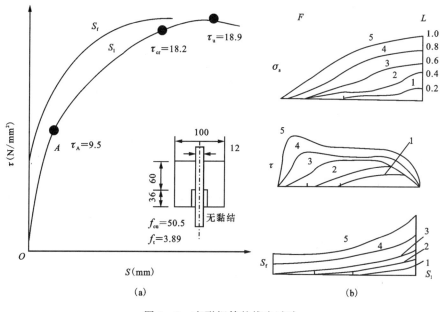

图 3-7 变形钢筋的拔出试验
(a)τ-S 曲线；(b)应力和滑移分布

但 $\bar{\tau}/\tau_u$ 值大大减小，钢筋的受力段和滑移端的长度也较早地遍及钢筋全长。

当平均黏结应力 $\bar{\tau}/\tau_u=0.4\sim0.5$ 时，即 τ-S 曲线上的 A 点，钢筋靠近加载端横肋的背面发生黏结力破坏，出现拉脱裂缝①[图 3-8(a)]。随即，此裂缝向后(拉力的反方向)延伸，形成表面纵向滑移裂缝②，荷载稍有增大，肋顶混凝土受钢筋肋部的挤压，使裂缝①向前延伸，并转为斜裂缝③，试件内部形成一个环绕钢筋周界的圆锥形裂缝面。随着荷载继续增加，钢筋肋部的裂缝①、②、③不断加宽，并且从加载端往自由端依次在各肋部发生，滑移发展加快，τ-S 曲线斜率渐减。与光面钢筋相比，变形钢筋的应力沿埋长的变化曲率较小，故黏结应力分布比较均匀。

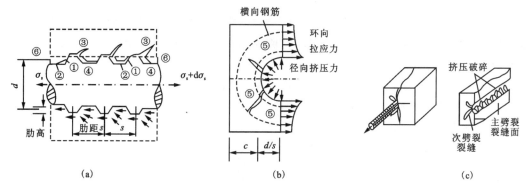

图 3-8 变形钢筋的拔出试验示意图
(a)纵向；(b)横向；(c)破坏形态

这些裂缝形成后，试件的拉力主要依靠钢筋表面的摩阻力和肋部的挤压力传递。肋前压应力的增大使混凝土局部挤压，形成肋前破碎区④。钢筋肋部对周围混凝土的挤压力的横(径)向分力在混凝土中产生环向拉应力[图3-8(b)]。当此拉应力超过混凝土极限强度时，试件内径形成径向-纵向裂缝⑤。这种裂缝由钢筋表面沿径向试件表面发展，同时由加载端往自由端延伸。当荷载接近极限值$\bar{\tau}/\tau_u \approx 0.9$时，加载端附近的裂缝发展至试件表面，肉眼可见。此后，裂缝沿纵向往自由端延伸，并发出劈裂声响，钢筋的滑移急剧增长，荷载增加不多即达峰点(极限黏结强度τ_u)，很快转入下降段，不久试件被劈裂成2~3块[图3-8(c)]。混凝土劈裂面上留有钢筋的肋印，而钢筋的表面在肋前区附着混凝土的破碎粉末。

试件配设了横向螺旋筋或者钢筋的保护层厚度$c/d>5$时，黏结应力-滑移曲线如图3-9所示。当荷载较小($\bar{\tau} \leqslant \tau_A$)时，横向钢筋的作用很小，$\tau$-$S$曲线与前述试件无区别。在试件混凝土内出现裂缝($\bar{\tau}>\tau_A$)后，横向钢筋约束了裂缝的开展，提高了抗阻力，$\tau$-$S$曲线斜率较高。当荷载接近极限值时，钢筋肋对周围混凝土挤压力的径向分离也将产生径向-纵向裂缝⑤，但开裂时的应力和相应的滑移都有较大提高。

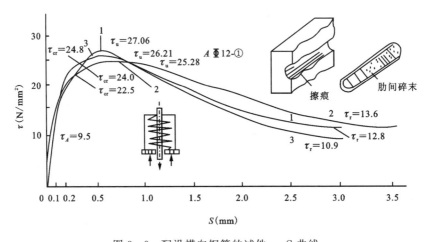

图3-9 配设横向钢筋的试件τ-S曲线

径向-纵向裂缝⑤出现后，横向筋的应力剧增，限制此裂缝的扩展，试件不会被劈开，抗拔力可继续增大。钢筋滑移量大幅增加，使肋前的混凝土破碎区不断扩大且沿钢筋埋长的各肋前区依次破碎和扩展，肋前挤压力的减小形成了τ-S曲线的下降段。最终，钢筋横肋间的混凝土咬合齿被剪断，钢筋连带肋间充满着的混凝土碎末一起缓缓地被拔出。此时，沿钢筋肋外表面的圆柱面上有摩擦力，试件仍保有一定残余抗拔力($\bar{\tau}/\tau_u \approx 0.3$)。这类试件的极限黏结强度可达$0.4f_{cu}$，远大于光面钢筋的相应值。

在钢筋拔出试验的黏结应力-滑移(τ-S)全曲线上确定4个特征点，即内裂点(τ_A、S_A)、劈裂点(τ_{cr}、S_{cr})、极限点(τ_u、S_u)和残余点(τ_r、S_r)，并以此划分受力阶段和建立τ-S本构关系。

3.1.4 影响混凝土与钢筋黏结性能的因素

影响混凝土与钢筋黏结性能的因素众多。根据其特点,可将影响因素归结为三大类:①混凝土材料性能的影响,如混凝土的抗压和抗拉强度、高性能混凝土中第五组分(高效减水剂)和第六组分(硅粉、粉煤灰、磨细矿渣、纤维材料等)的作用。②钢筋材料性能的影响,如钢筋的直径、肋部形状、屈服强度、屈服后的性能、钢筋的锈蚀等。③钢筋和混凝土两者间的相互关系,如箍筋、保护层厚度、钢筋间距等[5,6]。

1. 混凝土材料性能对钢筋黏结性能的影响

(1)混凝土强度对钢筋黏结强度的影响。钢筋黏结强度随混凝土强度等级的提高而提高,但不是线性关系。提高混凝土的强度时,混凝土和钢筋的化学胶结力和机械咬合力随之增加,但对摩擦力的影响不大。同时,混凝土抗拉(裂)强度的增大延缓了拔出试件的开裂,使劈裂应力增加,有助于提高极限黏结强度和黏结刚度。变形钢筋的黏结强度与混凝土的抗拉强度大致成正比。

(2)混凝土添加剂对钢筋黏结性能的影响。混凝土技术发展中较重要的一项成就就是高效减水剂的应用。应用高效减水剂可配置坍落度和工作性非常好的高性能混凝土,但是添加超塑剂后,坍落度大的混凝土与钢筋的黏结强度较低。

(3)混凝土中添加纤维对黏结性能的影响。针对混凝土材料呈脆性破坏这一特征,人们在混凝土材料中添加不连续的延性纤维来阻止混凝土中裂缝的发展,以增强混凝土的韧性和能量耗散能力。纤维的主要种类有钢纤维、聚丙烯纤维、碳纤维、玻璃纤维等。纤维种类与数量的不同将引起混凝土与钢筋的黏结性能的改变。一般认为混凝土中添加钢纤维后可提高混凝土的抗拉强度,这一点对于改善钢筋与混凝土的黏结性能起明显作用。

相较于钢纤维增韧混凝土,对其余几种纤维增韧混凝土与钢筋的黏结性能研究较少。同济大学开展的研究表明:在混凝土中添加聚丙烯纤维或碳纤维,有助于改善钢筋与混凝土之间的黏结强度。

2. 钢筋对黏结性能的影响

(1)钢筋直径和肋部形状对黏结性能的影响。钢筋的表面形状对黏结强度有明显影响,变形钢筋的黏结强度比表面钢筋高得多,可高出2~3倍。故钢筋混凝土结构中宜优先采用变形钢筋。直径较粗钢筋的黏结强度比直径较细钢筋的黏结强度低,因直径加大时相对应的面积增加不多。

(2)纵筋屈服后的性能对黏结性能的影响。仅根据钢筋在弹性范围内的受力情况,分析钢筋与混凝土间的黏结性能是不够全面的。如在地震作用下,钢筋的应变很有可能会超过钢筋的屈服点所对应的应变。钢筋屈服后的软化现象大大降低了力向锚固端传递的速度,对于具有同样屈服平台应变量和应变硬化的钢筋来说,屈服应力较低的钢筋表现出较好的锚固性能。

(3)钢筋埋长。对钢筋试件中钢筋的埋长越长,受力后的黏结应力分布就越不均匀(图3-10),试件破坏时的平均黏结强度τ与实际最大黏结强度τ_{max}的比值越小,故试验黏结强度随埋长(l/d)的增加而降低。但当钢筋的埋长 $l/d>5$ 时,平均黏结强度值的折减已较小。埋长很大的构件,钢筋加载端达到屈服时还不致被从混凝土中拔出。故一般取钢筋埋长 $l/d=5$ 的试验结果作为黏结强度标准值。

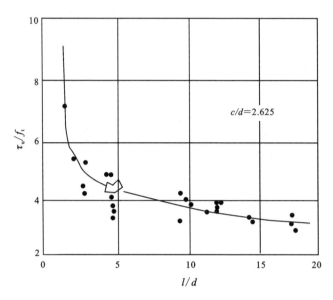

图 3-10 钢筋埋长对黏结强度的影响

(4)钢筋锈蚀黏结性能的影响。尽管钢筋锈蚀对黏结性能的影响可以归结为钢筋表面的形状对黏结性能的影响,但由于锈蚀对黏结性能的影响比较复杂,应该单独考虑这一因素。钢筋锈蚀使钢筋表面产生锈坑,增加了钢筋表面的粗糙度,这样钢筋和混凝土之间的咬合力增强,因而钢筋和混凝土之间的黏结力、摩擦力有所增加。轻度锈蚀的钢筋,其黏结强度比新轧制的无锈钢筋高,比除锈处理的钢筋更高,如图 3-11 所示。若仅从增加黏结性能角度考虑,在实际工程中,除明显锈蚀的钢筋外,一般可不必除锈。

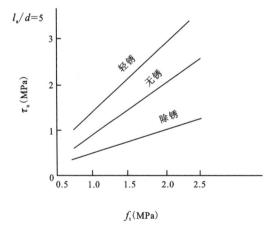

图 3-11 钢筋锈蚀对黏结强度的影响

混凝土构件中的钢筋发生锈蚀的程度较严重时,会使钢筋与混凝土之间的黏结强度降低。原因有以下3点。

(1)钢筋的锈蚀产物是一层结构疏松的氧化物,在钢筋和混凝土之间形成一层疏松隔离层,明显地改变了钢筋与混凝土的接触面,从而减轻了钢筋与混凝土之间的黏结作用。

(2)钢筋的锈蚀产物比未锈蚀的钢材占据更大的体积,从而对包围在钢筋周围的混凝土产生径向膨胀力,当径向膨胀力达到一定程度时,会引起混凝土的开裂。混凝土开裂导致混凝土对钢筋的约束作用减弱。混凝土开裂所需的锈蚀率与钢筋的直径和保护层厚度有关。

(3)变形钢筋锈蚀后,钢筋变形肋将逐渐退化,在锈蚀严重的情况下,变形肋与混凝土之间的机械咬合作用基本消失。

3. 钢筋与混凝土间的相互关系对黏结性能的影响

(1)箍筋对黏结性能的影响。箍筋对钢筋周围的混凝土有约束作用,能够在纵向劈裂裂缝出现后对混凝土产生侧向约束,因而随着钢筋拉力的增大黏结应力有所提高。因此,在较大直径钢筋的锚固区或搭接长度范围内及当一排并列的钢筋根数较多时,均应增加一定数量的附加箍筋,以防止混凝土保护层的劈裂崩落。对于高强混凝土,由于黏结破坏多发生在离加载端较近的几个肋处,在离加载端较远的肋处黏结应力很小,为了能够充分发挥高强混凝土与钢筋的黏结性能,宜在构件中布置箍筋。已有一些学者进行了这方面的试验研究和理论分析。

梁中如果配有箍筋,可以延缓劈裂裂缝的发展或限制其宽度。试验表明,配箍筋对提高后期黏结强度、改善钢筋与混凝土的黏结延性有明显作用。

(2)保护层厚度或纵筋间距对黏结性能的影响。对于变形钢筋,当混凝土保护层太薄时,径向裂缝可能发展至构件表面,从而出现纵向劈裂裂缝。当钢筋的净间距太小时,其外围混凝土将发生沿钢筋水平处贯穿整个梁宽的水平劈裂裂缝,使整个混凝土保护层崩落。因此,当保护层厚度较小时,可适当地增加一些箍筋数量来满足黏结强度的要求。

(3)浇筑位置对黏结性能的影响。黏结强度与浇灌混凝土时钢筋所处的位置有关,浇筑位置是指两方面的因素:一是纵筋在试件中的位置,二是混凝土在浇筑时纵筋的方向。对混凝土浇灌厚度超过300mm以上的顶部水平钢筋,由于混凝土的泌水下沉和气泡退出,顶部水平钢筋(特别是直径较大的粗钢筋)的底面与混凝土之间形成空隙层,从而削弱了黏结作用,钢筋上面还可能出现纵向裂缝。

(4)侧向压力的作用对黏结性能的影响。结构或构件中的钢筋锚固端常承受横向压力的作用,例如支座处的反力、梁柱节点处柱的轴向压力等。横向压力作用在钢筋锚固端,增大了钢筋和混凝土界面的摩阻力,有利于黏结锚固。当钢筋的锚固区有侧向压力作用时(如简支梁的支座反力),黏结强度将提高。但侧向压力过大或有侧向拉力时,反而会使混凝土产生沿钢筋的劈裂。

受压钢筋的黏结锚固性能一般比受拉钢筋有利,因为钢筋受压后横向膨胀,被周围混凝土所约束,提高了摩阻抗滑力,黏结强度偏高。

3.2 黏结应力-滑移本构关系

3.2.1 黏结强度

大量试验证实黏结应力在延伸或搭接长度范围内的分布并不是均匀的。但是，为了便于应用，许多学者仍然采用平均黏结强度的概念反映钢筋与混凝土间的黏结强度。

美国从1963年开始根据平均黏结强度计算钢筋的延伸或搭接长度，当时平均黏结强度取值为：

$$\tau_m = 9.5\sqrt{f'_c}/d_b \leqslant 800\text{psi}(5.52\text{MPa}) \quad (3-7)$$

式中：f'_c为混凝土抗压强度（MPa）；d_b为钢筋直径（mm）。

该公式仅考虑了混凝土抗压强度和钢筋直径对黏结强度的影响。

1977年，Orangun等分析了254根延伸长度试件和286根搭接长度试件，且所有试件的破坏均为黏结破坏发生于钢筋屈服之前的情况与式（3-7）相比，增加了保护层厚度、延伸长度、钢筋间距和箍筋这几项影响黏结强度的因素[7]。通过对试验数据的非线性回归分析，得到黏结强度的计算表达式（该公式对延伸长度和搭接长度同样适用）为：

$$\tau_{OJB} = \left(0.10 + 0.25\frac{c}{d_b} + 4.15\frac{d_b}{l} + \frac{A_{tr}f_{yt}}{41.25d_b}\right)\sqrt{f'_c} \quad (3-8)$$

为了保证构件破坏形式为劈裂破坏，使用式（3-8）时对保护层厚度和箍筋配置量的限制条件为：

$$\frac{c}{d_b} \leqslant 2.5, \frac{A_{tr}f_{yt}}{41.25sd_b} \leqslant 0.25$$

由于混凝土材料和钢筋材料的变化，美国学者Darwin等[8]于1996年统计了133根没有配置箍筋和166根配置箍筋的关于延伸长度或搭接长度的试件，分析得到了试件破坏时的黏结力（认为采用黏结力的合力表达黏结强度更为合理）表达式，表达式中考虑的因素有混凝土强度、保护层厚度、钢筋间距、搭接或延伸长度、箍筋、搭接或延伸钢筋的几何尺寸等。

无箍筋时的表达式为：

$$\frac{A_b f_s}{(f'_c)^{1/4}} = [63L_d(c_m + 0.5d_b) + 2130A_b]\left(0.9 + 0.1\frac{c_M}{c_m}\right) \quad (3-9)$$

有箍筋时的表达式为：

$$\frac{A_b f_s}{(f'_c)^{1/4}} = [63L_d(c_m + 0.5d_b) + 2130A_b]\left(0.9 + 0.1\frac{c_M}{c_m}\right) + 2226t_r t_d \frac{NA_{tr}}{n} + 66 \quad (3-10)$$

式中：c_m、c_M为c_s或c_b的最小值和最大值（in[①]）；c_s为$c_{si} + 0.25$in 和 c_{so}两者中的最小值（in）；c_{si}为钢筋净距的一半（in）；c_{so}、c_b分别为纵筋侧边和底边的保护层厚度（in）；t_r为反映纵筋肋

---

① in是英制单位英寸，1in=0.254m。

部面积的参数(in);t_d 为反映纵筋直径的参数(in);N 为黏结区域内箍筋的总肢数;A_b 的单位为 mm^2;f_s、f'_c 的单位为 psi[①]。

式(3-10)是一个较全面地反映各项影响因素的经验表达式。

2000年,土耳其的 Yerlici[9] 进行了46件高性能混凝土偏心受拉构件在单调荷载下的试验,混凝土抗压强度从60MPa到90MPa。试验研究了混凝土的抗压强度、钢筋直径、混凝土保护层厚度、箍筋对高性能混凝土的黏结强度和黏结性能的影响。假定所考虑的各种影响因素对黏结强度的影响为线性变化,得到如下计算平均黏结强度的关系式:

$$\tau_m = \zeta \left[\frac{(f'_c)^{2/3} (c)^{0.8}}{\sqrt{d_b}} \right] [1 + 0.08 (k_{tr})^{0.6}] \qquad (3-11)$$

式中:ζ 是根据试验确定的系数,其变化范围为 $0.19 \sim 0.26$;c 为混凝土保护层厚度(mm);k_{tr} 为箍筋的配箍率参数;f'_c 和 d_b 的含义同式(3-7)。

3.2.2 黏结应力-滑移本构关系模型

对于钢筋与混凝土间的黏结应力-滑移本构关系,国内外学者提出了很多模型,其中比较典型的模型有如下几种。

1.《混凝土结构设计规范(2015年版)》(GB 50010—2010)建议的模型

我国《混凝土结构设计规范(2015年版)》(GB 50010—2010)给出了混凝土与热轧带肋钢筋之间的黏结应力-滑移本构关系曲线,如图3-12所示;具体参数可按式(3-12)确定,曲线特征点的参数值可按表3-1取用。

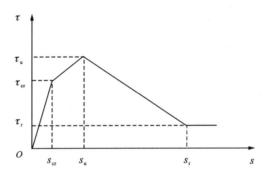

图3-12 《混凝土结构设计规范》(GB 50010—2020)建议的 τ-s 曲线

线性段:
$$\tau = k_1 s, 0 \leqslant s \leqslant s_{cr} \qquad (3-12a)$$

劈裂段:
$$\tau = \tau_{cr} + k_2 (s - s_{cr}), s_{cr} \leqslant s \leqslant s_u \qquad (3-12b)$$

下降段:
$$\tau = \tau_a + k_3 (s - s_u), s_u \leqslant s \leqslant s_r \qquad (3-12c)$$

---

① psi 是压强计量单位,1psi=6.895kPa。

残余段：
$$\tau = f_{t,r}, s > s_r \tag{3-12d}$$

式中：k_1 为线性段斜率，τ_{cr}/s_{cr}；k_2 为劈裂段斜率，$(\tau_u - \tau_{cr})/(s_u - s_{cr})$；$k_3$ 为下降段斜率，$(\tau_r - \tau_u)/(s_r - s_u)$。

表 3-1 《混凝土结构设计规范(2015 年版)》(GB 50010—2010)中黏结应力-滑移关系曲线特征点参数值

特征点	劈裂段		峰值段		残余段	
黏结应力(N/mm²)	τ_{cr}	$2.5 f_{t,r}$	τ_u	$3 f_{t,r}$	τ_r	$f_{t,r}$
滑移(mm)	s_{cr}	$0.25d$	s_u	$0.04d$	s_r	$0.55d$

注：$f_{t,r}$ 为混凝土抗拉强度特征值(N/mm²)；d 为钢筋直径(mm)。

2. CEB-FIP Model Code 1990 建议的模型

如图 3-13 所示，CEB-FIP Model Code 1990[10]中的钢筋与混凝土间的 τ-s 曲线可以分为上升段、稳定段、下降段和残余段 4 个阶段，各阶段的 τ-s 计算关系见式(3-13)，相应特征点的参数值见表 3-2。

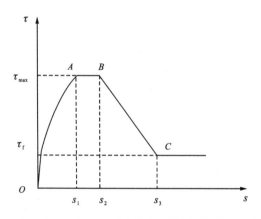

图 3-13 CEB-FIP Model Code 1900 建议的 τ-s 曲线

上升段：
$$\tau = \tau_{\max} \cdot \left(\frac{s}{s_1}\right)^a, 0 \leqslant s < s_1 \tag{3-13a}$$

稳定段：
$$\tau = \tau_{\max}, s_1 \leqslant s < s_2 \tag{3-13b}$$

下降段：
$$\tau = \tau_{\max} - (\tau_{\max} - \tau_f) \cdot \frac{s - s_2}{s_3 - s_2}, s_2 \leqslant s < s_3 \tag{3-13c}$$

残余段：
$$\tau = \tau_f, s \geqslant s_3 \tag{3-13d}$$

表 3-2　CEB-FIP Model Code 1990 中黏结应力-滑移关系曲线特征点参数值

参数	无约束混凝土		有约束混凝土	
	良好黏结条件	其他条件	良好黏结条件	其他条件
s_1	0.6mm	0.6mm	1.0mm	1.0mm
s_2	0.6mm	0.6mm	3.0mm	3.0mm
s_3	1.0mm	2.5mm	横肋净间距	横肋净间距
α	0.4	0.4	0.4	0.4
τ_{max}	$2.0\sqrt{f_{ck}}$	$1.0\sqrt{f_{ck}}$	$2.5\sqrt{f_{ck}}$	$1.25\sqrt{f_{ck}}$
τ_f	$0.15\tau_{max}$	$0.15\tau_{max}$	$0.4\tau_{max}$	$0.4\tau_{max}$

3.3　重复荷载、反复荷载下的黏结

3.3.1　重复荷载下的黏结

已有试验研究表明：低周重复荷载下为数不多的加载循环就可以引起黏结性能的显著退化，并且黏结退化主要由第一个循环产生。这是因为在较高的黏结应力水平下混凝土的开裂、挤压变形在第一个循环中已开展得比较充分，在随后的加载循环中因黏结应力的降低而发展缓慢。黏结退化的速度及程度与黏结应力水平密切相关。进一步的研究认为，加载应力水平是影响低周重复荷载下钢筋与混凝土黏结退化的重要因素，而劈裂与否是退化是否发散的临界标志。

在高周重复荷载下，黏结退化的一个最显著现象是滑移的不断增长。由黏结疲劳产生的过大滑移通常是黏结破坏的前导。黏结疲劳强度与混凝土抗压疲劳强度相当，因此黏结疲劳实际上由混凝土材料本身的强度疲劳引起。黏结的退化速率亦与黏结应力水平密切相关。

1945 年，Muhlenbruch 曾进行了达数百万次重复荷载的黏结疲劳试验，经重复荷载后的静载 τ-s 曲线与未经重复荷载的 τ-s 曲线形态及拐点位置相似，但在给定位移量下的黏结应力明显降低，黏结强度的降低程度与最大应力（τ_{max}）、循环特征（$\rho=\tau_{min}/\tau_{max}$）、循环次数（$n$）以及钢筋的类型等因素有关，具体可见图 3-14。

1991 年，Balazs[11] 采用柱体拔出试验进一步研究了黏结疲劳，发现应力水平不变时，滑移随着循环次数的增加而增长，但与其并不存在线性关系，滑移增长率有一个增大、稳定、发散的过程（图 3-15）。累积滑移是否超过 $s(\tau_u)$ 是滑移增长率是否由稳定转变为发散的一个转折点，因此将累积滑移是否达到 $s(\tau_u)$ 作为判断试件是否达到黏结疲劳的准则。

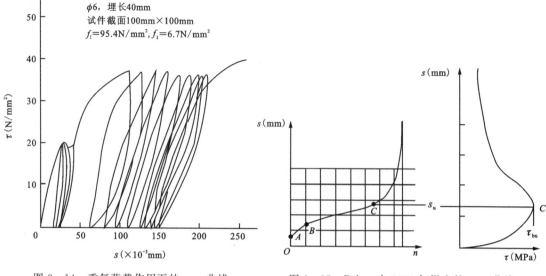

图 3-14 重复荷载作用下的 τ-s 曲线　　　　图 3-15 Balazs 在 1991 年提出的 s-n 曲线

3.3.2 反复荷载下的黏结

钢筋和混凝土在反复荷载作用下的黏结性能与静载作用下的情况有很大的不同，黏结钢筋在拉、压力的反复作用下，表面横肋往复滑移，轮番挤压两侧的混凝土，造成肋前破损区的积累和斜裂缝的开展，损伤区由加载端(或构件的裂缝截面)向内部延伸(图 3-16)，内部出现交叉斜裂缝。沿钢筋表面的黏结力分布也在正、反向摩擦的交替和破损积累的过程中发生相应的变化，使钢筋与混凝土的黏结性能在荷载的反复作用下显著退化。图中②～⑦所标注的位置是在荷载作用下沿钢筋表面的黏结力分布的重要节点。

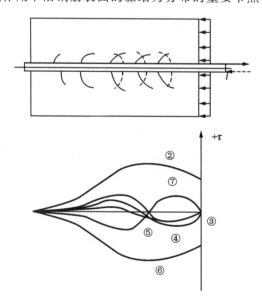

图 3-16 反复荷载下内部裂缝开展及黏结力 τ 分布示意图

在反复荷载作用下,当控制位移水平较低时,首次正向加载的最大黏结应力不会超过劈裂黏结强度,在循环加载过程中试件表面始终不会产生劈裂裂缝。反之,当控制位移水平较大时,在第一循环的前半个循环中试件表面就会产生劈裂裂缝,但随着循环次数的增多,劈裂裂缝几乎不再发展[3,12]。

图 3-17 是反复加载下典型的 τ-s 滞回曲线,加载方式为等幅位移控制。可以看出,首次正向加载上升段的曲线与单调加载时的一样,加载至控制位移水平时卸载,因钢筋的弹性回缩,滑移部分恢复,但由于钢筋与混凝土之间存在着摩阻力,故恢复量不大。反向加载时,首先要克服摩阻力作用,然后存在一个黏结应力停滞阶段,其黏结应力基本不变,滑移迅速增长,形成了 τ-s 滞回曲线的水平段。当滑移接近零时,肋与肋前混凝土重新接触,黏结应力上升,此时上升段的形状与前半个加载循环相似;但若正向加载时的最大黏结应力超过了劈裂黏结强度,反向加载时上升段的黏结刚度以及到达控制位移水平处的峰值黏结强度显著退化。反向卸载时滑移同样不能完全恢复。再次正向加载仍要克服摩阻力作用,此时因为反向加载使肋的一侧产生间隙,故摩阻力被克服后,滑移有一个迅速发展的阶段,此时黏结刚度很小,黏结应力基本不变,滑移剧增,构成了 τ-s 滞回曲线上的水平段,此即滞回环的"捏拢"现象。当肋与肋前混凝土重新接触后,黏结应力上升。再次加载至正向控制滑移时,由于反复加载,钢筋混凝土界面颗粒磨细,咬合齿破碎,峰值黏结强度显著退化。如此反复加载,直到峰值黏结强度退化到一稳定值,按控制位移水平由小到大,黏结退化稳定时的循环次数介于 15～500 次。

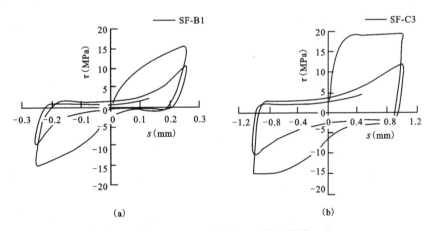

图 3-17　反复加载下钢纤维试件的 τ-s 滞回曲线(等幅位移控制)
(a)试件表面未产生劈裂裂缝;(b)试件表面已产生劈裂裂缝

τ-s 滞回曲线第一个循环的正反向上升段曲线的形状呈外凸形,从第二个循环开始正反向上升段曲线的形状由外凸形转变为内凹形,开始反映出陋移型的滞回特性:①在滑移绝对值递减的 1/4 循环中,黏结刚度趋近于零(软化);②在滑移绝对值递增的 1/4 循环中,黏结刚度急剧增大(强化)。

图 3-18 所示为等幅反复加载下在前 10 个循环内各类试件的峰值黏结强度和初始峰值黏结强度的比值与循环次数(n)的关系图。由图可知:黏结退化主要由前几个循环,特别

是第一个循环产生,以后随着循环次数的增加,反复加、卸载使黏结性能继续退化,但黏结退化的速度明显减小。控制位移水平的大小影响黏结退化的速度和黏结退化稳定时的退化程度。

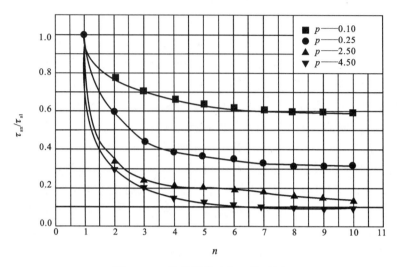

图 3-18 黏结退化比与 n 关系图

图 3-19 是反复加载下的 τ-s 滞回曲线,加载方式为变幅位移控制。其中,图 3-19(a) 的加载顺序为 0.10mm→0.25mm→1.00mm;图 3-19(b) 的加载顺序为 1.00mm→0.25mm→0.10mm。在每一级控制位移水平下进行 5 次循环加载。可见,当加载位移顺序从低到高时,若滑移超过了历史加载的最大滑移,在 τ-s 滞回曲线的上升段与卸载段相交处的曲线形状由内凹形转变为外凸形。此时,滑移基本不变而黏结应力迅速增长,黏结性能可以恢复到与单调加载时的一样,即低控制位移水平下的加载循环基本不影响高控制位移水平下的黏

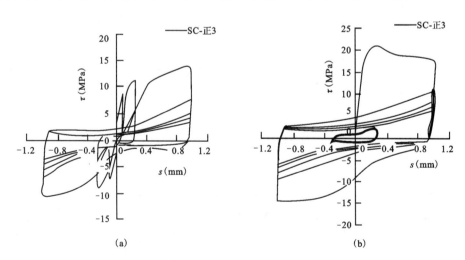

图 3-19 反复加载下的 τ-s 滞回曲线(等幅位移控制)
(a)加载顺序为 0.10mm→0.25mm→1.00mm;(b)加载顺序为 1.00mm→0.25mm→0.10mm

结性能。而当加载位移顺序从高到低时,在较低的控制位移水平下的 τ-s 滞回曲线呈刚塑性特点。在此过程中,滑移迅速增长而黏结应力基本保持不变,除第一加载循环外,曲线的形状均为外凸形。在这种情况下,高控制位移水平下的加载循环将引起低控制位移水平下的黏结性能的显著退化。

上述试验结果表明:在反复荷载下,黏结性能的退化主要体现在上升段峰值黏结强度的退化和水平段摩阻力的退化这两个方面。由于影响因素复杂,至今没有一个公认的反复荷载作用下的黏结本构关系模型。

1979 年,Tassios[13] 基于试验结果的拟合,建立了图 3-20 所示的计算模型。这一模型对单调受拉和受压情况采用相同的局部关系曲线。曲线上的 τ_A、τ_B、τ_C 分别对应于钢筋外围混凝土的不同损伤程度,其中 τ_A 为产生斜裂缝时的黏结应力,τ_B 为出现纵向劈裂裂缝时的黏结应力,τ_u 为混凝土齿产生压裂缝时的黏结应力。该模型没有考虑 τ-s 滞回曲线外包线的退化,并且取反向加载的黏结抗力为正向的 2/3,这与实际并不相符。

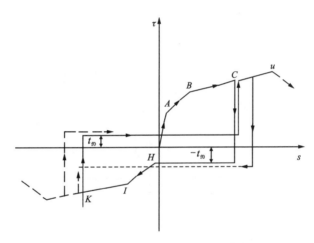

图 3-20 Tassios 提出的 τ-s 计算模型

1983 年,Eligehausen[14] 在进行反复荷载下变形钢筋的黏结试验研究中发现,当控制滑移所对应的黏结应力不超过极限黏结应力的 70%～80% 时,由第一个循环引起的黏结退化不显著,反复加载 10 次后,超过控制滑移的 τ-s 曲线与单调荷载的基本一致。反之,由第一个循环引起的黏结退化显著,反复加载 10 次后,超过控制滑移的 τ-s 曲线比单调荷载的显著退化。第一个循环中的摩阻力取决于控制滑移 s_{max} 的大小,并随着循环次数的增加而逐渐减小。根据这一背景,Eligehausen 提出了图 3-21 所示的 τ-s 计算模型,这一模型仍然是对单调受拉和受压情况采用相同的局部 τ-s 关系。

2002 年,同济大学的研究者[15,16] 根据试验结果并结合损伤力学的分析,给出了变幅反复加载的 τ-s 本构关系(图 3-22),该图由外包曲线和循环加载曲线两部分组成。

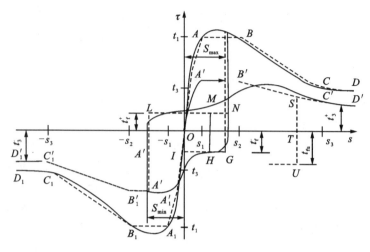

图 3-21 Eligehausen 等提出的 $\tau\text{-}s$ 计算模型

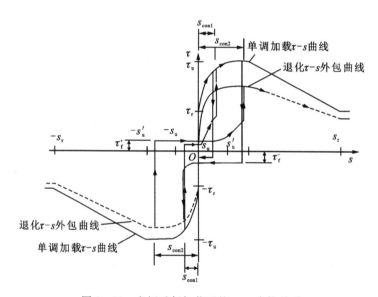

图 3-22 变幅反复加载下的 $\tau\text{-}s$ 本构关系

思考题

3.1 什么是黏结？钢筋混凝土结构中黏结的作用是什么？

3.2 钢筋和混凝土之间的黏结力由哪几部分组成？影响黏结强度的因素主要有哪些？

3.3 简述变形钢筋与混凝土的黏结机理。

3.4 如何测试纤维钢筋与混凝土之间的黏结性能？

参考文献

[1] 宋玉普,赵国藩. 钢筋与混凝土间的黏结滑移性能研究[J]. 大连工学院学报,1987(2):94-100.

[2] 徐有邻,沈文都,汪洪. 钢筋砼粘结锚固性能的试验研究[J]. 建筑结构学报,1994(3):26-37.

[3] 付恒菁,徐有邻. 低周荷载下钢筋混凝土黏结性能的退化[J]. 建筑结构学报,1987(2),14-17.

[4] 赵羽习,钢筋混凝土结构粘结性能和耐久性的研究[D]. 杭州:浙江大学,2001.

[5] ALLWOOD R J,BAJARWAN A A. Modeling nonlinear bond-slip behavior for Finite element analyses of reinforced concrete structures[J]. ACI Structure Journal,1995,93(5):538-544.

[6] ALSIWAT J M,SAATCIOGLU M. Reinforcement anchorage slip under monotonic loading[J]. Journal of Structural Engineering,1992(9):2421-2437.

[7] 江见鲸. 高等混凝土结构理论[M]. 西安:陕西科学技术出版社,1994.

[8] DARWIN D,MCCABE S L,IDUN E K,et al. Development length criteria:bars not confined by transverse reinforcement[J]. ACI Structure Journal,1992,89(6):709-720.

[9] YERLICI V A,OZTURAN T. Factors affecting anchorage bond strength in high-performance concrete[J]. Structural Journal,2000,97(3):499-507.

[10] The European Standard. CEB-FIP Model Code 1990 for concrete structures[S]. Lusanne:Federation International du Beton,2010.

[11] BALAZS G L. Fatigue of bond[J]. ACI Materials Journal,1991,88(6):620-629.

[12] ISMAIL M A F,JIRSA J O. Bond deterioration in reinforced concrete subject to low cycle loads[J]. ACI Journal Proceedings,1979,76(6):334-343.

[13] TASSIOS T P,KORONEOS E G. Local bond-slip relationships by means of the moiré method[J]. Journal Proceedings,1984,81(1):27-34.

[14] ELIGEHAUSEN R,POPOV E P,BERTERO V V. Local Bond Stress-Slip Relationships of Deformed Bars under Generalized Excitations[R]. Proceedings of the 7th European Conference on Earthquake Engineering. Greece,1982.

[15] 高向玲. 高性能混凝土与钢筋粘结性能的试验研究及数值模拟[D]. 上海:同济大学,2003.

[16] 章萍. 反复荷载下钢筋与高性能混凝土的粘结本构关系的试验研究[D]. 上海:同济大学,2003.

4 混凝土损伤与断裂

知识目标：掌握混凝土损伤力学的基本概念，经典的损伤理论及模型；了解疲劳损伤代表性模型；掌握线性断裂力学和非线性断裂力学，以及断裂力学在混凝土结构中的应用；了解重复荷载下的混凝土损伤本构模型，掌握重复荷载下的混凝土损伤分析方法及影响因素。

能力目标：构建清晰的混凝土损伤力学、断裂力学理论的基本概念体系，具备混凝土损伤分析的能力。

学习重点：混凝土损伤与断裂理论模型。

学习难点：混凝土损伤与断裂理论的原理及应用。

4.1 混凝土损伤力学

材料的损伤是指材料内部微孔洞或微裂纹等微缺陷在荷载或环境等作用下形成、发展、连接致使材料宏观力学性能劣化，乃至最终失效的过程。损伤力学便是在连续介质力学和热力学的基础上，采用固体力学方法，研究材料宏观力学性能的演化直至破坏的全过程的一门固体力学分支学科。它是固体力学中一个十分复杂、重要且基础的问题。

混凝土作为一种典型的复合材料，具有多相性、非均质性、多孔性和时变性等特点，即便是浇筑良好的混凝土也会存在微孔洞、微裂纹等初始缺陷。在荷载作用下，这些微孔洞、微裂纹发展、连接，逐渐在混凝土表面形成肉眼可见的裂缝；随着荷载的增大，这些裂缝会进一步蔓延并贯通；当荷载达到极限值时，混凝土发生破坏。本节将从损伤力学的角度来分析混凝土损伤破坏的过程。

4.1.1 基本概念

宏观损伤理论（又称连续损伤力学或唯象损伤力学）基于连续介质力学和不可逆热力学，在本构模型中引入损伤变量表征微观缺陷对材料宏观力学性质的影响，构造带有损伤变量的本构模型和损伤演化方程来较真实地描述受损材料的宏观力学行为。损伤演化是材料内部一个不可逆的热力学耗散过程，所引入的损伤变量无法像材料的弹性变形、塑性变形一样，通过试验量出，需要通过某些中间变量来确定。

根据不同的损伤机制，损伤变量的选取也有所不同。如果不考虑各向异性，那么损伤变量是一个标量，即各方向的损伤都相同。如果考虑各个方向的损伤不相同，即考虑损伤各向异性的性质，则损伤变量可能是一个矢量或者二阶张量等。具体所要选取的形式，要根据所研究的问题及其相应的损伤机制去确定。

为了应用连续介质力学的基本原理,考虑材料的3种构型(初始构型、损伤构型和有效构型),如图4-1所示。损伤构型也称为名义构型,而有效构型是一种虚构的存在,也可以称为未损伤构型。如图4-1(b)所示,在损伤构型中,所有类型的损伤,如裂纹、孔隙等都包含在杆件中。而在有效构型中,如图4-1(c)所示,所有类型的损伤都从杆件中移除了。

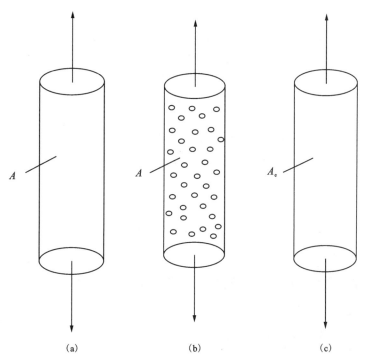

图 4-1 单轴拉伸荷载作用下构件的3种构型
(a)初始构型;(b)损伤构型;(c)有效构型

可以得到有效应力$\bar{\sigma}$与名义应力σ之间存在以下关系:

$$\bar{\sigma} = \frac{\sigma}{1-D} \tag{4-1}$$

式中:D为损伤力学引入的内部状态变量,即损伤变量。

最早的损伤变量可以追溯至1958年Kachanov在研究金属蠕变时提出的连续因子和有效应力的概念,后来他的学生Rabotnov将其推广,真正意义上定义了"损伤因子"的概念。

D的表达式为:

$$D = \frac{A - A_e}{A} \tag{4-2}$$

式中:A为初始构型的截面面积;A_e为损伤后有效构型的截面面积。

也可以采用弹性模量的形式进行表示,即:

$$D = 1 - \frac{E_e}{E} \tag{4-3}$$

式中:E为材料的弹性模量;E_e为材料损伤后的等效弹性模量。

损伤变量定义中最常用的是式(4-2)所示的面积定义,以及式(4-3)所示的弹性模量定义。理论上损伤变量可通过以上两式确定,但是由于混凝土材料的不均匀性,通过物理试验的方法测定材料的损伤面积或弹性模量是极其复杂的。此外,基于损伤变量,建立损伤本构模型的关键在于建立损伤演化方程,如 Loland 模型、Mazars 模型等混凝土损伤模型,将在后文中给出其表达式。

根据损伤的特性,$D=0$ 对应无损状态,$D=1$ 对应材料完全破坏。

根据应变等效假定,即材料有效构型和损伤构型的应变相等,可以得到:

$$\bar{\sigma} = E(1-D)\varepsilon \tag{4-4}$$

式中:ε 为应变。

应变等效假定不仅大大简化了模型的推导过程,而且可以方便地通过解耦算法进行有效应力和损伤及名义应力的计算,计算过程中,应变的计算无须考虑损伤对其的影响,而有效应力的计算在有效构型中进行,也无须考虑损伤对其的影响。如此一来,有效应力及应变的计算即可按照经典塑性理论的方法来实现,从而可简化本构方程的推导,也为数值计算创造了条件。

式(4-1)所示的关系只适用于单轴应力状态,在双轴或三轴应力状态下,采用各向同性损伤模型时,有效应力张量与名义应力张量之间的关系可表示为:

$$\bar{\sigma} = (1-D)^{-1}\sigma \tag{4-5}$$

4.1.2 混凝土损伤现象和损伤机制

混凝土材料试验显示,无论是受拉试验还是受压试验,当应力超过一定数值后,材料的刚度都会下降。往复循环荷载作用下的混凝土应力-应变曲线如图4-2所示,可以清楚地反映其损伤过程。

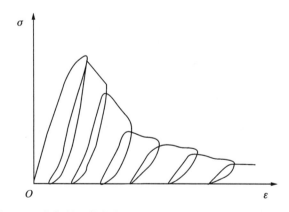

图4-2 往复循环荷载作用下的混凝土应力-应变曲线示意图

由图4-2可以看出:①每次循环加卸载形成的滞回环的位置、形状、大小都在变化;②卸载时的弹性模量随着循环次数的增加在减小;③超过峰值后,混凝土的强度随着循环的增加也在减小。

这些宏观现象都是由混凝土内部微裂纹的形成、扩展和聚合,最终形成宏观裂纹,导致材料性能退化造成的。一般来说,混凝土裂纹扩展存在以下 4 个阶段。

(1)初始微裂纹阶段。混凝土构件形成的过程中,由于水泥硬化干缩、水分蒸发等,构件在形成之初就存在大量的原始微裂纹。这些微裂纹大都为界面裂纹,状态稳定。

(2)裂纹起裂阶段。在较低的应力作用下,构件内部的某些点会产生应力集中,致使相应的初始裂纹延伸或扩展,应力集中则随之缓解。如果荷载不再增加,新的裂纹也不会再产生,这一阶段的应力-应变关系是线性的。

(3)裂纹稳定扩展阶段。如果继续加载,并使荷载维持在一个较高的应力水平,达到混凝土长期破坏的临界应力,则裂纹将继续扩展,不同裂纹可能相互结合形成大裂纹,同时也会有新的裂纹产生。如果停止加载,裂纹扩展将趋于稳定,这一阶段的应力-应变关系是非线性的。

(4)裂纹的不稳定扩展阶段。当荷载继续增大,超过某一临界值时,混凝土裂纹将继续扩展,即使荷载维持不变,裂纹也将失稳扩展,造成破坏。

4.1.3 混凝土损伤本构模型

材料的变形引起损伤的发展,损伤演化导致材料的破坏,而材料的变形性能又与损伤演化相互耦合。由于混凝土材料的复杂性,建立一个各方面都考虑完善的损伤本构模型极具挑战性。在一定条件下,研究者们进行一些简化假定,发展了一些混凝土损伤本构模型。

1. Loland 损伤模型

混凝土的单轴拉伸试验应力-应变曲线如图 4-3 所示[1],从图中可以看出,应变 ε 小于峰值应变 ε_f 时,应力-应变曲线有一些非线性特征,表明混凝土中已有损伤产生;在峰值应变 ε_f 之后,应力-应变曲线出现了下降段,表明混凝土内由于裂缝发展而使得损伤快速增长。因此,Loland[2] 以 ε_f 为界将损伤分为了两个阶段。Loland 假设 σ-ε 曲线在峰值应力前为曲线,在峰值应力后为直线,拟合得到损伤演化方程。

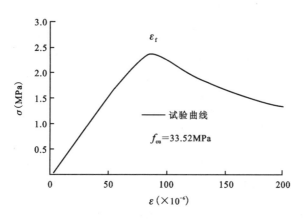

图 4-3 混凝土单轴拉伸应力-应变曲线

有效应力 $\bar{\sigma}$ 与应变 ε 的关系为：

$$\bar{\sigma} = \begin{cases} E'\varepsilon & 0 \leqslant \varepsilon \leqslant \varepsilon_f \\ E'\varepsilon_f & \varepsilon_f \leqslant \varepsilon \leqslant \varepsilon_u \end{cases} \quad (4-6)$$

式中：ε_f 为混凝土的静力损伤峰值应变；ε_u 为极限应变；E' 为净弹性模量。E' 定义为：

$$E' = \frac{E}{1-D_0} \quad (4-7)$$

式中：D_0 为混凝土的初始损伤；E 为混凝土的初始弹性模量。

Loland 的损伤演化方程为：

$$D = \begin{cases} D_0 + C_1 \varepsilon^\beta & 0 \leqslant \varepsilon \leqslant \varepsilon_f \\ D_f + C_2(\varepsilon - \varepsilon_f) & \varepsilon_f \leqslant \varepsilon \leqslant \varepsilon_u \end{cases} \quad (4-8)$$

式中：D_f 表示应变为 ε_f 时的损伤变量；C_1、C_2、β 为常数，可通过边界条件确定。

由 σ-ε 曲线可知，各特征点应满足的条件为：

$$\left.\begin{array}{l} \varepsilon = \varepsilon_f \text{ 时，} \quad \sigma = \sigma_f \\ \varepsilon = \varepsilon_f \text{ 时，} \quad \dfrac{\mathrm{d}\sigma}{\mathrm{d}\varepsilon} = 0 \\ \varepsilon = \varepsilon_u \text{ 时，} \quad D = 1 \end{array}\right\} \quad (4-9)$$

可得

$$\left.\begin{array}{l} \beta = \dfrac{\sigma_f}{E\varepsilon_f - \sigma_f} \\ C_1 = \dfrac{1-D_0}{1+\beta}\varepsilon_f \\ C_2 = \dfrac{1-D_f}{\varepsilon_u - \varepsilon_f} \end{array}\right\} \quad (4-10)$$

按 Loland 损伤模型，名义应力 σ、有效应力 $\bar{\sigma}$、损伤 D 和应变 ε 的关系如图 4-4 所示。

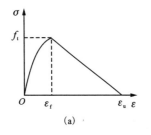
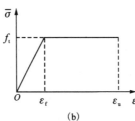
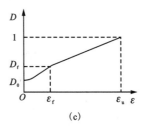

图 4-4 Loland 损伤模型
(a)名义应力-应变关系；(b)有效应力-应变关系；(c)损伤-应变关系

这种拟合认为在峰值应力前应力-应变关系为非线性，并且已经产生损伤，这和混凝土的实际情况相符，但假设在峰值应力后的应力-应变关系为线性，这是一种近似。

2. Mazars 损伤模型

Mazars 基于应变等价性假定，将混凝土拉伸和压缩分别考虑，建立了混凝土指数型损伤本构模型[3]。Mazars 假设 σ-ε 曲线在峰值应力前为直线,在峰值应力后为曲线,拟合得到损伤演化方程。

单轴拉伸时,在上升段:
$$\sigma = E\varepsilon \quad \varepsilon \leqslant \varepsilon_f \tag{4-11}$$

应力达到峰值后:
$$\sigma = E\left\{\varepsilon_f(1-A_t) + \frac{A_t\varepsilon}{\exp[B_t(\varepsilon-\varepsilon_f)]}\right\} \quad \varepsilon > \varepsilon_f \tag{4-12}$$

式中:ε_f 为混凝土的静力损伤峰值应变,其取值范围一般为 $0.5\times10^{-4} \sim 1.5\times10^{-4}$;$A_t$、$B_t$ 为材料常数,可由试验确定,对混凝土材料,A_t 的取值范围一般为 $0.7 \sim 1.0$,B_t 的取值范围为 $1.0\times10^4 \sim 1.0\times10^5$。

Mazars 假设的应力-应变关系又可表达为:
$$\sigma = E\varepsilon(1-D) \tag{4-13}$$

式中:D 为损伤变量。

因此,损伤演化方程可以表示为:
$$D = \begin{cases} 0 & \varepsilon \leqslant \varepsilon_f \\ 1 - \dfrac{\varepsilon_f(1-A_t)}{\varepsilon} - \dfrac{A_t}{\exp[B_t(\varepsilon-\varepsilon_f)]} & \varepsilon > \varepsilon_f \end{cases} \tag{4-14}$$

单轴压缩时其损伤演化方程为:
$$D = \begin{cases} 0 & \varepsilon \leqslant \varepsilon_f \\ 1 - \dfrac{\varepsilon_f(1-A_c)}{|\varepsilon|} - \dfrac{A_c}{\exp[B_c(|\varepsilon|-\varepsilon_f)]} & \varepsilon > \varepsilon_f \end{cases} \tag{4-15}$$

式中:A_c、B_c 为材料常数,可由试验确定,对混凝土材料,A_c 取值范围一般为 $1.0 \sim 1.5$,B_t 取值范围为 $1.0\times10^3 \sim 2.0\times10^3$。

Mazars 损伤模型认为峰值应力前应力-应变关系为线性,即无初始损伤或者初始损伤不扩展,这是近似的,而在峰值应力后为非线性更符合实际情况。且该模型对于单轴拉压情况与试验结果吻合较好,但在多轴应力情况下误差较大。

3. Brooks 损伤模型

Brooks 等人[4]利用应变等价性假设,并把损伤演化规律用指数形式表示,得出了单轴状态下的混凝土损伤本构方程:
$$\sigma = \begin{cases} E\varepsilon & \varepsilon \leqslant \varepsilon_f \\ E\varepsilon(1-D) & \varepsilon > \varepsilon_f \end{cases} \tag{4-16}$$

式中:D 为静力损伤变量。且有:
$$D = \left(\frac{\varepsilon-\varepsilon_f}{k}\right)^n \tag{4-17}$$

式中:k、n 为材料参数,其值由下式确定:
$$n = \frac{\sigma_u}{\varepsilon_u} \frac{\varepsilon_u - \varepsilon_f}{E\varepsilon_u - \sigma_u} \tag{4-18}$$

$$k = (\varepsilon_u - \varepsilon_f)\left(1 - \frac{\sigma_u}{E\varepsilon_u}\right)^{-1/n} \tag{4-19}$$

式中:各参数含义如图 4-5 所示,ε_f 为混凝土的静力损伤阈值应变;ε_u 为极限应变;σ_u 为应力-应变曲线对应的峰值应力。

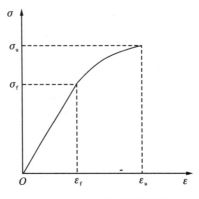

图 4-5 Brooks 损伤模型

4. 规范建议的混凝土本构模型

《混凝土结构设计规范(2015 年版)》(GB 50010—2010)[5]给出了混凝土单轴受拉和受压的应力-应变全曲线方程,并引入了单轴受力损伤演化参数的概念,其本构模型如下。

单轴受拉状态下:

$$\sigma = (1 - d_t) E_c \varepsilon \tag{4-20}$$

$$d_t = \begin{cases} 1 - \rho_t [1.2 - 0.2 x^5] & x \leqslant 1 \\ 1 - \dfrac{\rho_t}{\alpha_t (x-1)^{1.7} + x} & x > 1 \end{cases} \tag{4-21}$$

$$x = \frac{\varepsilon}{\varepsilon_{tr}} \tag{4-22}$$

$$\rho_t = \frac{f_{tr}}{E_c \varepsilon_{tr}} \tag{4-23}$$

式中:E_c 为混凝土的弹性模量;f_{tr} 为混凝土的单轴抗拉强度代表值;ε_{tr} 是与 f_{tr} 相对应的混凝土峰值拉应变;α_t 是与混凝土强度相关的经验参数;E_c、f_{tr}、ε_{tr} 和 α_t 均按相关规范取值。

单轴受压状态下:

$$\sigma = (1 - d_c) E_c \varepsilon \tag{4-24}$$

$$d_c = \begin{cases} 1 - \dfrac{\rho_c n}{n - 1 + x^n} & x \leqslant 1 \\ 1 - \dfrac{\rho_c}{\alpha_c (x-1)^2 + x} & x > 1 \end{cases} \tag{4-25}$$

$$\rho_c = \frac{f_{cr}}{E_c \varepsilon_{cr}} \tag{4-26}$$

$$n = \frac{E_c \varepsilon_{cr}}{E_c \varepsilon_{cr} - f_{cr}} \tag{4-27}$$

$$x = \frac{\varepsilon}{\varepsilon_{cr}} \quad (4-28)$$

式中：E_c 为混凝土的弹性模量；f_{cr} 为混凝土的单轴抗压强度代表值；ε_{cr} 是与 f_{cr} 相对应的混凝土峰值拉应变；α_t 是与混凝土强度相关的经验参数；E_c、f_{cr}、ε_{cr} 和 α_t 均按相关规范取值。

4.2 混凝土疲劳损伤

钢筋混凝土结构除了需要承受静力荷载外，还需要承受如车辆、波浪、风、地震等动态荷载。这就导致钢筋混凝土结构可能发生脆性疲劳破坏。疲劳累积损伤就是指材料内部或者结构内部的某点或某些点承受循环扰动应力后造成了不可逆的损伤，产生微裂纹。这种损伤是永久性的，并且随着循环次数的增加，产生的微裂纹也会不断地发展。混凝土材料的疲劳强度要远低于静力强度。疲劳累积损伤模型是正确描述结构或构件在循环荷载作用下疲劳累积发展过程，进行结构抗疲劳设计的基础。本节便是在上一节损伤力学的基础上，考虑循环荷载的变化，分析混凝土的损伤和破坏过程。

4.2.1 疲劳参数的定义及疲劳破坏

疲劳分析中最容易实现的是等幅疲劳，可用 6 个参数来描述，如图 4-6 所示。其中，σ_{max} 为最大应力，σ_{min} 为最小应力，$\Delta\sigma$ 为应力幅度，σ_a 为应力幅，σ_m 为平均应力，R 为应力比，这些参数之间的关系如式(4-29)所示。

$$\left.\begin{aligned}
\sigma_m &= \frac{1}{2}(\sigma_{max} + \sigma_{min}) \\
\Delta\sigma &= \sigma_{max} - \sigma_{min} \\
\sigma_a &= \frac{1}{2}(\sigma_{max} - \sigma_{min}) \\
R &= \frac{\sigma_{max}}{\sigma_{min}}
\end{aligned}\right\} \quad (4-29)$$

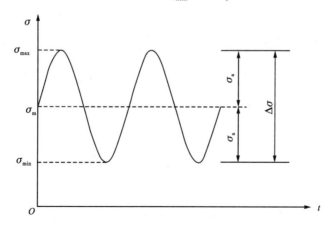

图 4-6 疲劳荷载下应力参数

疲劳寿命是指结构受到循环荷载的往复作用,最终导致结构疲劳破坏所需的应力循环次数。在疲劳寿命确定的条件下,结构在能力范围内能够承受的最大应力称为疲劳强度。通过试验得到的关于疲劳寿命和疲劳强度之间的关系曲线叫作 $S-N$ 曲线。

疲劳荷载可以划分为低周高幅疲劳、高周低幅疲劳、超高周疲劳等类型。低周高幅疲劳总循环次数少而加载幅值大,应力循环次数一般少于 1000 次;高周低幅疲劳总循环次数大而加载幅值小,应力循环次数一般在 $10^3 \sim 10^7$ 之间;超高周疲劳总循环次数一般在 10^7 以上。

按照荷载大小、频率的变化,疲劳荷载又可以划分为等幅循环荷载、变幅循环荷载和随机循环荷载等。等幅循环荷载是指随着时间变化,最大、最小荷载值及频率不变;变幅循环荷载是指随着时间变化,最大、最小荷载值改变,但频率不变;随机循环荷载是指随着时间变化,最大、最小荷载及频率均改变。3 种循环荷载波形曲线如图 4-7 所示。

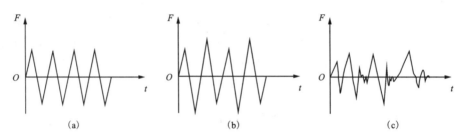

图 4-7 疲劳荷载的几种形式
(a)等幅循环荷载;(b)变幅循环荷载;(c)随机循环荷载

疲劳破坏是指结构进行疲劳加载后,其加载强度小于静载强度,加载次数足够多,经历过循环荷载作用后结构发生的脆性破坏。疲劳破坏具有如下特点。

(1)疲劳发生的必要条件是结构或者构件在往复加载下承受了扰动应力,且这种扰动应力小于其静力强度。

(2)在应力集中或者高应力部位会产生大的应变,这种部位容易最先发生疲劳破坏。

(3)疲劳是一个随着加载次数逐渐发展的过程。

(4)在承受足够多次的应力扰动后,构件发生完全疲劳断裂。

(5)疲劳破坏表现为结构位移或者应变在足够多的循环加载次数后,由于累积了足够多的疲劳损伤,应变或者位移迅速发展且突然发生脆性破坏,这种破坏并无明显征兆。

4.2.2 线性疲劳累积损伤理论

结构或构件在循环荷载作用下,疲劳损伤可线性积累到损伤的临界值,每次循环荷载之间的关系是相互独立、互不相关的,直到对构件产生的应力往复施加使构件发生疲劳破坏,这种破坏理论称为线性疲劳累积损伤理论。

1. Miner 理论

线性疲劳累积损伤理论中最经典的为 Miner 理论[6],又称 Miner 准则、Palmgren - Miner 理论、P - M 准则,该准则假设损伤累积与应力循环的次数呈线性关系,且在第 i 级荷载水平

S_i 作用下,经历循环加载 n_i 次所造成的损伤值 ΔD_i 可以表示为:

$$\Delta D_i = \frac{n_i}{N_i} \quad (4-30)$$

式中:n_i 为第 i 级应力水平下的循环次数;N_i 为第 i 级应力水平下的疲劳寿命。

在多级不同应力幅值作用下,疲劳破坏时:

$$D = \sum \Delta D_i = 1 \quad (4-31)$$

Miner 准则实际上还隐含以下假设。

(1)损伤速度和损伤历程不相关,即在同一荷载下,每次循环产生的损伤相同。

(2)每个应力循环内平均应力为零,荷载对称循环。

(3)不同级荷载的加载顺序不影响疲劳寿命。

然而,实际应用中发现,疲劳损伤临界值 D 不恒等于零,大量研究也表明,D 与加载顺序、材料性质和荷载水平等因素有关。修正的 Miner 准则认为,当损伤变量 D 达到疲劳累积损伤临界值 D_c 时,发生疲劳累积破坏,其表达式为:

$$D = \sum \Delta D_i = \sum \frac{n_i}{N_i} \leqslant D_c \quad (4-32)$$

式中:D_c 一般由二级或三级变幅疲劳试验确定。

当 D_c 取值为构件在其服役载荷谱下的疲劳累积损伤临界值的试验值时,其结果相当于 Miner 准则。该修正准则的优点是将试验和计算结合了起来,将载荷顺序的影响、截面应力重分布及残余应力等因素都考虑进去了,但是由于服役荷载谱较难准确确定,疲劳试验复杂,且对疲劳试验机的性能要求较高,目前此方法的应用也不是很普遍。

Miner 准则及其修正准则显著简化了疲劳损伤的机理。尽管如此,在一定力学条件下,Miner 准则线性累积循环周比关系在均值或中值意义上仍然是成立的,再加上其形式简单,便于计算,仍是工程中应用最为广泛的累积损伤准则。

2. 双线性疲劳累积损伤理论

考虑疲劳发展的阶段性因素,在 Miner 准则的基础上,Manson[7]提出了双线性疲劳累积损伤理论。该理论将疲劳过程中的裂纹形成和裂纹扩展两个阶段用疲劳循环次数分开,在不同的阶段分别运用线性累积损伤规律的方法建立损伤公式。定义裂纹形成周期为 N_0、裂纹扩展周期为 ΔN、总疲劳寿命为 N,则有:

$$\Delta N = 14 N^{0.6} \quad (4-33)$$

$$N_0 = \begin{cases} 0 & N < 730 \\ N - \Delta N = N - 14 N^{0.6} & N > 730 \end{cases} \quad (4-34)$$

该理论形式简单,计算方便,但是用裂纹形成和裂纹扩展的概念描述疲劳损伤过程中的两个阶段是不准确的,尽管后续理论只称作阶段Ⅰ和阶段Ⅱ,但仍缺乏明确的物理意义,且两阶段的分界点不易确定,模型不便于用在工程实践中。

修正的双线性疲劳损伤模型还有 Grover 模型[8]等,基于传统线性累积损伤理论,进行剩余疲劳寿命预测的具体步骤为:对建筑结构的材料类型和连接方式进行统计,建立有限元模型,模拟作用于建筑结构上的各种载荷,并获取各工况下的应力历程,统计一定时期内各应力段的应力循环次数,根据累积损伤理论计算结构的关键构件的损伤度和疲劳寿命。线性疲劳累积损伤理论常认为循环载荷之间是相互独立的,但这样简化是不合理的,每一次循环载荷都会对材料造成一定的损伤,影响材料的疲劳极限。

4.2.3 非线性疲劳累积损伤理论

大量试验表明,混凝土疲劳累积损伤规律具有非线性的特点。为了减小计算值与实际值之间的误差,特别是为了解决在幅值不定的随机循环荷载下的疲劳损伤问题,研究人员提出了一些非线性疲劳累积损伤理论,其中最具代表性的有 Marco – Starkey 损伤模型[9],该模型认为损伤随循环周比按幂函数关系变化,其表达式为:

$$D = \left(\frac{n_i}{N_i}\right)^{x_i} \qquad x_i > 1 \tag{4-35}$$

式中:x_i 为与应力水平和加载顺序有关的常数。

然而,由于 x_i 很难被赋值,而且该理论模型具有较多的不确定因素,只能作为定性研究,很难应用于工程。

另外,最常见的非线性疲劳累积损伤模型为 Corten – Dolan 累积损伤理论[10]。该理论从疲劳过程的物理概念出发,认为材料的疲劳过程可分为裂纹核形成和裂纹扩展两个阶段,疲劳损伤与裂纹核数量以及裂纹扩展速率有关。裂纹核数量取决于荷载谱中的最高应力,在最高应力下裂纹核一旦形成便不再改变。在多级荷载作用下,Corten – Dolan 损伤准则的疲劳寿命满足以下关系式:

$$N = \frac{N_l}{\sum_{i=1}^{l} \alpha_i \left(\frac{\sigma_i}{\sigma_l}\right)^d} \tag{4-36}$$

式中:N 为多级荷载作用下的总疲劳寿命;N_l 为最高应力单独作用下的等幅疲劳寿命;σ_l 为最高应力值;σ_i 为第 i 级应力值;l 为荷载谱级数;d 为材料常数;α_i 为第 i 级应力的实际循环次数占总循环次数的比例。α_i 其表达式为:

$$\alpha_i = \frac{n_i}{\sum_{i=1}^{l} n_i} = \frac{n_i}{N} \tag{4-37}$$

Corten – Dolan 准则的应用关键是 d 值的确定。常规的 Corten – Dolan 损伤理论中 d 值一般情况下是通过二级变幅疲劳试验得出的,但是 d 并非是一个简单的材料常数,还与荷载谱的水平有关。不同的荷载谱,将对应不同的 d 值。二级变幅疲劳试验和构件的实际服役荷载谱差别很大。这可能是导致 Corten – Dolan 损伤理论在有些情况下用于估算疲劳寿命误差较大的主要原因。

除了以上损伤理论外,一些经典的非线性疲劳累积损伤理论还有 Freudenthal – Heller 模型[11]、Henry 模型[12]、Morrow 模型[13]等。

4.3 混凝土断裂力学

损伤力学主要研究材料内部微缺陷的产生和发展所引起的宏观力学效应及最终导致材

料破坏的过程和规律。与损伤力学不同,断裂力学研究的是材料裂纹缺陷的扩展规律。

4.3.1 混凝土的断裂与传统强度破坏理论

混凝土在不同应力作用下存在着不同的破坏现象,有拉裂破坏、压溃破坏、剪切破坏等不同的表现形式。

传统的强度破坏理论有以下几种:

(1)最大拉应力强度准则,即混凝土材料中任意一点的主拉应力达到单轴抗拉强度时,材料即发生破坏。

(2)莫尔-库仑强度准则,按照这个强度准则,当某一截面上的剪切应力达到剪切强度极限时,混凝土材料即发生破坏,且这个剪切强度与面上的正应力有关。

(3)Tresca 强度准则,该准则认为,当混凝土材料中一点应力达到最大剪切应力的临界值 K 时,混凝土材料即达到极限强度,K 值为 $\max[0.5(\sigma_1-\sigma_2),0.5(\sigma_1-\sigma_3),0.5(\sigma_2-\sigma_3)]$。

类似的传统强度准则都是以均质连续介质假定为基础,在构件没有产生宏观裂缝的情况下,这些传统的强度准则在一定程度上具有可行性,一旦结构出现宏观裂缝,传统的强度准则便无法继续应用。

与均质连续介质不同,混凝土的破坏往往可以表现为 3 个不同的阶段。第一阶段:砂浆和骨料结合面的破坏,此时结合面开始出现较为严重的微裂缝扩展现象,微裂缝开始稳定发展。第二阶段:砂浆的破坏,此时由于结合面上的裂缝开始扩展会合至砂浆,硬化水泥浆内部裂缝开始稳定、缓慢发展。第三阶段:内部的裂缝迅速会合扩展,此时材料已不能再承受更大的荷载,混凝土达到极限强度。

在混凝土工程中,经常会发生由断裂及其失稳扩展造成的灾难性破坏,因此混凝土断裂力学的研究具有重要的现实意义。断裂力学以固体为基本研究对象,处理裂缝尖端的材料行为、状态以及裂缝的扩展机理、规律和模拟方法。

混凝土结构的损伤与破坏过程实质上就是裂缝发生与发展的过程。因此,运用断裂力学的观点来解释或者分析混凝土结构的力学行为,改善混凝土材料的力学性能,是行之有效的方法。从最初模仿研究金属材料时所采用的方法,到后来舍弃一些不符合混凝土材料特性的假定和理论,采用一些能够反映混凝土本身特性的新假定,从而形成了混凝土断裂力学理论。

混凝土断裂力学早期的研究成果大多是以线弹性断裂力学为基础,分析裂缝稳定性的方法主要有应力强度因子法与能量法。然而,大量的试验数据表明,用线弹性断裂力学方法测定的混凝土断裂韧度具有明显的尺寸效应,即随着时间尺寸的增大,混凝土的断裂韧度也逐渐增大,而不是像期望那样是一个稳定常数。由于线弹性断裂力学理论无法解释混凝土断裂韧度的尺寸效应,引发了线弹性断裂力学是否能够直接应用于混凝土材料的争论。经过几十年的研究,学者们针对混凝土自身的非线性特征,陆续提出了一些适用于混凝土类准脆性材料的非线性断裂模型,并将其作为混凝土裂缝发展定量描述的工具,预测裂缝发展的稳定性、评估结构的安全性。

4.3.2 线弹性断裂力学

线弹性断裂力学主要采用应力强度因子理论与能量释放率理论分析判断裂缝的稳定性,是断裂力学的基础。应力强度因子理论与能量释放率理论从不同的物理角度去分析同一断裂现象,两者本质上是一样的,两者之间可以相互转换。

线弹性断裂力学的发展可以追溯到 20 世纪初,当时 Inglis 发表了一项在外边界加载的无限长线弹性板中的椭圆形孔应力分析的开创性研究工作,模拟了类似裂缝的非连续性,通过使短轴远小于长轴,可在裂缝尖端观察到无限应力集中点。1921 年,Griffith 提出了一种基于能量准则的新方法;1957 年,Irwin 提出了"应力强度因子"的概念,使得线弹性断裂力学正式发展。

1. 裂缝的类型

裂缝的基本形态可以分为张开型(Ⅰ型)裂缝、滑开型(Ⅱ型)裂缝与撕开型(Ⅲ型)裂缝3种,如图 4-8 所示。裂缝的扩展可能是这3种形态的复合模式。

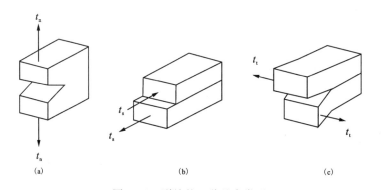

图 4-8 裂缝的 3 种基本类型
(a)张开型(Ⅰ型)裂缝;(b)滑开型(Ⅱ型)裂缝;(c)撕开型(Ⅲ型)裂缝

张开型裂缝是外加拉应力垂直于裂缝面,在外力作用下裂缝张开扩展,裂缝的扩展方向沿着原裂缝方向,且与外拉应力相垂直。

滑开型裂缝受平行于裂缝面且垂直于裂缝前缘的剪应力作用,裂缝滑开扩展,且裂缝扩展方向与原裂缝成某一角度。

撕开型裂缝受平行于裂缝面且平行于裂缝前缘的剪应力作用而相对错开,裂缝的扩展方向沿着原裂缝方向。

2. 应力强度因子

应力强度因子是线弹性断裂力学中一个十分重要的概念。对于前面介绍的裂缝的 3 种基本形态,可以得到相应的应力强度因子。

对于Ⅰ型裂缝,采用弹性力学方法,可以得到裂缝尖附近的应力场、位移场的表达式分别为式(4-38)和式(4-39),以裂缝尖端为原点,r、θ 为极坐标,ν 为泊松比。

Ⅰ型裂缝尖端应力场：

$$\begin{cases} \sigma_{xx} = \dfrac{K_\text{I}}{\sqrt{2\pi r}}\cos\dfrac{\theta}{2}\left(1-\sin\dfrac{\theta}{2}\sin\dfrac{3\theta}{2}\right) \\ \sigma_{yy} = \dfrac{K_\text{I}}{\sqrt{2\pi r}}\cos\dfrac{\theta}{2}\left(1+\sin\dfrac{\theta}{2}\sin\dfrac{3\theta}{2}\right) \\ \tau_{xy} = \dfrac{K_\text{I}}{\sqrt{2\pi r}}\cos\dfrac{\theta}{2}\sin\dfrac{\theta}{2}\cos\dfrac{3\theta}{2} \end{cases} \quad (4-38)$$

Ⅰ型裂缝尖端位移场：

$$\begin{cases} u = \dfrac{K_\text{I}(1+\nu)}{E}\sqrt{\dfrac{r}{2\pi}}\cos\dfrac{\theta}{2}\left(k-1-2\sin^2\dfrac{\theta}{2}\right) \\ v = \dfrac{K_\text{I}(1+\nu)}{E}\sqrt{\dfrac{r}{2\pi}}\sin\dfrac{\theta}{2}\left(k+1-2\cos^2\dfrac{\theta}{2}\right) \end{cases} \quad (4-39)$$

式中：E 为弹性模量；ν 为泊松比；k 为材料弹性系数，且有：

$$k = \begin{cases} \dfrac{3-\nu}{1+\nu}, \text{平面应力状态} \\ 3-4\nu, \text{平面应变状态} \end{cases} \quad (4-40)$$

K_I 为Ⅰ型裂缝的应力强度因子，它是表征裂缝尖端附近应力场强弱的一个参量，可以作为裂缝是否进入失稳状态的判据，其大小与外荷载的性质和大小、裂缝、含裂缝弹性体的形状等因素有关。对于一般的Ⅰ型裂缝，K_I 的表达式为：

$$K_\text{I} = \lim_{r \to 0}\sqrt{2\pi r}\,(\sigma_{yy})_{\theta=0} = Y\sigma_\text{n}\sqrt{\pi a} \quad (4-41)$$

式中：σ_n 为名义拉应力；a 为有效裂缝长度；Y 为形状系数，跟裂缝的长度与几何形状、试件的尺寸与几何形状、加载方式等因素有关。对于受均布应力的无限宽板，Y 值为1。

Ⅱ型裂缝为无限宽板在无限远处受平面内的剪切力作用而形成的，其尖端应力场和位移场分别为：

$$\begin{cases} \sigma_{xx} = -\dfrac{K_\text{Ⅱ}}{\sqrt{2\pi r}}\cos\dfrac{\theta}{2}\sin\dfrac{\theta}{2}\left(2+\cos\dfrac{\theta}{2}\cos\dfrac{3\theta}{2}\right) \\ \sigma_{yy} = \dfrac{K_\text{Ⅱ}}{\sqrt{2\pi r}}\cos^2\dfrac{\theta}{2}\sin\dfrac{\theta}{2}\cos\dfrac{3\theta}{2} \\ \tau_{xy} = \dfrac{K_\text{Ⅱ}}{\sqrt{2\pi r}}\cos^2\dfrac{\theta}{2}\left(1-\sin\dfrac{\theta}{2}\sin\dfrac{3\theta}{2}\right) \end{cases} \quad (4-42)$$

$$\begin{cases} u = \dfrac{K_\text{Ⅱ}(1+\nu)}{E}\sqrt{\dfrac{r}{2\pi}}\sin\dfrac{\theta}{2}\left(k+1+2\cos^2\dfrac{\theta}{2}\right) \\ v = -\dfrac{K_\text{Ⅱ}(1+\nu)}{E}\sqrt{\dfrac{r}{2\pi}}\cos\dfrac{\theta}{2}\left(k-1-2\sin^2\dfrac{\theta}{2}\right) \end{cases} \quad (4-43)$$

式中：$K_\text{Ⅱ}$ 为Ⅱ型裂缝的应力强度因子，其表达式为：

$$K_\text{Ⅱ} = \lim_{r \to 0}\sqrt{2\pi r}\,(\tau_{xy})_{\theta=0} = Y\tau_\text{n}\sqrt{\pi a} \quad (4-44)$$

式中：τ_n 为面内名义剪应力。

Ⅲ型裂缝为无限宽板在无限远处受与平面方向垂直的剪切力作用而形成的，只有剪应

力与剪应变,属于纯扭问题,其裂缝尖端应力场和位移场分别为:

$$\begin{cases} \tau_{xz} = -\dfrac{K_{\mathrm{III}}}{\sqrt{2\pi r}}\sin\dfrac{\theta}{2} \\ \tau_{yz} = \dfrac{K_{\mathrm{III}}}{\sqrt{2\pi r}}\cos\dfrac{\theta}{2} \end{cases} \quad (4-45)$$

$$\begin{cases} u = \dfrac{K_{\mathrm{III}}(1+\nu)}{2E}\sqrt{\dfrac{r}{2\pi}}\left[(2k+3)\sin\dfrac{\theta}{2}+\sin\dfrac{3\theta}{2}\right] \\ v = -\dfrac{K_{\mathrm{III}}(1+\nu)}{2E}\sqrt{\dfrac{r}{2\pi}}\left[(2k-2)\cos\dfrac{\theta}{2}+\cos\dfrac{3\theta}{2}\right] \end{cases} \quad (4-46)$$

式中:K_{III} 为 III 型裂缝的应力强度因子,其表达式为:

$$K_{\mathrm{III}} = \lim_{r\to 0}\sqrt{2\pi r}\,(\tau_{yz})_{\theta=0} = Y\tau_{\mathrm{n}}\sqrt{\pi a} \quad (4-47)$$

式中:τ_{n} 为面外名义剪应力。

3. 能量释放率

裂纹的扩展需要能量,下面将从能量的角度揭示这一过程。假设有一裂缝体,裂缝面积为 A,若其裂缝面积扩展了 ΔA,则在这一过程中外力所做的功为 ΔW,体系弹性应变能变化了 ΔU,塑性变形能变化了 ΔU_{P},形成裂缝型表面需要的表面能变化为 $\Delta \Gamma$。假设这一过程是绝热、静载的,不考虑热功间的转换和惯性力,根据能量转化守恒定律,体系内能的变化应等于外力对体系所做的功,即:

$$\Delta W = \Delta U + \Delta U_{\mathrm{P}} + \Delta \Gamma \quad (4-48)$$

若裂缝扩展过程中,弹性系统释放的总势能变化量为 $\Delta \pi$,那么总势能的变化 $\Delta \pi$ 等于外力势能变化 ΔW 和弹性应变能变化 ΔU 之和,则能量的耗散为:

$$-\Delta \pi = \Delta W - \Delta U = \Delta U_{\mathrm{P}} + \Delta \Gamma \quad (4-49)$$

可以看出,裂缝扩展时,外力功除了转化为弹性变形能之外,还有一部分转化为塑性变形能和表面能。

定义裂缝扩展单位面积时弹性系统所释放的能量为裂缝扩展的能量释放率,一般用 G 表示,则有:

$$G = -\dfrac{\mathrm{d}\pi}{\mathrm{d}A} = \dfrac{\mathrm{d}W}{\mathrm{d}A} - \dfrac{\mathrm{d}U}{\mathrm{d}A} = \dfrac{\mathrm{d}U_{\mathrm{P}}}{\mathrm{d}A} + \dfrac{\mathrm{d}\Gamma}{\mathrm{d}A} \quad (4-50)$$

定义临界能量释放率为 G_{c},当 G 达到 G_{c} 时,裂缝将失去平衡,开始失稳扩展。对一定的材料而言,裂缝扩展所消耗的塑性功和表面能都是材料常数,与荷载情况及裂缝长度、几何形状等因素无关,因此 G_{c} 反映了材料抵抗断裂破坏的能力,可由材料试验测定。

4. 应力强度因子 K 与能量释放率 G 的关系

从裂缝尖端附近的应力场分析,得出了应力强度因子 K 的判据,从能量的角度出发得出了能量释放率 G 的判据。同一个裂缝扩展问题,得到两个判据,它们之间必然存在某种关系。G 与 K 之间存在如下关系:

$$G_i = \begin{cases} \dfrac{K_i^2}{E} & \text{平面应力状态} \\ \dfrac{(1-\nu^2)K_i^2}{E} & \text{平面应变状态} \end{cases} \quad (i = \text{I}, \text{II}) \qquad (4-51)$$

$$G_{\text{III}} = \frac{(1+\nu)K_{\text{III}}^2}{E} \qquad (4-52)$$

可以看到裂纹扩展的能量释放率与强度因子的平方成比例关系。由于能量释放率为标量,对于复合型裂缝问题,当裂缝沿原平面方向扩展时,受到Ⅰ、Ⅱ、Ⅲ这3种荷载而形成的复合型裂缝,其能量释放率为:

$$G_F = G_{\text{I}} + G_{\text{II}} + G_{\text{III}} \qquad (4-53)$$

在线弹性范围内,无论是采用应力强度因子还是能量释放率作为裂缝扩展的判据都是一样的。但是,由于能量释放率 G 计算起来比较复杂,实际应用中多采用应力强度因子 K 作为裂缝扩展判据。另外需要指出的是,在实际的复合型加载中,裂缝不太可能沿着自身平面方向扩展,因此上式并不具有实用性。

实际上,线弹性断裂力学理论未能很好地应用于混凝土材料的根本原因是它难以描述混凝土内部结构的极端复杂性,以及它与断裂过程的关系。一方面,混凝土内部大量的微裂纹和材料的非均匀性使得混凝土的变形从加载初期就表现出非线性特性;另一方面,随着试验测量技术的发展,研究者们发现混凝土并不像理想的均质材料一样,裂缝的起裂意味着裂缝开始失稳扩展,而是它们响应于两个不同的加载历史,在这期间裂缝发展要经历一个较长的稳定亚临界扩展阶段。通常把这个稳定的裂缝扩展区称为断裂过程区,它的形成机理非常复杂,包括微起裂、裂缝绕行、骨料的桥连闭合、裂缝面之间的相互摩擦以及裂缝的分叉等。断裂过程区是混凝土材料固有的属性,它的形成使主裂纹产生"钝化效应",并使得混凝土的缺口失去敏感性,因此失去了应用线弹性断裂力学的前提。

4.3.3 弹塑性断裂力学

由弹塑性力学可知,当应力达到某一数值时,材料就会屈服,形成塑性区。对于混凝土材料,在裂缝尖端的前沿处也会存在一个微裂区,即尖端屈服,其应力不再增长。对于该问题,线弹性断裂力学已不再适用,需要采用弹塑性断裂力学的方法。弹塑性断裂力学的主要任务就是在考虑裂缝尖端屈服的条件下,确定能够定量描述裂缝尖端场强度的参量,建立断裂判据。所采用的方法主要有以下几种。

1. Irwin 理论(小范围屈服)

Irwin 提出了裂缝尖端塑性区大小的理论。由前文的Ⅰ型裂缝尖端应力场公式可以得到无限平板平面应力状态下Ⅰ型裂缝尖端的3个主应力为:

$$\begin{cases} \sigma_1 = \dfrac{K_{\text{I}}}{\sqrt{2\pi r}}\cos\dfrac{\theta}{2}\left(1 - \sin\dfrac{\theta}{2}\sin\dfrac{3\theta}{2}\right) \\ \sigma_2 = \dfrac{K_{\text{I}}}{\sqrt{2\pi r}}\cos\dfrac{\theta}{2}\left(1 + \sin\dfrac{\theta}{2}\sin\dfrac{3\theta}{2}\right) \\ \sigma_3 = 0 \end{cases} \qquad (4-54)$$

由弹塑性力学可知,当应力达到某一数值时,材料就会屈服,形成塑性区。要确定塑性区的形状和大小,可采用 Von Mises 屈服准则,其可表达为:

$$(\sigma_1 - \sigma_2)^2 + (\sigma_2 - \sigma_3)^2 + (\sigma_3 - \sigma_1)^2 = 2\sigma_s^2 \tag{4-55}$$

式中:σ_s 为材料单向拉伸时的屈服极限。

将主应力代入 Von Mises 屈服准则可得:

$$\begin{cases} \dfrac{K_\mathrm{I}}{\sqrt{2\pi r}} \sqrt{\cos^2 \dfrac{\theta}{2} \left(1 + 3\sin^2 \dfrac{\theta}{2}\right)} = \sigma_s \\ r = \dfrac{1}{2\pi} \left(\dfrac{K_\mathrm{I}}{\sigma_s}\right)^2 \cos^2 \dfrac{\theta}{2} \left(1 + 3\sin^2 \dfrac{\theta}{2}\right) \end{cases} \tag{4-56}$$

由线弹性下的应力场分布可知,对于 $\sigma_s \geqslant f_y$ 的范围,必定处于屈服状态。因此,根据上面两个方程,对于平面应力,容易得到该屈服范围的边界曲线方程为:

$$r = \dfrac{K_\mathrm{I}^2}{2\pi f_y^2} \cos^2 \dfrac{\theta}{2} \left(1 + 3\sin^2 \dfrac{\theta}{2}\right) \tag{4-57}$$

边界曲线形状如图 4-9 中的实线所示,在裂缝尖端的正前方,塑性区尺寸为:

$$r_0 = \dfrac{K_\mathrm{I}^2}{2\pi f_y^2} \tag{4-58}$$

裂缝正前方的应力分布表达式为:

$$\sigma_\mathrm{I} = \dfrac{K_\mathrm{I}}{\sqrt{2\pi r}} \tag{4-59}$$

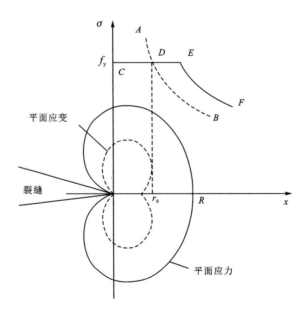

图 4-9 裂缝尖端塑性区形状示意图

式(4-57)和式(4-58)的塑性区范围只是裂缝尖端线弹性解屈服的范围,实际上由于该区域屈服,将形成所谓的松弛效应,在一定程度上改变了裂缝尖端应力场。

图 4-9 中虚线 ADB 为线弹性解下的理想应力分布,考虑屈服导致应力场重新调整后,

应力分布将如实线 $CDEF$ 所示。由于 ADB 下的面积与 $CDEF$ 下的面积都表示净截面上应力的综合，它们将与同一外力平衡。因此，假定这两条曲线下的面积相等，以此来粗略估算塑性区的尺寸。根据面积相等这一条件，可以求得：

$$R_0 f_y = \int_0^{r_0} \sigma_1 \mathrm{d}r = \int_0^{r_0} \frac{K_{\mathrm{I}}}{\sqrt{2\pi r}} \mathrm{d}r = K_{\mathrm{I}} \sqrt{\frac{2r_0}{\pi}} \quad (4-60)$$

式中：R_0 为考虑应力松弛后的塑性区尺寸。可得：

$$R_0 = \frac{K_{\mathrm{I}}}{f_y} \sqrt{\frac{2r_0}{\pi}} \quad (4-61)$$

又根据式(4-59)可得：

$$\frac{K_{\mathrm{I}}}{f_y} = \sqrt{2\pi r_0} \quad (4-62)$$

将其代入式(4-61)可得：

$$R_0 = 2r_0 = \frac{K_{\mathrm{I}}^2}{\pi f_y^2} \quad (4-63)$$

对于平面应变状态，第三个主应力不为零，取 $\sigma_3 = \nu(\sigma_1 + \sigma_2)$，代入屈服准则，可得到屈服区的边界曲线方程为：

$$r' = \frac{K_{\mathrm{I}}^2}{2\pi f_y^2} \cos^2 \frac{\theta}{2} \left[(1-2\nu)^2 + 3\sin^2 \frac{\theta}{2} \right] \quad (4-64)$$

在裂缝尖端的正前方，塑性区尺寸为：

$$r'_0 = (1-2\nu)^2 \frac{K_{\mathrm{I}}^2}{2\pi f_y^2} \quad (4-65)$$

若取 $\nu = 0.3$，则可得：

$$r'_0 = 0.16 \frac{K_{\mathrm{I}}^2}{2\pi f_y^2} = 0.16 r_0 \quad (4-66)$$

可见平面应变状态下的塑性区要比平面应力状态下小很多，这也可以理解为在平面应变状态下，裂缝尖端处材料有一定的塑性约束。上述讨论是基于线弹性分析的应力场。实际上当应力达到屈服后，将发生塑性变形，从而引起应力松弛，使得塑性区进一步扩大。

同理可得，在平面应变状态考虑塑性变形引起的应力松弛，塑性区尺寸为：

$$R'_0 = (1-2\nu)^2 \frac{K_{\mathrm{I}}^2}{\pi f_y^2} = 2r'_0 = (1-2\nu)^2 R_0 \quad (4-67)$$

由上述分析可知，Irwin 在推导过程中采用了裂缝尖端的单参数 K 表示近似解，故而只有在 K 控制区的范围内才具有可以接受的误差。屈服范围在 K 控制区的范围内亦即为小范围屈服。对小范围屈服的应力强度因子进行修正，使其作为小范围塑性变形条件下的断裂判据。

假设裂缝长度由 a 向前扩展一段 $r_0 (r_0 = R_0/2)$，修正后的裂缝长度 a_{ef} 称为有效裂缝长度。裂缝扩展后可应用线弹性理论分析裂缝尖端处的应力场，这一应力场将与实际应力场相接近。假定裂缝长度为 a_{ef} 的情况下，应用应力强度因子判据，则修正后的应力强度因子为：

$$\overline{K}_{\mathrm{I}} = \sigma \sqrt{\pi a_{\mathrm{ef}}} \quad (4-68)$$

由于有效长度 $a_{\mathrm{ef}} = a + R_0/2$，代入后可得修正的应力强度因子为：

$$\left.\begin{array}{ll}\overline{K}_{\mathrm{I}} = \sigma \sqrt{\pi a} \sqrt{\dfrac{1}{\sigma^2} + \dfrac{1}{2\sigma_s^2}} & \text{(平面应力状态)} \\ \overline{K}'_{\mathrm{I}} = \sigma \sqrt{\pi a} \sqrt{\dfrac{1}{\sigma^2} + \dfrac{1-2\nu}{2\sigma_s^2}} & \text{(平面应变状态)}\end{array}\right\} \rightarrow \overline{K}_{\mathrm{I}} = \alpha \sigma \sqrt{\pi a} \quad (4-69)$$

式中:α 为考虑应力松弛后的修正系数。引入修正系数后,强度因子判据可在小范围塑性区的条件下应用。

试验和分析表明,裂缝体受载后,裂缝附近存在的塑性区将导致裂缝尖端的表面张开,这个张开量称为裂缝尖端的张开位移(COD),通常用 δ 来表示。在小范围屈服下,当以有效裂缝长度对应的尖端作为裂缝尖端时,即原裂缝尖端发生了张开位移,如图 4-10 所示。

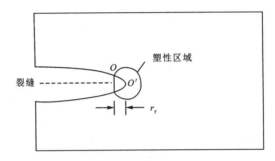

图 4-10 Irwin 裂缝尖端张开位移理论

对于无限宽板的 Griffith 裂缝,前文已经得到:

$$r_y = \begin{cases} r_0 = \dfrac{K_{\mathrm{I}}^2}{2\pi f_y^2} & \text{(平面应力状态)} \\ r'_0 = (1-2\nu)^2 \dfrac{K_{\mathrm{I}}^2}{2\pi f_y^2} & \text{(平面应变状态)} \end{cases} \quad (4-70)$$

将 r_y 代入 I 型裂缝的位移场公式,并取 $\theta=\pi$,可以得到:

$$\upsilon = \dfrac{K_{\mathrm{I}}(1+\nu)}{E} \sqrt{\dfrac{r_y}{2\pi}}(k+1) \quad (4-71)$$

其中,平面应力状态有 $k=(3-\nu)/(1+\nu)$,平面应变状态有 $k=3-4\nu$,故裂缝张开位移为:

$$\delta = 2\upsilon = \begin{cases} \dfrac{8K_{\mathrm{I}}}{E}\sqrt{\dfrac{r_y}{2\pi}} = \dfrac{4K_{\mathrm{I}}^2}{\pi E f_y} = \dfrac{4G_{\mathrm{I}}}{\pi f_y} & \text{(平面应力状态)} \\ \dfrac{8(1-\nu^2)K_{\mathrm{I}}}{E}\sqrt{\dfrac{r_y}{2\pi}} = \dfrac{2.4(1-\nu^2)K_{\mathrm{I}}^2}{\pi E f_y} \approx \dfrac{2.4G_{\mathrm{I}}}{\pi f_y} & \text{(平面应变状态)} \end{cases}$$

$$(4-72)$$

2. Dugdale-Barenblatt 理论(大范围屈服)

对于一些韧性好、受荷载比较大的材料,其裂缝尖端不再满足小范围屈服的条件,裂缝尖端的行为已经超出了 K 控制区,属于大范围屈服的情况,这种情况下 Irwin 理论不再适用。考虑大范围屈服的可能,Dugdale-Barenblatt(D-B 模型)发展了条带模型,并得出了封闭解,这一理论随后促进了内聚区模型的发展,是塑性断裂力学中的一个经典模型。

对裂缝尖端塑性区进行观测,大范围屈服情况下塑性区往往呈条带形。D-B 模型认为,在带状塑性区内材料是理想弹塑性的,在沿裂缝扩展方向的屈服带内的应力可取作屈服应力 f_y。在屈服区内,解除位移约束,代之以上、下表面之间的作用力 f_y,求解结果必须满足屈服区内位移连续的条件。

将 $x=a$ 处的裂缝尖端称为物理裂缝尖端。带状塑性区的出现可以等效为将裂缝尖端向前移动了距离 c。屈服应力 f_y 施加在 $a \leqslant |x| \leqslant a+c$ 范围内,$x=\pm(a+c)$ 处称为虚拟裂缝尖端。Dugdale 假设在带状塑性区的虚拟裂缝尖端,由于应力并不存在奇异性,在顶端处总的应力强度因子为零,如图 4-11 所示。利用这一假设,可以求解带状塑性区的长度。

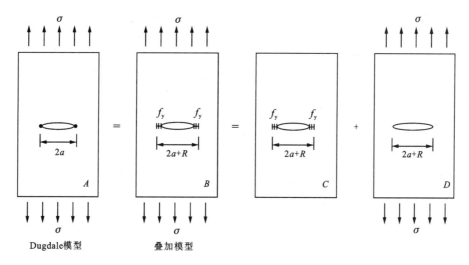

图 4-11 D-B 模型

根据无限大板中的 Grifitth 裂缝的应力强度因子,可得:

$$K_I^D = \sigma \sqrt{\pi(a+c)} \tag{4-73}$$

在裂缝两端长度为 c 的范围内作用均匀应力 f_y 时对应的应力强度因子为:

$$K_I^C = -2f_y \sqrt{\frac{a+c}{\pi}} \arccos\left(\frac{a}{a+c}\right) \tag{4-74}$$

由顶端处总的应力强度因子为零可得:

$$K_I^C + K_I^D = -2f_y \sqrt{\frac{a+c}{\pi}} \arccos\left(\frac{a}{a+c}\right) + \sigma\sqrt{\pi(a+c)} = 0 \tag{4-75}$$

进一步计算可得条带长度为:

$$c = a\left[\sec\left(\frac{\pi\sigma}{2f_y}\right) - 1\right] \tag{4-76}$$

当 $\sigma \ll f_y$ 时,将正割函数展开成幂级数,可近似得到:

$$c = \frac{\pi^8}{8}\left(\frac{\sigma}{f_y}\right)^2 a = \frac{\pi}{8f_y^2}K_I^2 = \frac{\pi^8}{8}R_0 \tag{4-77}$$

对于 D-B 模型，无限平板两端屈服区受到均匀屈服应力 f_y（平面应力问题），其裂纹尖端处的解为：

$$\delta = \frac{8af_y}{\pi E}\ln\left(\sec\frac{\pi\sigma}{2f_y}\right) \quad (4-78)$$

当 $\sigma \ll f_y$ 时，将正割的对数展开成幂级数后，近似有：

$$\delta = \frac{\sigma^2\pi a}{Ef_y^2} = \frac{K_{\mathrm{I}}^2}{Ef_y} = \frac{G_{\mathrm{I}}}{f_y} \quad (4-79)$$

对比 Irwin 的解可以看到，D-B 模型的解裂纹张开位移要较小。裂纹张开位移在一定程度上能预测大范围屈服下的断裂行为。

3. J 积分

1968 年 Rice 提出了一种与路径无关的环路积分方法，用于裂缝扩展的分析，称为 J 积分。这是一个能量积分，既可用于线弹性体，也可用于非线性弹性体。这一参量与线性断裂力学中的强度因子一样，能够描述裂缝尖端区域的应力-应变场的强度。

如图 4-12 所示，考虑裂缝尖端附近任意一条围绕裂缝尖端的逆时针回路 Γ，Rice 给出 J 积分的定义为：

$$J = \int_\Gamma \left[U\mathrm{d}y - \left(T_x\frac{\partial u_x}{\partial x} + T_y\frac{\partial u_y}{\partial y}\right)\mathrm{d}s \right] \quad (4-80)$$

式中：U 为带裂缝体在积分路径上任一点处单元体内所积蓄的应变，称为应变能密度；T_x、T_y 为路径 Γ 上外加应力矢量在 x、y 坐标方向的分量；u_x、u_y 为路径 Γ 上的位移分量；$\mathrm{d}s$ 为沿回路 Γ 的长度增量。

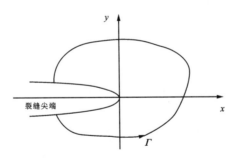

图 4-12 J 积分示意图

应变能密度可由下式计算：

$$U = \int_0^{\varepsilon_{ij}} \sigma_{ij}\,\mathrm{d}\varepsilon_{ij} \quad (4-81)$$

为说明 J 积分的物理意义，假设单位厚度的裂缝扩展使得裂缝尖端向前移动了 $\mathrm{d}a$ 距离，这使得路径 Γ 也整体平移 $\mathrm{d}a$ 距离，则积分路径 Γ 上应力矢量所做的功为：

$$W = \int_\Gamma \left[(T_x\mathrm{d}u_x + T_y\mathrm{d}u_y)\mathrm{d}s\right] \quad (4-82)$$

由于仅仅朝着裂缝尖端正前方平动，故 $\mathrm{d}x = -\mathrm{d}a,\mathrm{d}y=0$，可以得到：

$$\begin{cases} \mathrm{d}u_x = \dfrac{\partial u_x}{\partial x}\mathrm{d}x + \dfrac{\partial u_x}{\partial y}\mathrm{d}y = -\dfrac{\partial u_x}{\partial x}\mathrm{d}a \\ \mathrm{d}u_y = \dfrac{\partial u_y}{\partial x}\mathrm{d}x + \dfrac{\partial u_y}{\partial y}\mathrm{d}y = -\dfrac{\partial u_y}{\partial x}\mathrm{d}a \end{cases} \quad (4-83)$$

因此,式(4-82)可修正为:

$$W = -\mathrm{d}a \int_\Gamma \left[\left(T_x \dfrac{\partial u_x}{\partial x} + T_y \dfrac{\partial u_y}{\partial y} \right) \mathrm{d}s \right] \quad (4-84)$$

路径 Γ 整体平移时,右侧进入积分路径的体积将增加应变能的积蓄,而左侧退出积分路径的体积将减少应变能的积蓄。因此,积分路径平移时,其所围成的域内应变的变化为:

$$\Pi = \left[\int_\Gamma U \mathrm{d}a\mathrm{d}y - \mathrm{d}a \left(T_x \dfrac{\partial u_x}{\partial x} + T_y \dfrac{\partial u_y}{\partial y} \right) \mathrm{d}s \right] = J\mathrm{d}a \quad (4-85)$$

这说明,J 积分的含义是当裂缝扩展单位长度时,每单位厚度积蓄的应变能。按 J 积分的理论,当带裂缝体的 J 积分达到材料的临界值 J_c 时,裂缝就失稳扩展而导致断裂。J 积分在弹塑性力学中具有重要的作用,它避开了直接计算裂缝尖端附近的弹塑性应力场,并且 J 积分还具有与积分路径无关的属性,限于篇幅,略去了 J 积分的路径无关性证明。

思考题

4.1 研究表明,混凝土在受到外界作用之前由内部微缺陷导致的初始损伤是各向同性的。而且,从宏观平均的角度看,混凝土的力学性质也是各向同性的。但是,受到环境和外荷载的作用,变形的累积和局部应力集中引起损伤的演化,这种损伤是各向异性的,损伤主方向与应力主方向相同,损伤导致材料各向异性,目前已有的损伤模型基本以各向同性损伤模型为主,思考如何解决损伤后材料各向异性的问题。

4.2 证明应力强度因子 K 与能量释放率 G 的关系。本章仅给出了 G 与 K 的关系式,请尝试通过推导证明该关系成立。

参考文献

[1] 丁发兴,余志武,欧进萍. 混凝土单轴受力损伤本构模型[J]. 长安大学学报(自然科学版),2008(4):70-73.

[2] LOLAND K E. Concrete damage model for load-response estimation of concrete[J]. Cement and Concrete Research,1980,10(3):392-492.

[3] MAZARS J. A description of micro- and macroscale damage of concrete structures[J]. Engineering Fracture Mechanics,1986,25(5-6):729-737.

[4] BROOKS J J, Al-SAMAIE N H. Application of the highly stressed volume-continuous damage model to tensile failure of concrete[C]//The 4th International Conference on Numerical Methods in Fracture Mechanics,Texas,1987:447-455.

[5] 中华人民共和国住房和城乡建设部,中华人民共和国国家质量监督检验检疫总局. 混凝土结构设计规范(2015年版):GB 50010—2010[S]. 北京:中国建筑工业出版社,2011.

[6] MINER M A. Cumulative damage in fatigue[J]. Journal of Applied Mechanics, 1945,12(3): A159 - A164.

[7] MANSON S S, HALFORD G R. Re - examination of cumulative fatigue damage analysis—an engineering perspective[J]. Engineering Fracture Mechanics,1986,25(5 - 6): 539 - 571.

[8] GROVER H. An observation concerning the cycle ratio in cumulative damage[C]// Symposium on fatigue of aircraft structures. ASTM International, Philadelphia, 1960.

[9] MARCO S M, STARKEY W L. A concept of fatigue damage[J]. Transactions of the American Society of Mechanical Engineers, 1954, 76(4): 627 - 632.

[10] CORTEN H T, DOLAN T J. Cumulative fatigue damage[C]//Proceedings of the International Conference on Fatigue of Metals. London, UK: Institution of Mechanical Engineering and American Society of Mechanical Engineers, 1956, 1: 235 - 242.

[11] FREUDENTHAL A M, HELLER R A. On stress interaction in fatigue and cumulative damage rule[J]. Journal of the Aerospace Science, 1959, 26: 431 - 442.

[12] HENRY D L. A theory of fatigue - damage accumulation in steel[J]. Transactions of the American Society of Mechanical Engineers, 1955, 77(6): 913 - 918.

[13] MORROW D J. The effect of selected sub - cycle sequences in fatigue loading histories[J]. Random fatigue life predictions, 1986, 72: 43 - 60.

5 混凝土构件的裂缝与变形

知识目标:掌握混凝土构件裂缝形成的原因、裂缝控制、裂缝宽度的计算方法;掌握混凝土受弯构件的挠度验算方法、截面刚度计算方法,以及构件的变形计算方法;了解受剪构件和受扭构件的刚度和变形计算方法。

能力目标:了解不同方法的推导过程,具备对混凝土构件裂缝与变形进行分析与计算的能力。

学习重点:裂缝宽度、截面刚度与变形计算方法。

学习难点:受剪构件与受扭构件的刚度与变形。

5.1 混凝土构件裂缝宽度计算

混凝土结构和构件除了按照承载能力极限状态进行设计外(即强度计算),还应进行正常使用极限状态的验算。承载能力极限状态的计算是保证结构构件安全可靠的首要条件,而正常使用极限状态验算则是满足结构正常使用功能和耐久性的需求。对于一般工程结构,正常使用极限状态验算主要包括裂缝宽度验算和挠度验算。

5.1.1 裂缝的成因及控制

混凝土由于抗拉强度 f_t 一般很小,在很小的拉应变下就可能出现裂缝。混凝土结构在建造和使用期间,受材料性能、施工质量、环境条件以及荷载作用等因素影响,可能产生肉眼可见的裂缝。经济的发展和需求的提升使得人类对于建筑结构的要求越来越高,正常使用极限状态的验算可能成为结构设计中的突出问题。

在正常条件下,混凝土结构都是带裂缝工作的,裂缝的形态多样,发展程度各不相同,但裂缝形成的主要原因可以分为两大类,即荷载作用和施工、构造、环境条件等非荷载因素。

1. 荷载作用

承受轴拉力、弯矩、剪力和扭矩的混凝土构件都可能出现垂直于主拉应力方向上的裂缝,如图 5-1(a)(b)所示;在轴压力作用下构件也可能产生裂缝,如图 5-1(c)所示,裂缝出现时,混凝土的应变值一般都超过了单轴受压峰值应变 ε_p,构件临近破坏。

2. 非荷载因素

除荷载因素外,温度变化、收缩变形、基础不均匀沉降、钢筋腐蚀、碱骨料反应等非荷载

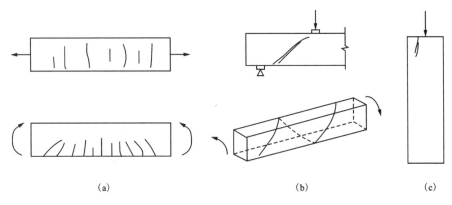

图 5-1　荷载或截面内力作用下的构件裂缝
(a)轴拉力和弯矩;(b)剪力和扭矩;(c)轴压力

因素都可能导致裂缝的产生。

温度引起的裂缝有可能是由水泥在水化过程中产生的水化热导致混凝土表面和内部温度不同,从而产生的裂缝,这类裂缝在大体积混凝土中尤为突出;也可能是环境温度变化,使得结构产生较大的内外温差,产生温度应力,从而导致的开裂;也可能是火灾等极端灾害所致。

混凝土收缩变形所产生的裂缝,包括塑性收缩、干燥收缩和碳化收缩等形式。混凝土在硬化过程中,由于干燥收缩会引起体积变化,可能产生收缩裂缝。一般来说,水灰比越大、水泥强度越高、骨料越少、环境温度越高、表面失水越大,混凝土收缩会越大,越容易产生收缩裂缝。当配制的混凝土水泥安定性较差、养护不足、构件表面积较大时,常常会出现不规则的收缩裂缝。碳化收缩是指混凝土同空气中的二氧化碳发生作用而引起的收缩,一般发生于年代较长、暴露于潮湿环境中的混凝土。

结构的基础有不均匀沉降时,结构构件受到强迫变形,会在结构内部产生附加应力或内力重分布,导致裂缝的产生。控制这类裂缝,需根据地基条件和结构形式,合理采取构造措施,设置沉降缝等。

构件主筋和箍筋保护层过薄,构件处于不利环境中时,钢筋可能会出现锈蚀,锈蚀后的钢筋体积膨胀,会导致混凝土胀裂。这种裂缝的走向为沿钢筋轴线方向,通常是先锈后裂,最终导致保护层成片脱落,极大影响构件的耐久性。

此外,混凝土碱骨料反应也可能导致混凝土裂缝的产生。碱骨料反应一般为碱-硅酸盐骨料反应,混凝土加水拌和后,水泥中的碱不断溶解,这种碱液与活性骨料中的活性氧化硅起化学反应,析出胶状的碱-硅胶,从周围介质中吸水膨胀,其体积可增大到 3 倍,而使混凝土胀裂。

3. 规范对裂缝的控制

我国《混凝土结构设计规范(2015 年版)》(GB 50010—2010)[1]规定,在设计钢筋混凝土构件时,应根据其使用要求确定控制裂缝的等级。

一级:严格要求不出现裂缝的构件,按荷载标准组合计算时,构件受拉边缘混凝土不应产生拉应力,即:

$$\sigma_{ck} - \sigma_{pc} \leqslant 0 \tag{5-1}$$

式中:σ_{ck}为荷载标准组合下抗裂验算边缘的混凝土法向应力;σ_{pc}为扣除全部预应力损伤后在抗裂验算边缘混凝土的预压应力。

二级:一般要求不出现裂缝的构件,按荷载标准组合计算时,构件受拉边缘混凝土拉应力不应大于混凝土抗拉强度的标准值,即:

$$\sigma_{ck} - \sigma_{pc} \leqslant f_{tk} \tag{5-2}$$

式中:f_{tk}为混凝土轴心抗拉强度标准值。

三级:允许出现裂缝的构件,计算的最大裂缝宽度ω_{max}不得超过允许值,即:

$$\omega_{max} \leqslant \omega_{lim} \tag{5-3}$$

裂缝宽度的允许值ω_{lim}依据构件的工作环境类别、荷载性质和所用钢筋的种类等确定,一般取 0.2~0.4mm,详见表 5-1。

表 5-1 结构构件的裂缝控制等级及最大裂缝宽度限值(mm)

环境类别	钢筋混凝土结构		预应力混凝土结构	
	裂缝控制等级	ω_{lim}	裂缝控制等级	ω_{lim}
一	三级	0.30(0.40)	三级	0.20
二 a			三级	0.10
二 b		0.20	二级	—
三 a、三 b			一级	—

要求一级和二级裂缝控制的构件一般都采用预应力混凝土来实现,计算时左边的混凝土应力值应扣除有效的预压应力值。普通混凝土结构一般都属于三级裂缝控制的结构。

其他国家的设计规范,例如 CEB-FIP Model Code 1990[2]将环境条件定为 5 个暴露等级,分别限制截面上不出现拉应力,或者计算最大裂缝宽度小于允许值ω_{lim}(0.2~0.3mm)。ACI 规范[3]对计算最大裂缝宽度的限制为 0.4mm(室内构件)或 0.33mm(室外构件)。

5.1.2 裂缝宽度的计算方法

由于影响混凝土裂缝发展的因素众多,以及混凝土的非均质性和材料的离散度较大,裂缝的开展和延伸有一定的随机性,对其准确的认识和分析的难度也较大。针对混凝土构件的裂缝问题,学者们提出了不同的裂缝计算理论和方法,主要有以下几种。

1. 黏结-滑移理论

黏结-滑移理论最早是在钢筋混凝土轴心受拉杆的试验研究中提出的[4],这一理论一直被认为是经典的裂缝计算理论,以后的大量研究也都遵循其基本概念,在其基础上加以补充和修正。黏结-滑移理论认为,裂缝的间距取决于钢筋与混凝土之间黏结应力的分布,它可根据假设混凝土中拉应力在整个截面内均匀分布,且此拉应力不超过混凝土的抗拉强度的条件来确定。裂缝的开展是因为钢筋与混凝土间的变形不再保持协调,出现相对滑移。在开裂截面处,钢筋与混凝土之间发生局部黏结破坏,钢筋伸长的同时混凝土回缩,从而产生相对滑移,而此相对滑移大小即为裂缝的宽度。按照这一理论,根据黏结应力的传递规律,可得到与裂缝间距成比例的裂缝宽度 ω_m 的计算公式:

$$\omega_m = l_m (\varepsilon_{sm} - \varepsilon_{cm}) \tag{5-4}$$

式中:l_m 为平均裂缝间距;ε_{sm} 为钢筋平均应变;ε_{cm} 为混凝土平均应变。

l_m 可由式(5-5)表示,该表达式将裂缝间长度为 l_{min} 的一段和相应的钢筋分别取为隔离体,如图 5-2 所示,并通过隔离体上力的平衡关系求解得到。求解过程中将部分参数采用 K 表示,是因为混凝土材料的抗拉强度 f_t 与黏结强度 τ 有着几乎成正比的关系,当混凝土强度和钢筋外形特征确定时,黏结长度,即裂缝的平均间距 l_m 将随比值 d/ρ 变化。

$$l_m = K \frac{d}{\rho} \tag{5-5}$$

式中:K 为试验常数;$\rho = A_s / A_c$,A_s 为钢筋的截面面积,A_c 为混凝土的截面面积;d 为钢筋的直径。

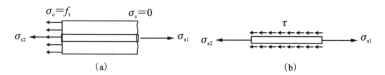

图 5-2 裂缝间钢筋混凝土构件隔离体受力示意图
(a)隔离体;(b)隔离体钢筋

式(5-5)还表明,当配筋率相同时,采用较细直径的钢筋,裂缝间距会小一些。因此,在同样截面、相同配筋率的条件下,采用根数多、钢筋直径小的配筋方式,将有助于控制裂缝间距和裂缝宽度。但是,该式还表明,当 d/ρ 趋于零时,也即当 ρ 趋于无穷大时,l_m 将趋于零,这与实验结果相违背,即当 d/ρ 趋于零时,裂缝间距 l_m 不会也趋于零,而是裂缝间距趋近于某个常数。该数值与钢筋类型有关,根据试验分析,对 l_m 进行修正得:

$$l_m = \left(K_1 + K_2 \frac{d}{\rho}\right) \nu \tag{5-6}$$

式中:K_1 和 K_2 为对试验数据进行回归分析得到的参数值,文献[5]中建议选取 $K_1 = 70 \text{mm}$、$K_2 = 1.6$;ν 为反映钢筋表面形状系数,它对钢筋与混凝土的黏结力有很大的影响,对光圆钢筋可取为 1.0,对变形钢筋可取为 0.7。

若裂缝处的钢筋应变为 ε_s,则钢筋平均应变 ε_{sm} 可由下式得到:

$$\varepsilon_{sm} = \varphi \varepsilon_s = \varphi \frac{\sigma_s}{E_s} \tag{5-7}$$

式中:σ_s 为钢筋在裂缝处的应力;E_s 为钢筋弹性模量;φ 为钢筋应变不均匀系数。

一般情况下,混凝土平均应变要远小于钢筋应变,即 $\varepsilon_{cm} \ll \varepsilon_{sm}$,可忽略不计,由此可以得到裂缝平均宽度的简化计算公式:

$$\omega_{\mathrm{m}} = \varphi \frac{\sigma_{\mathrm{s}}}{E_{\mathrm{s}}} l_{\mathrm{m}} \tag{5-8}$$

2. 无滑移理论

由黏结滑移理论可知,受拉裂缝间距和宽度主要取决于 d/ρ 和黏结强度。因此,钢筋外形(变形钢筋或光滑钢筋)应对裂缝有巨大影响,而且假设钢筋附近和构件表面的裂缝宽度相等。然而,这些结论和假设与大量试验结果有较大出入[6~9]。

试验发现,裂缝截面的变形不是简单的平面变形,混凝土在钢筋附近处的变形远大于其极限拉应变,从而认为,与构件表面裂缝相比,钢筋周围的裂缝宽度可忽略不计,即混凝土开裂后,钢筋与其周围混凝土之间无黏结滑移,裂缝宽度不是滑移形成的,而是保护层混凝土的弹性回缩形成的,也就是说,影响裂缝宽度的主要因素是裂缝量测点至最近钢筋的距离,因此可使用弹性理论来计算无滑移理论的最大裂缝宽度[10]:

$$\omega_{\max} = \kappa c \frac{\sigma_{\mathrm{s}}}{E_{\mathrm{s}}} \frac{h_2}{h_1} \tag{5-9}$$

式中:c 为计算点到与它最近的钢筋表面的距离;κ 为钢筋表面形状系数,变形钢筋取 3.3,光滑钢筋取 4.0;σ_{s} 为钢筋应力;h_2 为计算点距中性轴的距离;h_1 为钢筋中心距中性轴的距离。

3. 综合分析法

黏结滑移理论和无滑移理论都对混凝土裂缝宽度计算做出了贡献,而且在一定程度上也揭示了裂缝发展的机理,但是两者也都各自存在不合理的地方,于是研究者对这两种理论进行总结归纳,提出了综合分析法。综合分析法既考虑构件表面至钢筋的距离对裂缝宽度的重大作用,又修正钢筋界面上相对滑移和裂缝宽度为零的假设,计入黏结滑移(d/ρ)的影响,给出裂缝平均间距的一般计算式为:

$$l_{\mathrm{m}} = K_1 c + K_2 \frac{d}{\rho} \tag{5-10}$$

式中:K_1、K_2、d 和 ρ 与前文含义相同;c 为保护层厚度。

以轴心受拉构件为例,混凝土构件在轴心拉力作用下产生裂缝,随着轴力的增大,裂缝数目增多,间距逐渐趋于稳定,裂缝宽度逐渐加宽。裂缝间距为:

$$l_{\mathrm{m}} = l_0 (1 + \varepsilon_{\mathrm{sm}}) \tag{5-11}$$

式中:l_0 为原长。

此时,裂缝截面上混凝土应力 $\sigma_{\mathrm{c}}=0$,钢筋应力 $\sigma_{\mathrm{s}} = N/A_{\mathrm{s}}$,钢筋应变为 $\varepsilon_{\mathrm{s}} = \sigma_{\mathrm{s}}/E_{\mathrm{s}}$。如果假设钢筋与混凝土之间完全无黏结,即黏结应力 $\tau=0$,二者可只有相对移动,钢筋的应力应变沿纵向均匀分布,相邻裂缝间的总长度为 $l_0(1+\varepsilon_{\mathrm{s}})$;周围混凝土开裂后自由收缩,应力均为零,长度仍为 l_0。因此,裂缝面保持平直,裂缝宽度沿截面高度为一常数:

$$\omega_{\mathrm{c}0} = \varepsilon_{\mathrm{s}} l_{\mathrm{m}} = \frac{N l_{\mathrm{m}}}{A_{\mathrm{s}} E_{\mathrm{s}}} \tag{5-12}$$

$\omega_{\mathrm{c}0}$ 称为无黏结裂缝宽度,也是裂缝宽度的上限。

实验证明,构件开裂后,只在裂缝截面附近的局部发生钢筋和周围混凝土的相对滑移,其余大部分仍保持着良好的黏结。混凝土的黏结应力 τ 对钢筋的作用,使得钢筋应力从裂缝截面处的最大值往内逐渐减小，至相邻裂缝的中间截面处达最小值。钢筋的平均应力和应变为：

$$\begin{cases} \bar{\sigma}_s = \psi \sigma_s \\ \bar{\varepsilon}_s = \psi \varepsilon_s \end{cases} \tag{5-13}$$

式中：ψ 为裂缝间受拉钢筋应变的不均匀系数，$\psi \leqslant 1$。

同理，钢筋对混凝土的黏结应力 τ 约束了相邻裂缝间混凝土的自由回缩。如果构件混凝土开裂后，钢筋和混凝土的黏结仍完好无相对滑移，则裂缝宽度为最小值，即下限。

实际情况是钢筋在裂缝两侧处有少量滑移，大部分保持黏着，故而实际的裂缝宽度在上限和下限之间。

综合分析法考虑了应变梯度对裂缝宽度的影响以及黏结滑移出现的可能，认为混凝土表面的裂缝宽度取决于保护层厚度和钢筋间距。另外，该理论提出裂缝是由钢筋外围的混凝土收缩引起的，而钢筋通过黏结力将拉力扩散到混凝土中，钢筋对混凝土的有效约束有一定范围，该范围所在区域即为有效埋置区，在这一域之外，钢筋对混凝土无约束作用，即对裂缝无控制作用。3 种裂缝宽度计算模型的示意图如图 5-3 所示。

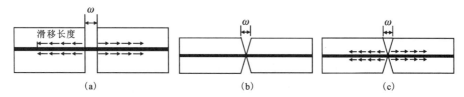

图 5-3 3 种裂缝宽度计算模型示意图
(a)黏结滑移模型；(b)无滑移模型；(c)综合模型

4. 我国规范的裂缝宽度计算公式

构件受力后出现裂缝，在稳定阶段的裂缝平均间距我国规范[1]取为：

$$l_m = c_f \left(1.9c + 0.08 \frac{d_{eq}}{\rho_{te}}\right) \tag{5-14}$$

式中：c_f 为取决于构件内力状态的系数，轴心受拉时取为 1.1，偏心受拉、偏心受压和受弯时取为 1.0；c 为最外层受拉钢筋的边缘至截面受拉底边的距离；d_{eq} 为受拉钢筋的等效直径；ρ_{te} 为按混凝土受拉有效面积 A_{te} 计算的配筋比，即 $\rho_{te} = A_s/A_{te}$，当 $\rho_{te} < 0.01$ 时，取 $\rho_{te} = 0.01$；对于矩形截面受拉有效面积 A_{te}，轴心受拉情况下取为截面面积 $A_{te} = bh$，偏心受拉、偏心受压和受弯状态下取为 0.5 倍的截面面积 $A_{te} = 0.5bh$。

受拉钢筋的等效直径按下式计算：

$$d_{eq} = \frac{\sum n_i d_i^2}{\sum \nu_i n_i d_i^2} \tag{5-15}$$

式中：n_i 为第 i 种钢筋的根数；d_i 为第 i 种钢筋的直径；ν_i 为第 i 种钢筋的相对黏结特性系数，变形钢筋取为 1.0，表面钢筋取为 0.7。

在荷载的长期作用下，构件表面上的最大裂缝宽度为：

$$\omega_{\max} = \alpha_{cr}\psi\frac{\sigma_s}{E_s}\left(1.9c + 0.08\frac{d_{eq}}{\rho_{te}}\right) \quad (5-16)$$

式中:α_{cr} 为构件受力特征系数;ψ 为裂缝间受拉钢筋的应变不均匀系数。

构件受力特征系数 α_{cr} 的计算公式为:

$$\alpha_{cr} = c_p c_t c_c c_f \quad (5-17)$$

式中:c_p 为最大裂缝宽度与平均裂缝宽度的比值,$c_p = \omega_{\max}/\omega_m$,该值考虑了混凝土裂缝间距和宽度的离散性,对于轴心受拉和偏心受拉情况该值取为 1.9,受弯和偏心受压情况该值取为 1.66;c_t 为考虑荷载长期作用下,拉区混凝土的应力松弛和收缩、滑移、徐变等因素增大裂缝宽度的系数,根据试验结果,c_t 一般取为 1.5;c_c 为裂缝间混凝土受拉应变的影响系数,$c_c = \varepsilon_{cm}/\varepsilon_{sm}$,试验结果一般取为 0.85。

裂缝间受拉钢筋的应变不均匀系数 ψ 可按下式计算:

$$\psi = 1.1 - \frac{0.65 f_t}{\rho_{te}\sigma_s} \quad (5-18)$$

式中:f_t 为混凝土的抗拉强度,其他参数含义同前。

5.2 混凝土受弯构件的刚度与变形

结构在使用期限内,各种荷载的作用都会使其产生相应的变形。虽然相对于钢结构,钢筋混凝土结构的总体刚度大、绝对变形小,但是当变形超过一定的允许范围,特别是在混凝土开裂后以及荷载长期作用下混凝土发生徐变后,都可能影响结构的正常使用,甚至安全性。所以在设计时就应该对使用阶段的构件最大变形进行验算,并按允许值加以限制。

5.2.1 规范中受弯构件的挠度验算

在进行结构的内力分析时,为了建立变形协调条件,须先求得构件的刚度值。确定一个钢筋混凝土构件的截面刚度及其变化过程,最简单、最直接的方法就是进行试验,量测其弯矩-曲率曲线。在已知钢筋混凝土构件的截面形状、尺寸和配筋,以及钢筋和混凝土的应力-应变关系的条件下,也可用截面分析的一般方法求解得到弯矩-曲率全过程曲线。但是,这样计算的计算量太大,需借助计算机来实现。而工程实践中,最经常需要解决的问题是验算构件在使用荷载下的挠度值或者为超静定结构的内力分析提供构件的截面刚度等。这些问题就可以采用一些简化实用方法计算来解决。

我国规范规定[1],在等截面构件中,可假定各同号弯矩区段内的刚度相等,并取用该区段内最大弯矩处的刚度。当计算跨度内的支座截面刚度不大于跨中截面刚度的 2 倍或不小于跨中截面刚度的 1/2 时,该跨也可按等刚度构件进行计算,其构件刚度可取跨中最大弯矩截面的刚度。

考虑荷载长期作用影响,钢筋混凝土受弯构件刚度 B 可按下式计算[1]:

$$B = \begin{cases} \dfrac{M_k}{M_q(\theta-1)+M_k}B_s & \text{荷载标准组合时} \\ \dfrac{B_s}{\theta} & \text{荷载准永久组合时} \end{cases} \quad (5-19)$$

式中：M_k 为按荷载的标准组合计算的弯矩，取计算区段内的最大弯矩值；M_q 为按荷载的准永久组合计算的弯矩，取计算区段内的最大弯矩值；B_s 为按荷载准永久组合计算的钢筋混凝土受弯构件或按标准组合计算的预应力混凝土受弯构件的短期刚度；θ 为考虑荷载长期作用对挠度增大的影响系数。

在按裂缝控制等级要求的荷载组合作用下，钢筋混凝土受弯构件的短期刚度 B_s 可按下式计算：

$$B_s = \frac{E_s A_s h_0^2}{1.15\psi + 0.2 + \dfrac{6\alpha_E \rho}{1+3.5\gamma_f}} \tag{5-20}$$

式中：h_0 为截面有效高度；ψ 为裂缝间纵向受拉普通钢筋应变不均匀系数；α_E 为钢筋弹性模量与混凝土弹性模量的比值，即 $\alpha_E = E_s/E_c$；ρ 为纵向受拉钢筋配筋率；γ_f 为受拉翼缘截面面积与腹板有效截面面积的比值。

钢筋混凝土受弯构件，当 $\rho' = 0$ 时，考虑荷载长期作用对挠度增大的影响系数 θ 取值为 0；当 $\rho' = \rho$ 时，取 $\theta = 1.6$；当 ρ' 为中间值时，θ 按线性内插法取用。此处 $\rho' = A'_s/(bh_0)$，$\rho = A_s/(bh_0)$。对于翼缘位于受拉区的倒"T"形截面，θ 应增加 20%。

求得钢筋混凝土受弯构件的刚度后，其在正常使用极限状态下的挠度，可按照结构力学方法计算。《混凝土结构设计规范（2015年版）》(GB 50010—2010)[1] 规定，一般屋盖、楼盖及楼梯构件的梁、板允许挠度为其计算跨度 l_0 的 1/300～1/200，吊车梁为其计算跨度 l_0 的 1/600～1/500。

5.2.2 截面刚度的计算方法

1. 有效惯性矩法

有效惯性矩法的主要思想是，将截面中的钢筋通过弹性模量比值的折算换算成相同刚度的混凝土面积，得到等效的均质材料换算截面，推导并建立相应的截面刚度计算公式。在混凝土开裂前，计算整个截面混凝土和换算钢筋的惯性矩，在开裂后计算未开裂截面和换算钢筋的惯性矩，须分别计算，两者的换算截面如图 5-4 所示。

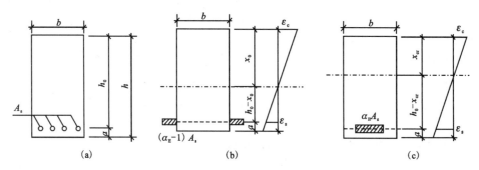

图 5-4 开裂前后的换算面积示意图
(a)原截面；(b)开裂前；(c)开裂后

(1) 未出现裂缝时的截面刚度。构件开裂前，全截面混凝土受力（受压或受拉）。受拉（压）钢筋截面面积 A_s 换算为 $\alpha_E A_s$，其中 α_E 为弹性模量比，计算公式为 $\alpha_E = E_s/E_c$。其换算面积中 A_s 位于原钢筋位置，其余面积 $(\alpha_E-1)A_s$ 附加在截面同一高度处。钢筋换算面积上的应力与相应截面高度混凝土的应力 $(\varepsilon_s E_c)$ 相等。这样就保证了换算截面与原截面力学性能等效。

换算截面的总面积为：

$$A_0 = bh + (\alpha_E - 1)A_s \quad (5-21)$$

受压区高度 x_0 由拉、压区对中和轴的面积矩相等的条件确定：

$$0.5bx_0^2 = 0.5b(h-x_0)^2 + (\alpha_E - 1)A_s(h_0 - x_0) \quad (5-22)$$

式中：h_0 为截面有效高度。

可得：

$$x_0 = \frac{0.5bh^2 + (\alpha_E - 1)A_s h_0}{bh + (\alpha_E - 1)A_s} \quad (5-23)$$

换算截面的惯性矩 I_0 为：

$$I_0 = \frac{1}{3}b[x_0^3 + (h-x_0)^3] + (\alpha_E - 1)A_s(h_0 - x_0)^2 \quad (5-24)$$

故开裂前的截面刚度 B_0：

$$B_0 = E_c I_0 \quad (5-25)$$

式中：E_c 为混凝土的弹性模量；I_0 为换算截面的惯性矩。

换算截面的这些几何特性不仅可用于计算构件的截面刚度和变形，也可以用于验算构件的开裂或疲劳应力等。

(2) 出现裂缝后的截面刚度。当出现裂缝后，认为在构件裂缝截面，中和轴以下的混凝土不再受力，完全退出工作，截面拉力完全由受拉钢筋承担，将全部纵向钢筋的换算面积置于原截面高度处。

与 x_0 计算方法相同，裂缝截面的受压区高度 x_{cr} 也由拉、压区对中和轴的面积矩相等的条件确定：

$$0.5bx_{cr}^2 = \alpha_E A_s(h_0 - x_{cr}) \quad (5-26)$$

解得：

$$x_{cr} = (\sqrt{\alpha_E^2 \rho^2 + 2\alpha_E \rho} - \alpha_E \rho)h_0 \quad (5-27)$$

式中：$\rho = A_s/bh_0$。

则裂缝截面的换算惯性矩 I_{cr} 为：

$$I_{cr} = \frac{1}{3}bx_{cr}^3 + \alpha_E A_s(h_0 - x_{cr})^2 \quad (5-28)$$

开裂后的截面刚度 B_{cr} 为：

$$B_{cr} = E_c I_{cr} \quad (5-29)$$

显然，这是沿构件轴线各截面惯性矩中的最小值，也是钢筋屈服前裂缝截面惯性矩中的最小值。

(3) 有效惯性矩。钢筋混凝土梁的截面刚度或惯性矩随着弯矩值的增大而减小。混凝土开裂前的刚度 $E_c I_0$ 是其上限值，钢筋屈服、受拉混凝土完全退出工作后的刚度 $E_c I_{cr}$ 是其下限值。在计算构件变形的使用阶段,即弯矩为极限弯矩的50%～70%时,弯矩和曲率的关系比较稳定,刚度值变化幅度较小,在工程应用中可取近似值进行计算。

最简单的方法是对构件的平均截面刚度取为式(5-30)所示的常值,该方法常用于超静定结构的内力分析中。

$$B = 0.625 E_c I_0 \quad (5-30)$$

美国土木工程协会(ASCE)[11]规定,组合楼板的截面惯性矩可取开裂截面惯性矩 I_{cr} 和未开裂截面 I_0 的算术平均值,即:

$$I_{eq} = \frac{I_{cr} + I_0}{2} \quad (5-31)$$

2. 解析刚度法

假设一钢筋混凝土梁的纯弯段在弯矩作用下出现裂缝,当该段混凝土梁进入裂缝稳定发展阶段后,裂缝的间距大致均匀。各截面的实际应变分布将不再符合平截面假定,中和轴的位置受裂缝的影响将成为波浪形,如图5-5(a)所示。图中,裂缝截面处的压区高度 x_{cr} 为最小值。各截面的顶面混凝土压应变和受拉钢筋应变也将呈波浪形变化,如图5-5(b)所示,图中 ε_{cm} 和 ε_{sm} 为混凝土和钢筋的平均应变,两者的最大应变 ε_c 和 ε_s 出现在裂缝截面处。

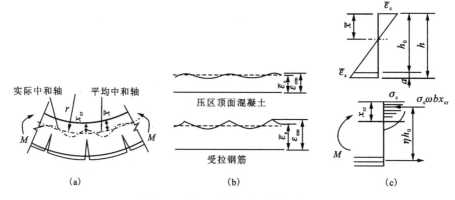

图5-5 截面平均刚度计算示意图
(a)裂缝中和轴;(b)平均应变和最大应变;(c)裂缝截面的应力应变

构件截面的平均刚度可按以下步骤进行计算:

(1)变形条件。实验证明,截面的平均应变仍符合线性分布,如图5-5(c)所示,中和轴距截面顶面距离为 x_m,截面的平均曲率 φ 可按下式计算,

$$\varphi = \frac{1}{r_m} = \frac{\varepsilon_{cm} + \varepsilon_{sm}}{h_0} \quad (5-32)$$

式中:r_m 为平均曲率半径。

由于顶面混凝土压应变的变化幅度较小,可近似取 $\varepsilon_{cm} = \varepsilon_c$,钢筋的平均拉应变则取为:

$$\varepsilon_{sm} = \psi \varepsilon_s \quad (5-33)$$

式中:ψ 为裂缝间受拉钢筋应变的不均匀系数,与前文相同。

(2) 本构关系。在梁的使用阶段，裂缝截面的应力分布也如图 5-5(c) 所示，其值大小如下：

$$\begin{cases} \sigma_c = \varepsilon_c \lambda E_c \approx \varepsilon_{cm} \lambda E_c \\ \sigma_s = \varepsilon_s E_s = \dfrac{\varepsilon_{sm}}{\psi} E_s \end{cases} \quad (5-34)$$

式中：λ 为混凝土受压时的弹性系数。

(3) 平衡条件。忽略截面上拉区混凝土的应力，建立裂缝截面的两个平衡方程如下：

$$\begin{cases} M = \omega \sigma_c b x_{cr} \eta h_0 \\ M = \sigma_s A_s \eta h_0 \end{cases} \quad (5-35)$$

式中：ω 为压区应力图形完整系数；η 为裂缝截面上的力臂系数。

根据以上 3 个条件，将式(5-34)和式(5-35)代入式(5-32)可得：

$$\phi = \dfrac{\psi M}{\eta E_s A_s h_0^2} + \dfrac{M}{\lambda \omega x_{cr} \eta E_c b h_0^2} = \dfrac{M}{E_s A_s h_0^2} \left[\dfrac{\psi}{\eta} + \dfrac{1}{\lambda \omega \eta (x_{cr}/h_0)} \dfrac{A_s}{b h_0} \dfrac{E_s}{E_c} \right] \quad (5-36)$$

又，$\alpha_E = E_s/E_c$，$\rho = A_s/(bh_0)$，代入上式可得截面平均刚度（割线值）为：

$$B = \dfrac{M}{\phi} = \dfrac{E_s A_s h_0^2}{\left[\dfrac{\psi}{\eta} + \dfrac{\rho \alpha_E}{\lambda \omega \eta (x_{cr}/h_0)} \right]} \quad (5-37)$$

式中：E_s、A_s、h_0、ρ 和 α_E 为确定值，其余系数 ψ、η、λ、ω 和 x_{cr} 的数值均随弯矩而变化。可将 $\lambda \omega (x_{cr}/h_0)$ 统称为混凝土受压边缘平均应变综合系数，其值也随弯矩的增大而减小，当弯矩水平在极限弯矩的 50%～70% 范围内变化时，其值基本稳定，弯矩值对其影响不大，主要取决于配筋率。通过实验回归分析可以得到：

$$\dfrac{\rho \alpha_E}{\lambda \omega (x_{cr}/h_0)} = 0.2 + 6 \rho \alpha_E \quad (5-38)$$

对于双筋梁和"T"形、工型截面构件，式(5-38)的右侧改写为 $0.2 + 6\rho\alpha_E/(1+3.5\gamma_f)$，再取 $\eta = 0.87$，代入式(5-37)即为《混凝土结构设计规范(2015 年版)》(GB 50010—2010)给出的钢筋混凝土受弯构件的刚度计算公式，即式(5-20)。裂缝截面上的力臂系数 η 按照如上取值，是因为在使用阶段弯矩水平变化不大，裂缝发展相对稳定，其值一般在 0.83～0.93 范围内变化，配筋率越大其值越小，计算时近似地取其平均值即约为 0.87。

3. 受拉刚化效应修正法

在 CEB-FIP Model Code 1990 模式规范[2]中，混凝土构件的弯矩-曲率本构模型如图 5-6 所示。其中给出了 3 个基本刚度值，即混凝土拉区刚度开裂之前的刚度 B_1、混凝土受拉开裂并完全退出工作对应的刚度 B_2、受拉钢筋屈服后的刚度 B_3。

3 个刚度值的表达式如下：

$$\begin{cases} B_1 = \dfrac{M}{\phi_1} = EI_0 & M \leqslant M_{cr} \\ B_2 = \dfrac{M}{\phi_2} = EI_{cr} & M_{cr} < M < M_y \\ B_3 = \dfrac{M_u - M_y}{\phi_u - \phi_y} & M_y < M < M_u \end{cases} \quad (5-39)$$

式中：I_0 和 I_{cr} 按式(5-24)和式(5-28)计算。

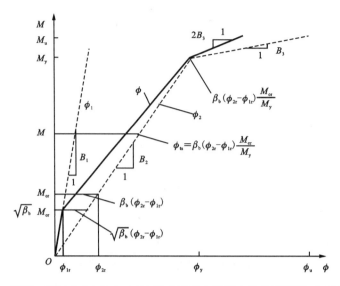

图 5-6 CEB-FIP Model Code 1990 模式规范中混凝土构件的弯矩-曲率本构模型

钢筋屈服弯矩 M_y 和极限弯矩 M_u 对应的曲率分别为：

$$\begin{cases} \phi_y = \dfrac{\varepsilon_y}{h_0 - x_y} \\ \phi_u = \dfrac{\varepsilon_c}{x_u} \end{cases} \tag{5-40}$$

考虑混凝土收缩徐变的影响、钢筋和混凝土黏结状况的差别，以及荷载性质的不同等因素，构件的可能开裂弯矩取为一小于计算开裂弯矩 M_{cr} 的值：

$$M = \sqrt{\beta_b} M_{cr} \tag{5-41}$$

式中：$\beta_b = \beta_1 \beta_2$。对于变形钢筋，$\beta_1 = 1.0$，表面钢筋 $\beta_1 = 0.5$；对于第一次加载 $\beta_2 = 0.8$，长期持续或重复加载 $\beta_2 = 0.5$。

构件截面的平均曲率，在混凝土受拉刚化效应的作用下，如图 5-6 所示，按弯矩值分为 3 段分别进行计算：

$$\begin{cases} \phi_1 = \dfrac{M}{EI_0} & M \leqslant \sqrt{\beta_b} M_{cr} \\ \phi_2 = \dfrac{M}{EI_{cr}} - \beta_b \left(\dfrac{M_{cr}}{EI_{cr}} - \dfrac{M_{cr}}{EI_0} \right) \dfrac{M_{cr}}{M} & \sqrt{\beta_b} M_{cr} < M < M_y \\ \phi_3 = \phi_y - \beta_b \left(\dfrac{M_{cr}}{EI_{cr}} - \dfrac{M_{cr}}{EI_0} \right) \dfrac{M_{cr}}{M_y} + \dfrac{1}{2} \dfrac{M - M_y}{M_u - M_y} (\phi_u - \phi_y) & M_y < M < M_u \end{cases} \tag{5-42}$$

5.2.3 变形计算方法

1. 一般计算方法

获得构件的截面弯曲-曲率关系或者截面平均刚度的变化后，就可以根据挠度与曲率或者挠度与弯矩、截面刚度的关系积分求得结构的变形。一般常用的简便计算方法为虚功原理。

需要计算的梁如图 5-7(a)所示,计算出梁在图示荷载作用下的内力及相应的变形如图 5-7(b)所示。在支承条件相同的虚梁上,在所需变形处施加单位荷载,例如,求挠度则施加单位集中力,求转角则施加单位力矩,如图 5-7(c)所示。

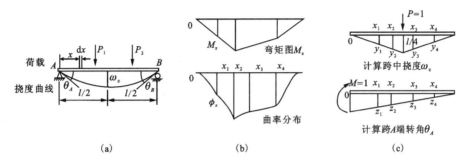

图 5-7 虚功原理计算变形
(a)梁受力变形示意图;(b)梁弯矩及曲率分布;(c)虚梁加单位荷载

根据虚功原理,梁上外力对实梁变形所做的功,等于虚梁内力对实梁上相应变形所做的功的总和,因此在计算跨中挠度 ω_c 时可以建立等式:

$$\omega_c = \sum \int \frac{\overline{M}M_p}{B} dx + \sum \int \frac{\overline{N}N_p}{EA} dx + \sum \int \frac{k\overline{V}V_p}{GA} dx \tag{5-43}$$

式中:M_p、N_p 和 V_p 为实梁的弯矩、轴力和剪力,$\overline{M}$、$\overline{N}$ 和 $\overline{V}$ 为相应的虚梁内力。将实梁的内力和刚度转化为相应的曲率 ϕ_p、应变 ε_p 和剪切角 γ_p,则上式可以写作:

$$\omega_c = \sum \int \overline{M}\phi_p dx + \sum \int \overline{N}\varepsilon_p dx + \sum \int \overline{V}\gamma_p dx \tag{5-44}$$

式(5-43)和式(5-44)中等号右侧的 3 项分别为由弯矩、轴力和剪力产生的构件挠度。轴压力一般会使截面曲率和构件挠度减小。构件开裂前,剪力产生的挠度很小,可以忽略。在梁端出现斜裂缝后,剪力增大了梁的跨中挠度,在极限状态时,很宽的斜裂缝产生的挠度可达总挠度的 30%。一般情况下,在构件的使用阶段,轴力和剪力产生的变形所占比例很小,可以忽略不计,所以式(5-43)和式(5-44)可以简化为:

$$\omega_c = \sum \int \frac{\overline{M}M_p}{B} dx = \sum \int \overline{M}\phi_p dx \tag{5-45}$$

2. 实用计算方法

工程中一般只需验证构件的变形是否符合规范的要求,可以采用更为简便的实用计算方法。荷载作用下,构件的截面弯矩沿轴线变化,截面的平均刚度或曲率相应地有更复杂的变化,这是准确地计算钢筋混凝土构件变形的主要困难。如果将简支梁的截面刚度取为常值,梁的曲率分布与弯矩图相似,再采用虚功原理计算梁的变形就要简单很多。此外,还可以直接通过手册查用等截面构件的弹性变形计算式,如均布荷载作用下简支梁中点挠度为:

$$\omega_c = \frac{5ql^4}{384B_{min}} \tag{5-46}$$

这一简化使得构件的计算变形值偏大,但一般不超过10%,简化计算时可采纳。

荷载长期作用下,混凝土收缩徐变等因素使得构件挠度增加,也可以采用简化方法进行计算。若构件在荷载长期作用下趋于稳定的挠度值为 ω_l,相同荷载即时产生的挠度为 ω_s,其比值称为长期荷载的挠度增大系数,即:

$$\theta = \frac{\omega_l}{\omega_s} \tag{5-47}$$

参照大量的试验结果,我国规范给出单筋矩形梁的 θ 值为 2.0;双筋截面,当 $\rho' = \rho$ 时 $[\rho' = A'_s/(bh_0), \rho = A_s/(bh_0)$,分别为受压钢筋率和受拉钢筋率],取 $\theta = 1.6$,当 ρ' 为中间值时,θ 按线性内插法取用。国外对钢筋混凝土构件进行长期荷载试验,得出了相近的试验结果。美国 ACI[3] 设计规范中对荷载持续作用超过 5 年的构件,其挠度和即时挠度的比值建议计算公式如下:

$$\theta = \frac{2.4}{1 + 50\rho'} \tag{5-48}$$

除了上述的使用计算方法外,一般设计规范中都给出了能够满足刚度需求、无须进行变形验算的构件最大跨高比或最小截面高度。

5.3 混凝土受剪构件的刚度与变形

混凝土构件受弯分析时,忽略了构件的剪切变形,是因为当构件为细长梁时,剪切变形不论是在未开裂状态还是已开裂状态时的剪切变形都很小,可以忽略不计。但是当构件长细比小于 $l/h = 12$ 时,由剪切变形在构件已开裂状态引起的挠度可为弯曲变形的 20%~30%,此时,再将其忽略就不合理了。本节将介绍混凝土受剪构件的变形计算方法。

5.3.1 未开裂状态的剪切变形

对于均质材料,构件的抗剪刚度可以采用剪切模量 G 求得。由于混凝土泊松比 μ 平均值为 0.2,则混凝土剪切模量 $G_c = E_c/2(1+\mu) = 0.42E_c$,于是构件的抗剪刚度为:

$$K_s^I = G_c A_s = 0.42 E_c A_s \tag{5-49}$$

式中:A_s 为受力相关的横截面面积,其值取决于梁的横截面形状以及剪应力的分布;当梁为矩形截面时,剪应力分布呈抛物线形;当为"T"形梁时,剪应力呈阶梯形。对于矩形截面,$A_s = 5/6 A_b$,其中 A_b 为混凝土构件的毛横截面面积;对于"T"形梁,一般近似取 $A_s = b_0 d_0$,即为梁腹的面积。

梁上取一长度为 dx 的微段,如图 5-8 所示,可根据剪切力求得该段的剪切角为:

$$\gamma = \frac{Q}{K_s^I} = \frac{Q}{G_c A_s} \tag{5-50}$$

所以,在长度 dx 上的垂直位移是:

$$dv = \gamma dx = \frac{Q}{K_s^I} dx \tag{5-51}$$

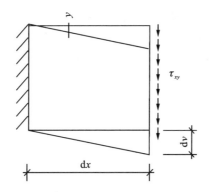

图 5-8 沿长度方向单元的剪切变形

于是,剪切变形在梁 x 处引起的挠度为:

$$\omega_{sx} = \int_0^x \frac{Q}{K_s^I} dx \tag{5-52}$$

由于边缘纤维的应变不变,梁由剪切变形引起的弯曲曲率也不变。

5.3.2 已开裂状态的剪切变形

当构件出现剪切裂缝后,采用弯曲分析的方法对均质截面进行剪切变形计算已不再适用,因为混凝土的泊松比对第二应力的方向已失去作用。采用剪切模量 G 来计算剪切刚度不再合适。此时的梁可以看作一个桁架,如图 5-9 所示,在弦杆之间由钢拉杆和混凝土压杆组成的承重结构体系往往很大程度上只承受轴向应力。因此,梁的剪切变形需用这些杆的纵向刚度 EA 值来进行计算。

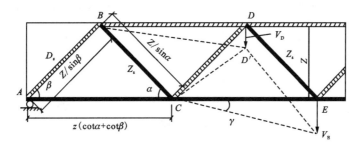

图 5-9 桁架计算模型

计算已开裂状态的剪切变形时,以桁架的分量来理解。剪切变形仅需通过计算桁架中弦杆之间的腹杆的变形得到。尽管实际桁架的腹杆较密,但为了简化,把静定桁架视为只有一根受拉腹杆,如图 5-9 所示。桁架高度为 Z;受拉腹杆 Z_s 长度为 $l_Z = Z/\sin\alpha$;受压腹杆 D_s 长度为 $l_D = Z/\sin\beta$。

当腹杆受力产生变形,受压腹杆 D_s 产生应变 ε_c,受拉腹杆 Z_s 产生应变 ε_s,可以计算得到受压腹杆和受拉腹杆的长度变化量分别为:

$$\begin{cases} \Delta l_D = \dfrac{\varepsilon_c Z}{\sin\beta} \\ \Delta l_Z = \dfrac{\varepsilon_s Z}{\sin\alpha} \end{cases} \quad (5-53)$$

因此,可以得到桁架节点 E 的竖直位移为:

$$\omega_E = \dfrac{\Delta l_D}{\sin\beta} + \dfrac{\Delta l_Z}{\sin\alpha} \quad (5-54)$$

将上式代入剪切角计算公式,可以得到:

$$\gamma = \dfrac{\omega_E}{Z(\cot\alpha + \cot\beta)} = \dfrac{\varepsilon_c}{\sin^2\beta(\cot\alpha + \cot\beta)} + \dfrac{\varepsilon_s}{\sin^2\alpha(\cot\alpha + \cot\beta)} \quad (5-55)$$

现在把腹杆力作为对角杆件 D_s 和 Z_s 的力来计算应变 ε_c 和 ε_s,如图 5-10 所示。

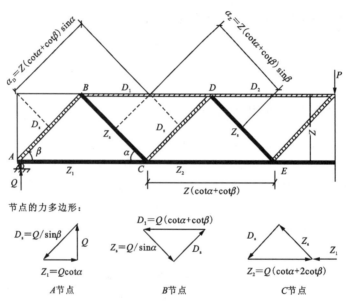

图 5-10 桁架的腹杆力计算图

由力的多边形可以得到:

$$D_s = \dfrac{Q}{\sin\beta} \quad (5-56)$$

在实际情况下,桁架的腹杆是较密的,因此可以假定作用于跨间相应长度 a_D 和腹杆 a_Z 上的杆件力是均匀分布的。这种杆件力的相互影响可由相应的节点间距 $Z(\cot\alpha + \cot\beta)$ 的倾角 α 和 β 求出。因此,按单位长度计算的杆件力为:

$$\begin{cases} D'_s = \dfrac{D_s}{a_D} = \dfrac{Q}{Z(\cot\alpha + \cot\beta)\sin^2\beta} \\ Z'_s = \dfrac{Z_s}{a_Z} = \dfrac{Q}{Z(\cot\alpha + \cot\beta)\sin^2\alpha} \end{cases} \quad (5-57)$$

令腹杆厚度为 b_0,则可以得到混凝土应变为:

$$\varepsilon_c = \dfrac{D'_s}{E_c b_0} = \dfrac{Q}{E_c b_0 Z} \dfrac{1}{(\cot\alpha + \cot\beta)\sin^2\beta} \quad (5-58)$$

令 A_{es} 为间距为 e_s 的斜箍筋或抗剪斜钢筋的截面面积,则可以得到钢筋的应变为:

$$\varepsilon_s = \frac{Z'_s e_s \sin\alpha}{E_s A_{es}} = \frac{Q e_s}{E_s A_{es} Z} \frac{1}{(\cot\alpha + \cot\beta)\sin\alpha} \tag{5-59}$$

引入抗剪配筋率 μ_s,其表达式为:

$$\mu_s = \frac{A_{es}}{e_s b_0 \sin\alpha} \tag{5-60}$$

则钢筋应变可以写为:

$$\varepsilon_s = \frac{Q}{E_s Z b_0} \frac{1}{\mu_s (\cot\alpha + \cot\beta)\sin^2\alpha} \tag{5-61}$$

将 ε_c 和 ε_s 代入式(5-55)可以得到剪切角表达式:

$$\gamma = \frac{Q}{Z b_0}\left[\frac{1}{E_c (\cot\alpha + \cot\beta)^2 \sin^4\beta} + \frac{1}{E_s \mu_s (\cot\alpha + \cot\beta)^2 \sin^4\alpha}\right] \tag{5-62}$$

如果把开裂后状态的剪切刚度定义成 $K = Q/\gamma$,则有:

$$K_s^{\mathrm{II}} = Z b_0 \frac{\mu_s E_c E_s \sin^4\alpha \sin^4\beta (\cot\alpha + \cot\beta)^2}{E_c \sin^4\beta + \mu_s E_s \sin^4\alpha} \tag{5-63}$$

该公式适用于在剪切裂缝之间的混凝土没有拉力作用,在剪切裂缝中没有颗粒啮合作用和纵向钢筋上没有销栓作用的构件,对平行弦杆的桁架,其弦杆不承受剪力。

5.4 混凝土受扭构件的刚度与变形

扭转是平面外力作用下结构或构件的一种受力形式。当竖向荷载的作用偏离构件轴线时,构件将绕轴线进行转动,若转动受到约束,将在构件中产生相应的扭矩,这种构件称为受扭构件,构件受扭时的破坏特征与受弯和受剪时完全不同,裂缝绕构件轴线呈螺旋状分布。对钢筋混凝土纯扭构件的扭转刚度,国内外学者已进行了大量的理论和实验研究,然而实际结构中的构件很少是纯扭构件,一般都是复合受扭。本节主要介绍构件开裂前和开裂后的抗扭刚度计算方法。

5.4.1 构件开裂前的抗扭刚度

构件开裂前的弹性纯扭刚度为:

$$K_{T0} = G_c I_{T0} \tag{5-64}$$

式中:G_c 为混凝土的剪切模量,$G_c = E_c/2(1+\mu)$;I_{T0} 为截面抗扭弹性惯性矩。

构件的纯扭刚度 K_T 比弹性纯扭刚度 K_{T0} 要小,两者的近似关系为:

$$K_T \approx 0.65 K_{T0} \tag{5-65}$$

大量实验研究都表明,轴压力、弯矩和剪力的存在对构件开裂前的扭转刚度的影响可忽略不计。故对钢筋混凝土压弯剪扭构件开裂前的扭转刚度,其计算方法可沿用纯扭刚度的计算方法。

5.4.2 构件开裂后的抗扭刚度

构件的纯扭实验表明,总体积配筋率在规定范围内且纵横钢筋配筋强度比在一定范围内的构件,在极限状态时,纵筋和箍筋一般均能屈服。钢筋屈服后,构件上的裂缝已充分发展,故可用图 5-11 所示的变角空间桁架来描述构件在这种状态下的特性。

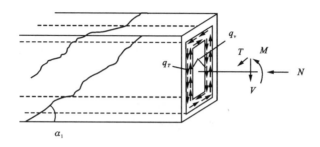

图 5-11 变角空间桁架模型

根据虚功原理:

$$\int \frac{R\overline{T}}{K''_T} dz = \int \frac{\sigma \overline{\sigma}_T}{E} dV \tag{5-66}$$

式中:K''_T 为构件的抗扭刚度;$\overline{\sigma}_T$ 为单位虚扭矩产生的应力;σ 为全部外力 P 产生的应力;dV 为在长度 dz 上杆件的体积。

对长度为 1 的杆件单元:

$$\frac{1}{K''_T} = \frac{\sum \sigma \overline{\sigma}_T V}{E} \tag{5-67}$$

假定空间桁架模型中各面纵筋、箍筋与混凝土斜压杆的合力作用线相互重合,而且剪力产生的剪力流只分布在两个竖直平面内,大小为 $q_V = V/2h_0$;扭矩产生的剪力流为 $q_T = T/2b_0h_0$。根据力的三角形,左、右、上、下侧面的混凝土斜压杆的应力分别为:

$$\begin{cases} \sigma_{cl} = \dfrac{T(1+Vb_0/T)}{b_0 h_0 t \sin 2\alpha_l} \\ \sigma_{cr} = \dfrac{T(1-Vb_0/T)}{b_0 h_0 t \sin 2\alpha_r} \\ \sigma_{ca} = \dfrac{T}{b_0 h_0 t \sin 2\alpha_a} \\ \sigma_{cb} = \dfrac{T}{b_0 h_0 t \sin 2\alpha_b} \end{cases} \tag{5-68}$$

式中:t 为变角空间桁架模型箱型截面的壁厚。

再根据平衡条件,可以得到左、右、上、下箍筋的应力分别为:

$$\begin{cases} \sigma_{svl} = \dfrac{T_s(1+Vb_0/T)}{2b_0 h_0 A_{sv} \cot\alpha_l} \\ \sigma_{svr} = \dfrac{T_s(1-Vb_0/T)}{2b_0 h_0 A_{sv} \cot\alpha_r} \\ \sigma_{sva} = \dfrac{T_s}{2b_0 h_0 A_{sv} \cot\alpha_a} \\ \sigma_{svb} = \dfrac{T_s}{2b_0 h_0 A_{sv} \cot\alpha_b} \end{cases} \tag{5-69}$$

考虑整个截面一般的弯矩平衡,分别对顶部和底部纵筋求矩,可得左侧底部、左侧顶部、右侧底部和右侧顶部 4 根纵筋的应力分别为:

$$\begin{cases} \sigma_{slb} = \dfrac{T}{A_s h_0}\left[\dfrac{M}{2T} + \dfrac{h_0}{4b_0}\left(1 + \dfrac{Vb_0}{T}\right)\cot\alpha_l + \dfrac{1}{4}\cot\alpha_b\right] \\ \sigma_{slt} = \dfrac{T}{A'_s h_0}\left[-\dfrac{M}{2T} + \dfrac{h_0}{4b_0}\left(1 + \dfrac{Vb_0}{T}\right)\cot\alpha_l + \dfrac{1}{4}\cot\alpha_a\right] \\ \sigma_{srb} = \dfrac{T}{A_s h_0}\left[\dfrac{M}{2T} + \dfrac{h_0}{4b_0}\left(1 - \dfrac{Vb_0}{T}\right)\cot\alpha_r + \dfrac{1}{4}\cot\alpha_b\right] \\ \sigma_{srt} = \dfrac{T}{A'_s h_0}\left[-\dfrac{M}{2T} + \dfrac{h_0}{4b_0}\left(1 - \dfrac{Vb_0}{T}\right)\cot\alpha_r + \dfrac{1}{4}\cot\alpha_a\right] \end{cases} \quad (5-70)$$

式中:A_s 和 A'_s 分别为底部和顶部截面各角筋面积。

在单位扭矩 $\overline{T}=1$ 作用下,各混凝土斜压杆的应力为:

$$\overline{\sigma}_{ci} = \dfrac{1}{b_0 h_0 t \sin 2\alpha_i}, \qquad i = l, r, a, b \quad (5-71)$$

左、右、上、下箍筋的应力分别为:

$$\overline{\sigma}_{svi} = \dfrac{1}{b_0 h_0 A_{sv} \cot\alpha_i}, \qquad i = l, r, a, b \quad (5-72)$$

相应的左侧底部、左侧顶部、右侧底部和右侧顶部 4 根纵筋的应力分别为:

$$\begin{cases} \overline{\sigma}_{slb} = \dfrac{h_0 \cot\alpha_l + b_0 \cot\alpha_b}{4 b_0 h_0 A_s} \\ \overline{\sigma}_{slt} = \dfrac{h_0 \cot\alpha_l + b_0 \cot\alpha_a}{4 b_0 h_0 A'_s} \\ \overline{\sigma}_{srb} = \dfrac{h_0 \cot\alpha_r + b_0 \cot\alpha_b}{4 b_0 h_0 A_s} \\ \overline{\sigma}_{srt} = \dfrac{h_0 \cot\alpha_r + b_0 \cot\alpha_a}{4 b_0 h_0 A'_s} \end{cases} \quad (5-73)$$

已知桁架各杆的应力后,根据应力应变关系不难得出构件单元长度各杆的变形。所得混凝土斜压杆、纵筋和箍筋的变形公式较为复杂,此处不再一一给出,但是可以知道,桁架内各杆件的变形与各面倾角的取值有很大关系。因此,确定各面的倾角是关键。而各面倾角与箍筋拉力和各面剪力流均有关。当各面箍筋均屈服时,各面倾角的余切与各面的剪力流成正比。近似地,有:

$$\cot\alpha_i = \sqrt{\dfrac{s(N_i + f_y A_{si})}{f_{yv} A_{si} h_i}}, \qquad i = l, r, a, b \quad (5-74)$$

式中:N_i 为第 i 面上所受的轴力;A_{si} 为第 i 面上的纵筋面积。

将 $\cot\alpha_i$ 代入构件单元长度各杆的变形公式,再代入式(5-67),可以计算得到构件的抗扭刚度 K''_T。可以知道,构件的扭转与纵筋和箍筋的配筋率、纵筋和横向钢筋配筋强度比、构件上作用荷载比例,以及截面尺寸都有关。构件开裂后,采用空间桁架模型来解释其抗扭工作性能,但是其忽略了核心混凝土对构件的约束作用,按照该模型计算得到的抗扭刚度较实际偏小。除了变角空间桁架模型外,还有软化桁架理论、斜弯理论等亦可用于计算受扭构件的刚度与变形。

思考题

5.1 混凝土构件的裂缝将影响结构的整体性、稳定性、耐久性和承载力,试分析不同裂缝的成因及处理方案,以保证建筑结构和构件安全、稳定工作。

5.2 当结构抗扭刚度不足时,采用什么方法可以方便快速地调整其抗扭刚度?增加结构构件的抗扭刚度是否为切实可行的方法?

参考文献

[1] 中华人民共和国住房和城乡建设部,中华人民共和国国家质量监督检验检疫总局. 混凝土结构设计规范(2015年版):GB 50010—2010[S]. 北京:中国建筑工业出版社,2011.

[2] The European Standard. CEB – FIB Model Code 1990 for concrete structures[S]. Lusanne:Federation International du Beton,2010.

[3] The American Standard. ACI 318 – 11 Building code requirements for structural concrete and commentary[S]. Farmington Hills,MI:American Concrete Institute,2011.

[4] SALIGAR R. High grade steel in reinforced concrete[C]//Berlin – Munich:Publication,2nd Congress of IABSE,1936.

[5] 四川省建筑科学研究所等. 钢筋混凝土轴心受拉构件裂缝宽度的计算:钢筋混凝土结构研究报告选集[M]. 北京:中国建筑工业出版社,1977.

[6] BASE G D,READ J B,BEEBY A W,et al. An investigation of the crack control, characteristics of various types of bar in reinforced concrete beams[R]. Research Report No. 18 Part I,Cement and Concrete Association,London:1966.

[7] BASE G D. Crack control in reinforced concrete – present position[C]// Syposium on Serviceability of Concrete,Melbourne,1975.

[8] BROMS B B. Crack width and spacing in reinforced concrete members[J]. ACI, 1965,62(10):1237 – 1256.

[9] BROMS B B,LUTZ L A. Effects of Arrangement of reinforcement on crack width and spacing of reinforced concrete members[J]. ACI,1965,62(11):1395 – 1410.

[10] BASE G D. Control of flexural cracking in reinforced concrete[J]. Civil Engineering Transactions,1972(69):212 – 216.

[11] ASCE. Specification for the design and construction of composite slabs[S]. New York:1984.

6 钢筋混凝土构件的抗震性能

知识目标：了解钢筋混凝土结构构件的抗震性能；掌握钢筋混凝土构件的恢复力模型；掌握钢筋混凝土结构的抗震设计原则，以及设计规范在混凝土结构抗震中的应用；了解钢筋混凝土结构抗震设计中的延性分析，掌握框架结构的延性分析方法。

能力目标：构建清晰的钢筋混凝土结构的抗震性能的基本概念体系，具备钢筋混凝土结构的抗震性能分析的能力。

学习重点：钢筋混凝土结构的抗震性能。

学习难点：钢筋混凝土结构的抗震延性设计与分析。

6.1 钢筋混凝土结构构件的抗震性能

相比于砌体结构，钢筋混凝土结构具有更好的抗震性能，因此钢筋混凝土框架结构已成为目前广泛应用的建筑结构形式之一。钢筋混凝土框架结构由多种构件组成，包括框架梁、框架柱、板、墙以及其他附属构件。在地震发生时，钢筋混凝土框架结构中的结构构件、非结构构件、场地和地基等可能会受到破坏。通常所说的结构构件破坏指的是框架柱、框架梁和梁柱节点的破坏，而非结构构件破坏主要是指填充墙及其他附属构件的破坏。

6.1.1 钢筋混凝土框架梁的抗震性能

在钢筋混凝土框架结构中，框架梁是重要的抗弯构件之一，而在地震发生后，由于框架梁端部受到较大的弯矩和剪力作用，并且往复地受到力的作用，框架梁的震害往往多发生在梁与柱连接的端部。一般来说，钢筋混凝土梁的破坏形式主要包括 2 种：正截面受弯破坏和斜截面受剪破坏。

1. 钢筋混凝土梁正截面受弯破坏

地震往复作用使梁端产生附加的正负弯矩，会在梁端产生竖向的裂缝，当梁的抗弯承载力不足时便发生正截面受弯破坏。钢筋混凝土梁的受弯破坏主要包含 3 种形式：适筋破坏，超筋破坏，少筋破坏。下面通过钢筋混凝土梁抗弯性能试验来说明几种破坏形式的原因及特点。图 6-1 为典型的钢筋混凝土受弯构件（梁）的抗震性能试验装置简图。图 6-2 为钢筋混凝土柱（悬臂梁）抗震性能试验装置简图。当柱的竖向荷载 N 为 0 时，即为悬臂梁。

钢筋混凝土梁在受弯作用下，其适筋破坏过程可以概括为 3 个阶段，如图 6-3 所示：第 Ⅰ 阶段为未开裂阶段，从开始加载到受拉区混凝土开裂；第 Ⅱ 阶段为裂缝发展阶段，从受拉

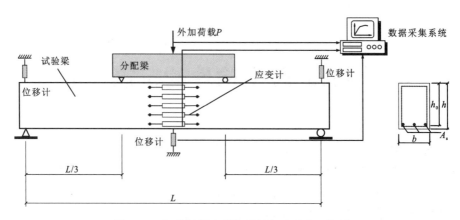

图 6-1 钢筋混凝土梁抗震性能试验装置简图

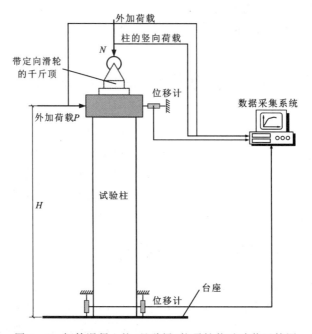

图 6-2 钢筋混凝土柱(悬臂梁)抗震性能试验装置简图

区混凝土开裂开始到受拉钢筋屈服;第Ⅲ阶段为破坏阶段,从受拉钢筋屈服开始到受压区混凝土被压碎。适筋破坏的特点是延性或塑性破坏,最终破坏状态为梁跨中上部受压区混凝土被压碎,下部出现明显的裂缝。

除了适筋破坏,钢筋混凝土梁还存在超筋破坏和少筋破坏。

钢筋混凝土梁在超筋状态下,其破坏特点表现为受拉区配筋过多,导致钢筋未达到屈服,同时受压区混凝土边缘压应变达到极限压应变而被压碎,属于受压破坏。在加载初期,钢筋混凝土裂缝和梁挠度较小,直至发生突然破坏,缺乏明显征兆。因此,钢筋混凝土梁超筋破坏也被认为是一种脆性破坏。

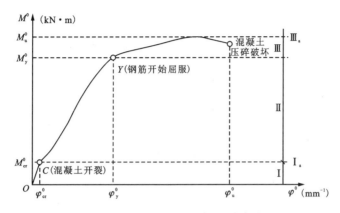

图 6-3　钢筋混凝土梁截面弯矩-曲率关系图

钢筋混凝土梁在少筋状态下，其破坏特点表现为受拉区配筋过少，导致混凝土发生开裂，从而使得钢筋承担全部拉力，钢筋应力瞬间激增，受拉钢筋很快进入屈服甚至强化阶段。梁上通常只出现一条裂缝并快速向上延伸，而受压区混凝土抗压强度未得到充分利用。最终导致梁发生脆性断裂，这就是钢筋混凝土梁少筋破坏的特点。

综上所述，钢筋混凝土梁在正截面受弯时，可能出现适筋破坏、超筋破坏和少筋破坏等3种不同类型的破坏。其中，适筋破坏属于塑性破坏，此时梁上的钢筋和混凝土能够充分利用，既能保证安全性，也能保证经济性，因此是正截面承载力极限状态验算的重要依据。而超筋破坏和少筋破坏均属于脆性破坏，既不安全，又不经济，因此在工程中应尽量避免采用超筋梁和少筋梁。

为了量化分析钢筋混凝土梁的抗震性能，同济大学进行了反复受弯试验[1]。试验结果显示，钢筋混凝土梁在钢筋屈服前的受弯滞回曲线基本呈"梭形"，而在钢筋屈服后，由于钢筋的包辛格效应和裂缝的张开闭合，滞回曲线会出现"捏拢"特性，刚度退化变得更加明显。滞回曲线的外包络线被称为骨架曲线（图 6-4 中粗实线），该曲线能够反映在往复加载过程中梁的强度和刚度的变化特征，从而定义各个性能点。由图 6-4 可以发现，该骨架曲线与适筋梁单调加载时的荷载-位移曲线基本相同。因此，可以推断出影响钢筋混凝土框架梁滞回特性的主要因素是纵向受力钢筋的配筋率。

2. 钢筋混凝土梁斜截面受剪破坏

由于钢筋混凝土梁抗剪承载力不足，无法承担强震作用所引起的附加剪力，梁端附近出现斜裂缝或交叉裂缝，最终发生斜截面受剪破坏。钢筋混凝土梁斜截面受剪破坏形态可以总结为以下3种：

(1) 斜拉破坏：当剪跨比较大（$\lambda > 3$）或配箍率较低时，梁在主拉应力作用下会出现斜裂缝，斜裂缝一旦出现梁就会发生破坏，具有显著脆性特征，其破坏形式类似于正截面承载力中的少筋梁。

(2) 斜压破坏：当剪跨比较小（$\lambda < 1$）或配箍率过高时，梁在主压应力作用下会使混凝土压碎，表现出脆性特征，但没有斜拉破坏明显，其破坏形式类似于正截面承载力中的超筋梁。

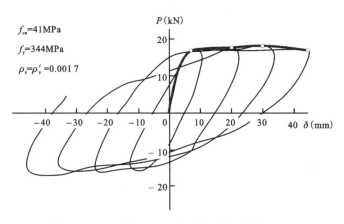

图 6-4　钢筋混凝土梁往复受弯滞回曲线

(3)剪压破坏。当剪跨比适中($1<\lambda<3$)或配箍率适中时,梁破坏是由梁中剪应力和压应力共同作用所致,属于脆性破坏,但其脆性特征不如斜拉破坏和斜压破坏明显。

图 6-5 为钢筋混凝土悬臂梁受剪破坏时的荷载-位移滞回曲线[1]。通过图 6-5 可以看出,当梁出现斜裂缝时,其发展过程需要经历裂缝的开展和闭合的往复过程,从而使得滞回图形逐渐由"梭形"转变为"弓形"或倒"S"形。在多次反复的加卸载过程中,存在一个相对位移较大但加载不需要太大力的阶段,此时斜裂缝会完全闭合并表现出相当大的位移,使得滞回环发生"捏缩"现象,梁的刚度急剧下降,这个阶段通常被称为"滑移段"。倒"S"形滞回曲线的出现表明斜裂缝经历了大量滑移,导致梁的耗能能力大幅下降,无法与"梭形"滞回曲线相比。试验表明,适量增加箍筋的用量可以改善梁的抗剪性能,但过多的箍筋可能导致斜压破坏的发生,进而使得梁的耗能能力变得更差。因此,在加固梁时需要权衡箍筋用量,以确保梁的性能得到提升且不引发其他问题。

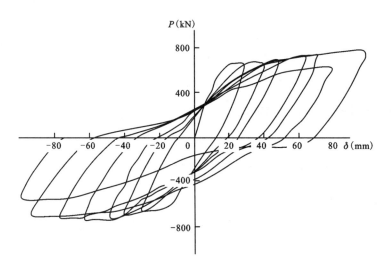

图 6-5　钢筋混凝土悬臂梁受弯剪时的滞回曲线

6.1.2 钢筋混凝土柱的抗震性能

框架柱是钢筋混凝土框架结构的主要竖向承重构件,同时也是抵抗水平地震力的重要构件。框架柱的破坏对钢筋混凝土框架结构的抗震性能有着至关重要的影响。研究表明,在大量的震害调查中,框架柱的震害往往比框架梁更为严重,这是因为框架柱承担了整个建筑结构的竖向荷载,一旦崩溃,就更容易引起整个结构的倒塌。因此,在钢筋混凝土框架结构的抗震设计中,要求"强柱弱梁,强剪弱弯"。框架柱通常承受较大的竖向荷载,在高轴压比的情况下,其抗震性能更差。因此,轴压比的设计问题是柱设计中非常重要的因素。国内外的设计规范都对轴压比有着严格的规定。为了研究钢筋混凝土框架柱的抗震性能,一般会采用图 6-2 所示的试验装置进行试验研究。

由大量框架柱加载试验结果可知,框架柱的破坏形态主要包括弯曲破坏、剪切破坏和黏结开裂破坏。剪跨比、轴压比、纵向钢筋配筋率及其屈服强度、配箍率、混凝土等级、混凝土保护层厚度、加载方式等对框架柱的破坏形态具有较大的影响[2]。

1. 弯曲破坏

弯曲破坏类似于压弯构件的大小偏心受压破坏,即受拉纵筋屈服后受压区混凝土被压碎,一般为延性破坏,受压区混凝土被压溃则为脆性破坏。

发生弯曲破坏的主要条件如下:

(1)剪跨比 λ 一般为 3~4 及以上;

(2)当 $2<\lambda\leqslant 3$ 时,若纵向受拉钢筋配筋率 ρ 较低或配箍率 ρ_{sv} 较高,也可能发生弯曲破坏;

(3)当 $1<\lambda\leqslant 2$ 时,若轴压比 n 较大,也可能发生类似于小偏心受压的脆性破坏。

弯曲破坏的特点在于,当试件的轴压比 n 较小时,具有良好的延性和耗能特性,滞回曲线呈稳定的"梭形",破坏过程相对缓慢,也就是所谓的延性破坏。但是当轴压比 n 较大时,其延性会变得较差,破坏带有突然性,也就是所谓的脆性破坏。此时可以通过采用提高配箍率、采用复合箍筋或螺旋箍筋等措施来约束混凝土,以达到适当提高延性的目的。图 6-6 展示了以上两类破坏的滞回曲线。

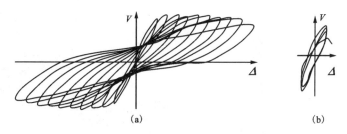

图 6-6 钢筋混凝土柱弯曲破坏的滞回曲线
(a)延性破坏;(b)脆性破坏

2. 剪切破坏

轴压比是影响钢筋混凝土框架柱剪切破坏的主要因素。根据轴压比的不同,剪切破坏

可分为以下几种情况:

(1)轴压比 n 较小($n<0.6$)时,破坏通常沿着斜裂缝发生,纵向受拉钢筋一般未屈服,而箍筋则可能屈服或拉断。箍筋是否屈服取决于配箍率、箍筋屈服强度及箍筋在斜裂缝中的位置等因素。试验表明,这种剪切破坏较为突然,延性较差。

(2)轴压比 n 较大($0.6<n<0.75$)时,一般会在距端部约1倍截面高度处出现一条或数条短细且较陡的腹剪斜裂缝,随后它们会很快形成一条主斜裂缝带。在这种情况下,箍筋会屈服,受压区混凝土也会被压碎,同时受压纵筋也会屈服。主斜裂缝带两侧混凝土块体之间还可能发生相对滑移。试件的强度在达到最大值后会急剧下降并破坏。这种剪切破坏被称为压剪破坏,是一种斜向压溃破坏。

(3)当轴压比 n 较大($n>0.75$)时,首先在框架柱的中高部附近会出现竖向细微裂缝。随着水平力的增大,柱中部混凝土保护层逐渐脱落,纵向钢筋会屈服,强度下降,核心区混凝土被压碎。试件在柱中部沿近45°斜向急剧滑移而破坏。这种破坏首先由混凝土压溃而致,因此称为高压剪破坏。上述压剪破坏和高压剪破坏由于轴力的影响较大,破坏过程均极为迅速,故其延性也很小。试验结果表明,产生剪切破坏的主要条件为:①当剪跨比 $\lambda \leqslant 1.0$ 时,基本上为剪切破坏;②当剪跨比 $\lambda > 1.0$ 时,若配箍率 ρ_{sv} 不足,也可能产生剪切破坏。

3. 黏结开裂破坏

钢筋混凝土框架柱的黏结开裂破坏通常从柱端部开始出现弯剪裂缝,然后在距离柱端约1个截面高度处的纵向钢筋附近的混凝土上出现第一条黏结开裂裂缝。随着荷载增加,该裂缝沿整个柱高逐渐发展,形成"X"形的交叉裂缝,并逐渐形成一条主裂缝。当荷载达到最大值后,荷载下降速度较快。最后,混凝土保护层沿主裂缝剥落,剥落面根据纵向钢筋数量及排列方式的不同,可能整片剥落或角部剥落。当水平荷载达到最大值时,若纵向受拉钢筋应力低于其屈服强度,则此种破坏称为黏结开裂前的弯曲破坏。若纵向钢筋已受拉屈服,则称为黏结开裂后的弯曲破坏。这两种破坏在强度及延性方面均有所不同。黏结开裂破坏的特点是破坏过程缓慢,达到最大荷载后,构件刚度迅速下降,延性较小。裂缝扩展及破坏示意图见图6-7,滞回曲线见图6-8。

图6-7 混凝土柱裂缝扩展及破坏示意图

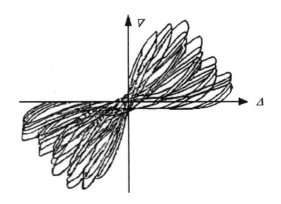

图6-8 混凝土柱黏结开裂破坏时滞回曲线

当轴压比 n 较大时,柱子会发生压溃黏结开裂破坏。这种破坏模式的特点是,在达到最大荷载之前就会出现黏结开裂裂缝,而在最大荷载后,这些裂缝会沿着柱子的高度逐渐扩展,导致柱端的混凝土压酥剥落,最终导致柱中部的混凝土保护层剥落,从而引起整个柱子的破坏。这种破坏的特点是突然发生,延性小。图 6-9 展示了这种破坏的裂缝扩展和破坏图,而滞回曲线则在图 6-10 中显示。

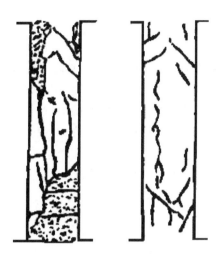
图 6-9 混凝土柱裂缝扩展及破坏图

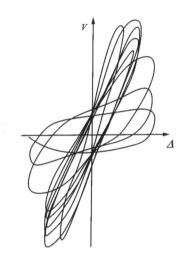
图 6-10 混凝土柱黏结开裂破坏时滞回曲线

根据试验,发生黏结开裂破坏的主要条件为:

(1) λ 在 1.5~2.0 范围内,当 $n<0.6$ 时,产生黏结开裂破坏的可能性较大;当 $n>0.6$ 时,则可能产生压溃黏结开裂破坏;当 $\lambda>2$ 时,也有可能发生黏结型破坏。

(2) 当 $\rho>1.0\%$,钢筋根数较少且直径较大时。

(3) 当混凝土标号较低、混凝土保护层厚度较小时。

6.1.3 钢筋混凝土梁柱节点的抗震性能

在钢筋混凝土框架结构中,梁柱节点是极其关键的结构部位,也是抗震设计中的重要焦点。节点不仅承受并分配框架梁和框架柱传递来的弯矩、剪力和轴力,还可能承受由框架梁和柱偏心引起的扭矩。因此,在地震作用下,节点受力状态极其复杂。为保障整个结构的安全性、完整性和稳定性,必须确保节点核心区域具备足够的承载能力和变形能力,以免因节点承载力不足或变形过度而引起破坏。

根据钢筋混凝土框架结构中梁柱节点所处位置的不同,《混凝土结构设计规范(2015 年版)》(GB 50010—2010)将平面框架结构的梁柱节点分为中间层中节点("十"字形)、中间层边节点("⊣"形)、顶层中节点("⊤"形)、顶层端节点("⌐"形),如图 6-11 所示。除此之外,针对空间框架结构,框架梁柱节点又可分为带有两端直交梁的节点、带有一端直交梁的节点、不带直交梁的节点,以空间框架结构边节点为例,如图 6-12 所示[3]。

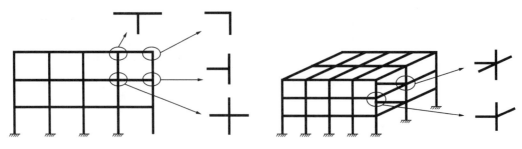

图 6-11 节点根据所处位置的分类　　　图 6-12 节点根据是否带有直交梁的分类

根据梁柱节点试验研究[4]的结果,相对于不带直交梁的平面框架梁柱节点,带有直交梁的空间框架梁柱节点的抗剪承载能力有一定程度的提高。这主要是因为直交梁对节点区域起到了一定的约束作用,从而提高了节点的抗震承载力。但是,由于空间框架的形状复杂,试验装置需要花费大量的财力和物力,在实际的框架梁柱节点抗震性能试验研究中,目前大部分研究都倾向于平面框架的节点[3]。

目前,关于钢筋混凝土框架梁柱节点的抗震性能研究主要是通过节点往复加载(拟静力)试验研究,常用的试验装置如图 6-13 所示,加载制度如图 6-14 所示[3]。

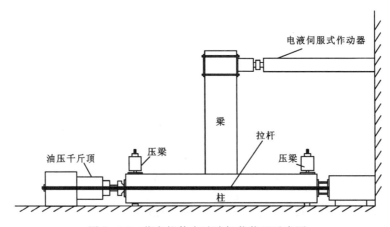

图 6-13 节点拟静力试验加载装置示意图

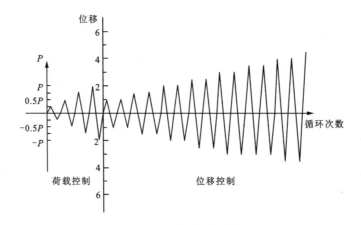

图 6-14 试验加载制度

框架梁柱节点在外部荷载作用下,所承受的力较为复杂。主要包括柱子传来的弯矩、剪力和轴向压力,以及梁传递来的剪力和弯矩组合。图 6-15 给出了这些力的作用示意图[5]。理解这些受力效应的分配和传递途径,以及节点的破坏类型,对于提出合理的理论假设和计算模型十分关键,这也是节点受力机理的研究内容。

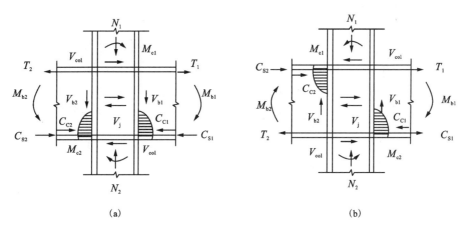

图 6-15 常规节点的受力情况
(a)竖向荷载作用下内力;(b)水平荷载作用下内力

框架节点在外荷载作用下通常经历 4 个阶段[6]:

①初裂阶段:当框架节点首次发生裂缝时,即为初裂阶段。此时节点核心区混凝土和钢筋处于弹性状态,钢筋的水平应力和应变较小,主要由核心区混凝土承担剪力。

②通裂阶段:在初裂阶段后,随着试件不断往复循环加载,节点核心区混凝土会产生多条交叉斜裂缝,将核心区分割成许多菱形块。随着荷载的继续增加,这些斜裂缝逐渐形成一条主斜裂缝,其裂缝宽度为 0.30~0.50mm,此时称为通裂阶段。

③极限阶段:在通裂阶段后,随着荷载的不断增加,节点核心区混凝土的裂缝宽度继续增大,试件的挠度也随之增加,核心区混凝土剪切变形急剧增加,节点核心区混凝土保护层逐渐脱落,构件承载能力达到极限值,此时进入极限阶段。此阶段节点区域水平箍筋大部分进入屈服状态。

④破损阶段:在极限阶段后,节点核心区混凝土逐渐剥落,节点发生严重变形,垂直剪力钢筋也进入屈服阶段,节点的承载能力显著下降。

目前,钢筋混凝土框架节点受力机理受到普遍认同的有以下 3 种。

(1)斜压杆机理。斜压杆机理适用于承载能力较低的框架梁柱节点,当地震作用下框架梁柱首先发生破坏,而节点核心区未受到严重损伤时,该机理常常发挥作用。当节点核心区的配箍率较低时,核心区混凝土主要承担节点的承载力。在荷载作用下,节点核心区开始受力,尽管核心区没有开裂,但内部已经存在斜压杆。随着核心区的开裂,交叉斜裂缝可能会出现,混凝土会形成斜压杆机制,该机制主要承担节点核心区的剪力。最终混凝土会破坏,导致节点核心区达到极限承载力。图 6-16 为斜压杆机理受力示意图。

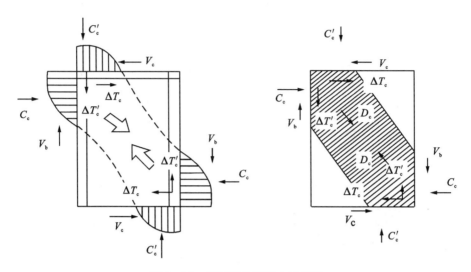

图 6-16 斜压杆机理受力示意图

依据斜压杆机理,钢筋混凝土框架结构梁柱节点核心区的水平抗剪强度可取混凝土斜压杆极限抗压强度的水平分量 V_j,其公式为:

$$V_j = 0.8 f_c a b_c \cos\theta \tag{6-1}$$

式中:V_j 为节点核心区水平抗剪强度;b_c 为框架柱截面宽度;θ 为斜压杆轴线和水平面之间的夹角;f_c 为节点核心区混凝土抗压强度设计值;a 为斜压杆等效宽度,取 $a = 0.3\sqrt{(h_{b0}-a_{s'})^2+(h_{c0}-a_{s'})^2}$,$h_{b0}$、$h_{c0}$ 为梁、柱截面的有效高度,$a_{s'}$ 为受压区钢筋合力作用点到受压区边缘的距离。

(2)剪摩擦机理。另一种受力机理是剪摩擦机理,适用于节点核心区混凝土易受到剪切破坏的情况。在地震荷载作用下,核心区混凝土会出现对角线方向的临界裂缝,将其分为两部分。随后,裂缝间的水平箍筋因受拉力而屈服,两部分混凝土之间出现滑动摩擦。因此,节点的抗剪能力由两个因素决定:一是裂缝间水平箍筋所承担的剪力,二是因裂缝产生的两部分混凝土之间的相互摩擦力。这两个因素组成的摩擦力就是节点的抗剪能力,被称为剪摩擦机理。图 6-17 展示了剪摩擦机理的力平衡关系示意图。

根据剪摩擦机理,混凝土承担的剪力(V_c)和箍筋承担的剪力(V_s)之和形成了节点核心区的抗剪强度(V_j),其公式为:

$$\begin{aligned} V_j &= V_c + V_s \\ &= 0.7\left(N + \frac{\sum M_b}{h_{c0}-a_{s'}}\right)\cos^2\theta + f_y \frac{A_{sh}}{s}(h_{b0}-a_{s'}) \end{aligned} \tag{6-2}$$

式中:0.7 为摩擦系数;N 为柱轴向力;h_{c0} 为柱截面有效高度;h_{b0} 为梁截面有效高度;M_b 为临近节点梁端弯矩;A_{sh} 为单支箍筋截面面积;s 为箍筋间距;f_y 为钢筋屈服强度。

(3)桁架机理。当节点核心区配有足够的水平箍筋和纵向受力钢筋时,钢筋笼的形成对核心区混凝土有约束作用。在地震往复荷载作用下,节点区域将承受较大的剪力,导致核心区混凝土分割成平行于对角线的剪切斜裂缝。斜压杆机制逐渐减弱,被桁架机制所取代。在桁架机制中,水平拉力和垂直拉力分别由水平箍筋和纵向钢筋及框架柱轴力承担,斜向压

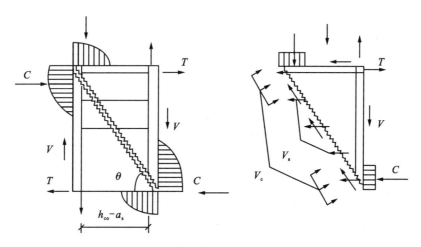

图 6-17 剪摩擦机理受力示意图

应力由斜裂缝之间的混凝土承担,逐渐形成桁架机理。图 6-18 展示了桁架机理的受力示意图。

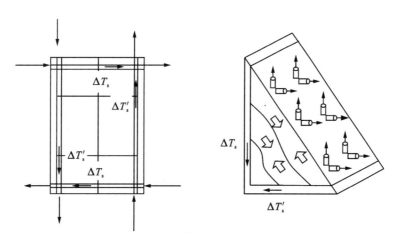

图 6-18 桁架机理受力示意图

根据图 6-18 所示,依据桁架机理,按照力的平衡条件可得:

$$\Delta T_s = V_{sh} = \sum a_{sh} f_{yh} \tag{6-3}$$

$$\Delta T'_s = V_{sv} = \sum a_{sv} f_{yv} \tag{6-4}$$

式中:a_{sh}、a_{sv} 为单排水平钢筋、纵向钢筋的截面面积;f_{yh}、f_{yv} 为水平钢筋、纵向钢筋的屈服强度。

目前,在钢筋混凝土框架梁柱节点受力机理方面,斜压杆机理、剪摩擦机理和桁架机理已经被广泛认可。除此之外,在特定环境和试验下,还有其他受力机理被应用于节点分析。由于各国专家的研究思路和重点不同,不同的节点受力机理被用于不同的破坏类型和设计规范,有的单独使用,有的则是综合应用,例如新西兰的节点设计基于斜压杆机理和桁架机理的综合。随着时间的推移,节点研究越来越成熟,人们相信最终会发展出一个统一且简单的节点力学模型,能够直观地反映节点受力情况,并为未来的节点抗震性能研究提供巨大的推动作用。

6.1.4 钢筋混凝土剪力墙的抗震性能

钢筋混凝土剪力墙是建筑结构中的重要抗侧力构件之一,具有抗侧刚度大、承载能力高等特点,因此在当前多层建筑中得到广泛应用。基于剪力墙,可以构成多种不同的结构形式,如剪力墙结构、框架-剪力墙结构、板柱-剪力墙结构、框架-核心筒结构、筒体结构、巨型结构等[7]。根据墙肢高宽比(H/W)的不同,钢筋混凝土剪力墙可分为高剪力墙($H/W>2.0$)、中高剪力墙($1.5<H/W\leqslant2.0$)和低矮剪力墙($H/W<1.5$)3种类型。目前研究表明,钢筋混凝土剪力墙在地震作用下存在3种典型的破坏形式,即弯曲破坏、剪切破坏和滑移破坏,如图6-19所示[8]。其中,弯曲破坏和剪切破坏是剪力墙主要的破坏形式,在实际震害中占据重要地位,其破坏形式主要受到剪跨比λ的影响。

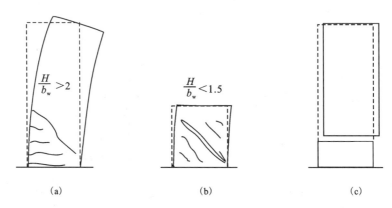

图6-19 剪力墙典型破坏形式
(a)弯曲破坏;(b)剪切破坏;(c)滑移破坏

(1)对于剪跨比λ大于2的高剪力墙,其破坏形态一般为弯曲破坏,具有较好的变形能力,如图6-19(a)所示。在地震作用下,高轴压力会使底层剪力墙混凝土受压侧发生压溃和纵筋屈服,失去周围混凝土支撑作用的纵筋在往复荷载下容易断裂,墙体轴向承载力快速下降,从而发生压弯控制的脆性破坏[9~11]。

(2)对于剪跨比λ小于1.5的低矮剪力墙,其典型的破坏形式为剪切破坏,如图6-19(b)所示。在水平位移角较低时,墙体发生剪切破坏,表现为斜向的剪切裂缝和在轴力共同作用下的钢筋屈服和混凝土剥落,呈现出脆性破坏特征,其塑性变形或延性系数难以满足地震区内构件的抗震性能要求。

(3)滑移破坏一般是由端部纵筋配置过少导致的,在实际工程中因为有最小配筋率的要求,较少发生。

近年来,在震害分析和试验研究中发现,剪力墙结构在地震作用下也可能存在受拉的情况,即可能存在拉弯或拉剪耦合受力的不利状态[12]。剪力墙轴向受拉的原因一般包括两个方面:①当联肢剪力墙耦合比过大时,在水平地震作用下,连梁提供的竖向剪力之和超过墙承担的重力荷载,致使剪力墙一侧受拉[13];②当核心筒或高宽比较大的剪力墙结构在水平地震作用下产生较大的倾覆力矩时,底部外侧剪力墙体的拉力大于承担的重力荷载,墙体受拉[13,14]。

近年来,学术界和工程界广泛关注钢筋混凝土剪力墙受拉抗震性能的研究。表6-1列出了现有的钢筋混凝土剪力墙结构拉弯剪试验研究。这些试验研究试件的剪跨比 λ 在0.875~1.5之间,属于中低剪跨比范畴,主要研究了钢筋混凝土剪力墙的抗剪、抗拉-弯曲-剪切受力性能。研究发现,不同轴向拉力水平下剪力墙出现了剪切破坏、弯曲-剪切破坏、剪切-滑移破坏和滑移破坏,轴拉力会显著降低剪力墙抗侧能力和刚度,例如,当墙体竖向钢筋平均拉应力比 n_s=0.63 时,剪力墙主要表现为剪切-滑移破坏,试件的承载力约为无轴拉试件的50%,等效抗侧刚度仅为弹性抗侧刚度计算值的10%。因此,边缘构件纵筋和竖向分布钢筋可以提高剪力墙的抗剪承载力。总之,钢筋混凝土剪力墙在地震作用下可能会承受拉力,而轴向拉力会显著降低剪力墙的抗侧能力和刚度。钢筋混凝土剪力墙的抗剪承载力可以通过增加边缘构件纵筋和竖向分布钢筋来提高。

表6-1 钢筋混凝土剪力墙结构拉弯剪试验

文献	试件数量	剪跨比	竖向钢筋平均拉应力比	研究参数	破坏模式
王铁成,等	5	1.450	0.00~0.26	轴拉力、斜向钢筋	剪切破坏
任重翠,等	11	1.500	0.00~0.79	轴拉力、边缘钢筋	剪切破坏、滑移破坏
姚正钦,等	4	0.875	0.42~0.89	轴拉力、竖向分布钢筋	剪切破坏、弯曲-剪切破坏
纪晓东,等	6	1.100	0.00~1.00	轴拉力	剪切破坏、剪切-滑移破坏、滑移破坏
纪晓东,等	4	1.500	0.20~0.80	轴拉力	剪切破坏、弯曲-剪切破坏、弯曲破坏
聂鑫,等	4	1.100	0.00~0.50	轴拉力	剪切破坏

6.2 钢筋混凝土构件的恢复力模型

恢复力是指结构或构件在受到外界干扰而发生变形后,企图恢复原有状态的能力[15]。在结构弹塑性地震反应分析中,恢复力模型是结构构件的抗震性能的具体体现,是通过大量试验研究,将获得恢复力与变形之间的关系曲线经过适当抽象和简化而得到的数学模型[16]。学术界通常将恢复力与变形之间的关系曲线称为恢复力曲线,它反映了构件的强度、刚度和延性等力学特征,是分析结构抗震性能的重要依据[15]。在静力非线性分析中,恢复力模型一般为力与变形关系的骨架曲线的数学模型。而在结构动力非线性时程分析中,恢复力模型不仅包含骨架曲线,还包括各变形阶段滞回关系的数学模型。

对于钢筋混凝土结构,恢复力模型通常可以分为两个层次:基于材料的恢复力模型,主要用于描述钢筋及混凝土的应力-应变滞回关系,它是钢筋混凝土构件恢复力模型计算的基础;基于构件截面的恢复力模型,主要用于描述构件截面的 M-ϕ(弯矩-曲率)滞回关系或构件的 P-Δ(力-位移)滞回关系。

6.2.1 基于材料的恢复力模型

1. 钢筋应力-应变滞回关系

在 1887 年,德国学者 Bauschinger 利用钢材的拉压试验发现,当钢材在一个方向上加载超过其弹性极限后,对其进行反向加载时的弹性极限将显著降低。这种现象被称为"包辛格效应",如图 6-20 所示。钢材的包辛格效应是一个非常复杂的问题,尽管目前一般认为这种现象可以从晶体位错理念得到解释,但即使经过 100 余年的时间,材料及工程界对包辛格效应仍未完全理解。

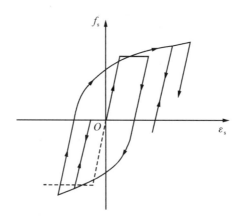

图 6-20 包辛格效应的反向加载钢材的应力应变曲线

Ramberg 和 Osgood 在 1943 年[17]首次提出了钢材三参数应力-应变关系曲线,即著名的 Ramberg-Osgood 恢复力模型,其理论模型公式如下:

$$\varepsilon_t = \frac{\sigma}{E} + K\left(\frac{\sigma}{E}\right)^n \tag{6-5}$$

式中:ε_t 为总应变,即包含弹性和塑形应变;σ 为总应力;E 为材料的杨氏模量;K 为材料非线性模量;n 为材料应变硬化指数。

在 20 世纪 60 年代,钢筋混凝土结构中钢筋的包辛格效应被提出,并被认为对构件的滞回性能有影响。为了更好地描述钢筋混凝土结构的弹塑性行为,许多学者开展了钢筋应力-应变滞回特性的研究,并提出了许多考虑钢筋硬化和包辛格效应的应力-应变滞回模型。其中，Penizen[18]在1962年提出了一种适用于钢材的双线性(Bi-linear)恢复力模型，该模型考虑了钢材的包辛格效应和应变硬化。由于其简单实用，这一模型被广泛用于钢筋混凝土结构的弹塑性分析。Singh 等[19]在1965年指出，钢筋的包辛格效应将会影响钢筋混凝土构件塑性阶段的滞回性能。此后，许多学者开展了钢筋应力-应变滞回特性的研究，并提出了许多考虑钢筋硬化和包辛格效应的应力-应变滞回模型，应用于钢筋混凝土构件恢复力模型的计算中。

Menegotto 和 Pinto 于1973年提出了一个反复荷载作用下钢筋的滞回本构模型，即 Menegotto-Pinto 模型。然而，该模型不能模拟各向同性的钢筋应变硬化特性，因此1983年 Filippou 对该模型进行了修正。修正后的模型计算效率较高，便于使用，且与钢筋的反复加载结果较为吻合，应用较为广泛。Seckin 于1981年建立了一个反复荷载作用下钢筋滞回本构模型，即 Seckin 模型。该模型能够较好地描述反复荷载作用下钢筋的力学特征，是一个精度较高的模型。然而，该模型较为复杂，应用到建筑结构非线性地震反应分析时效率较低。为了简化分析，许多学者将钢筋本构模型中的曲线简化为折线，并提出了一些简化模型。在这些简化模型中，双线性随动强化模型由于计算效率较高，又能抓住钢筋在反复荷载作用下的主要力学特征，应用较为广泛。

2. 混凝土应力-应变滞回关系

混凝土应力-应变滞回关系是混凝土结构抗震研究中的一个基本课题。由于混凝土主要承受压力，在反复荷载作用下，混凝土的应力-应变滞回关系的研究成为重点。在1964年，Sinha 等人通过对素混凝土材料的低应变速率重复加载全过程试验，提出了单轴压力下素混凝土的应力-应变滞回关系数学模型。该模型采用与单调受压相同的应力-应变关系曲线作为骨架曲线，再加载与卸载轨迹分别采用直线和双折线形式，并提出了应力-应变关系唯一性的假设。1980年，朱伯龙等对混凝土在反复荷载作用下的应力-应变滞回关系进行了研究，提出了考虑混凝土裂面效应的混凝土应力-应变滞回关系的数学模型。该模型除给出混凝土受压区卸载、再加载曲线方程外，还能够考虑混凝土受拉开裂后重新受压的裂面效应，是一个比较全面的模型。1981—1982年，过镇海、张秀琴通过试验研究对混凝土在反复荷载作用下的应力-应变滞回关系进行了系统研究，提出了曲线形式的混凝土应力-应变滞回关系的数学模型。

在实际工程中，混凝土一般都受到箍筋的约束。因此，许多研究者对约束混凝土本构关系进行了大量的试验研究，提出了许多应力-应变滞回关系曲线数学模型。其中，Baker(1964)、Roy 和 Sozen(1964)、Soliman(1967)、Iyengar 等(1970)、Kent 和 Park(1971)的研究成果较有影响力。

综上所述，混凝土的应力-应变滞回关系是钢筋混凝土结构抗震研究中的一个重要课题。通过不断地研究和试验，能够更好地了解混凝土的性能，并且为实际工程提供更可靠的基础。

6.2.2 基于构件截面的恢复力模型

虽然基于材料的恢复力模型可以更好地考虑轴力和弯矩的共同影响，但是其计算过程较为烦琐、复杂。因此,对于主要以弯曲破坏为主,轴力变化不大或轴力影响可以预测的问题,通常采用基于构件截面的恢复力模型。这类模型通常是对试验得到的截面弯矩-曲率关系进行简化,该模型隐含考虑了钢筋滑移、塑性内力重分布等因素,计算过程也相对简单,因此得到了广泛的应用。

国外对普通钢筋混凝土构件恢复力模型的研究可以追溯到 20 世纪 60 年代,且较多是由前面介绍的金属恢复力模型发展而来,如 Ramberg – Osgood 模型、Penizen 提出的双线性模型等。根据曲线形状,钢筋混凝土构件截面恢复力模型可以分为曲线型和折线型。其中曲线型模型精度较高,但其数学模型复杂,因此应用较为有限,而折线型模型则计算工作量小,精度能够满足工程要求,因此在工程计算中使用广泛。

(1) 曲线型模型。曲线型模型能够较好地描述钢筋混凝土截面刚度的连续变化情况,计算精度高,但其数学模型非常复杂,所以工程上应用较少[20]。这类模型中较早提出的适合于钢材的 Ramberg – Osgood 模型,如图 6 – 21 所示。Ramberg – Osgood 模型中设定骨架曲线为:

$$\frac{\phi}{\phi_y} = \frac{M}{M_y}\left(1 + \left|\frac{M}{M_y}\right|^{\alpha_r - 1}\right) \tag{6-6}$$

从 M_0/M_y,ϕ_0/ϕ_y 开始的 $A - B$ 曲线为:

$$\frac{\phi - \phi_0}{2\phi_y} = \frac{M - M_0}{2M_y}\left(1 + \left|\frac{M}{M_y}\right|^{\alpha_r - 1}\right) \tag{6-7}$$

式中:M_y、ϕ_y 为屈服弯矩及其响应的曲率;α_r 为确定骨架曲线的经验系数,模拟钢材时取值范围为 5~10,模拟钢筋混凝土时可取 3~7。

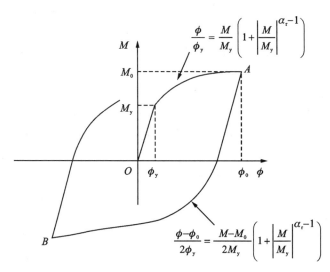

图 6 – 21 Ramberg – Osgood 模型

(2) 折线型模型。虽然折线型模型的精度不如曲线型模型的高,但这种模型的计算工作量小,精度能够达到工程要求,便于应用,因而工程计算中普遍使用这种模型。折线型模型可以分为双线型模型、三线型模型、四线型模型等。钢筋混凝土构件截面的双线性模型或者退化的双线性模型是 Penizen 等双线性模型演化而来。双线型模型认为卸载刚度和初始加载刚度相同,而退化双线性模型则认为钢筋混凝土由于损伤,其卸载刚度要低于初始加载刚度,如图 6-22 所示,这时可定义卸载刚度为:

$$K_r = K_y \left| \frac{\phi_m}{\phi_y} \right|^{-a_k} \tag{6-8}$$

式中:α_k 为卸载刚度降低系数,对于钢筋混凝土构件可取为 0.4。

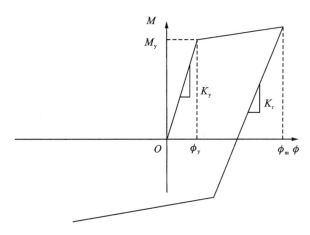

图 6-22 双线型恢复力模型

传统的双线型模型在描述钢筋混凝土结构的弯矩-曲率关系时存在较大的差别,因为它忽略了材料损伤的影响,并且在正向和反向加载过程中假定材料的刚度相同。为了更好地描述实际钢筋混凝土结构的力学性能,Clough 提出了一种改进的模型。

Clough 恢复力模型可以将反向加载曲线指向历史最大变形点(图 6-23),并考虑卸载刚度的退化恢复力模型,从而更准确地描述钢筋混凝土构件的弯矩-曲率滞回关系。该模型概念简单,数学模型易于理解和应用,因此得到了广泛的应用。

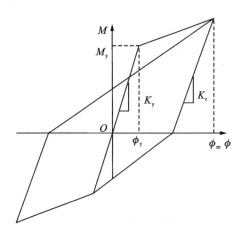

图 6-23 Clough 恢复力模型

需要指出的是，尽管 Clough 模型能够更好地描述实际钢筋混凝土结构的力学性能，但它仍然是一种简化模型，适用范围有限。在实际工程中，需要根据具体情况选择适合的力学模型，以确保分析结果的准确性和可靠性。

为了考虑钢筋混凝土构件在受弯过程中经历的开裂、屈服和破坏 3 个重要阶段，Takeda 等于 1970 年对 Clough 模型进行了改进，并提出了基于开裂点和屈服点为折线交点的三线型模型。这个模型的关键在于使用两个折线来描述开裂和屈服阶段，并使用一条水平线来描述破坏阶段。图 6-24 为三线型恢复力模型示意图。在这个模型中，开裂点和屈服点是通过试验获得的，并用来确定两条折线的位置和斜率。开裂点是通过观察钢筋混凝土构件在弯曲过程中的裂缝出现而确定的，而屈服点则是通过材料试验得到的应力-应变曲线的拐点。此外，卸载刚度 K_r 是描述钢筋混凝土构件在卸载阶段的刚度，可以表示如下：

$$K_r = \frac{M_c + M_y}{\phi_c + \phi_y} \left| \frac{\phi_m}{\phi_y} \right|^{-\alpha_k} \tag{6-9}$$

为了考虑混凝土在破坏后的软化现象，一些学者提出了具有软化段的四线型模型，如图 6-25 所示。但需要注意的是，当四线型模型进入软化段后，截面刚度为负值，这可能导致变形和损伤集中的现象。这样的截面行为不仅与截面所受的荷载和变形有关，还与单元尺寸的大小，即截面所代表的积分区域大小有关。因此，在模拟软化行为时，需要考虑这些问题。为了更准确地描述混凝土破坏后的行为，需要进一步研究和分析这些因素。

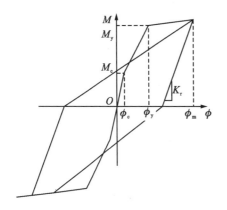 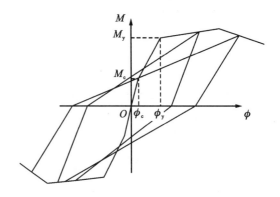

图 6-24　三线型恢复力模型　　　　图 6-25　四线型恢复力模型

折线型模型是常用的一种材料退化模型，主要包括 4 种类型。然而，随着研究的深入，学者们对这些模型进行了多种修正和补充。例如，Clough(1965) 和 Johnston(1966) 分别提出了两种基于双线型模型的退化模型[21]。Takeda 等人(1970) 在实验基础上提出了更为复杂的退化三线型模型。Aoyama(1971) 建立了考虑捏缩效应和强度退化的三线型模型。Muto(1973) 提出了基于刚度退化的三线型模型。Nakata(1978) 则提出了考虑捏缩效应、强度退化和刚度退化的曲线型模型等。国内外学者提出的曲线型模型和折线型模型的代表性例子如表 6-2 所示。

表 6-2　钢筋混凝土恢复力模型汇总[20]

恢复力模型	骨架线型	刚度退化	强度退化	捏缩效应
Clough(1966)	双线型	否	否	否
Aoyama(1971)	三线型	否	是	是
Tani 等(1973)	双线型	是	否	否
Park 等(1984)	曲线型	是	否	否
Takyanagi(1977)	三线型	是	是	是
Atalay 等(1975)	曲线型	是	否	否
Roufaiel 和 Meyer(1987)	三线型	是	是	是
Filippou 和 Issa(1987)	三线型	否	否	否
Wang 和 Shah(1987)	双线型	是	是	否
Hisada(1962)	三线型	否	是	否
Mork(1994)	三线型	是	是	是
Park 等(1987)	三线型	是	是	是
Li and Ye(1995)	三线型	是	是	是
Fukuda(1969)	三线型	是	否	否
Kustu 等(1975)	三线型	否	否	是
Kakeda 等(1970)	三线型	是	否	否
Iawn(1973)	三线型	否	否	否
Muto 等(1973)	三线型	是	否	否
Nakata 等(1978)	曲线型	是	是	是
Chang,Meyer 和 Sinozuka(1987)	双线型	是	是	是
SINA(Saiidi 和 Sozen,1979)	三线型	是	否	否
Q-HYST(Saiidi 和 Sozen,1979)	双线型	是	否	否
Anderson 和 Townsend(1977)	双线型	是	否	否

6.3　钢筋混凝土构件的抗震延性设计与分析

6.3.1　结构延性的概念

延性是指构件或结构在超过弹性极限后仍具有承载力不降低或基本不降低且具备足够的塑性变形能力。延性比反映塑性变形能力的大小，而塑性变形可以消耗地震能量。根据

《建筑抗震设计规范》(GB 50011—2010)的要求,一个抗震结构需要具备足够的抵抗力和保持足够的延性,才能实现三水准设防,即"小震不坏、中震可修、大震不倒"。具体来说,延性通常包括材料延性、截面曲率延性、构件位移延性和结构位移延性等方面[11]。当构件或结构在受力超过弹性阶段后,其承载力无显著变化时,它被视为具有足够的后期变形能力,也就是能经受非弹性变形能力。如果构件或结构在受力超过弹性阶段后立即破坏,则表明其延性较差,属于脆性材料。

在结构的抗震设计中,延性是评价抗震性能的一个重要度量指标。地震作用下,结构或构件进入屈服后的弹塑性变形能力较大,则延性好,破坏时会发生延性破坏,安全性能较高。构件的延性可以用延性系数 μ 来反映,延性系数是构件达到破坏时的位移 Δ_u 和屈服位移 Δ_y 的比值,见公式:

$$\mu = \frac{\Delta_u}{\Delta_y} \tag{6-10}$$

混凝土结构或构件的破坏可分为脆性破坏和延性破坏两种类型。脆性破坏是指构件达到最大承载力后突然丧失承载能力而发生的破坏。延性破坏是指构件在承载力没有显著降低的情况下,经历很长的非线性变形后所发生的破坏。图 6-26 为钢筋混凝土构件的受力-变形曲线。脆性破坏有明显的尖锋,构件达到最大承载力后曲线突然下跌;延性破坏在构件达到最大承载力后,能够经受很大变形,而承载力没有明显降低曲线,有较长的平台段。

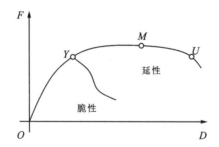

图 6-26 钢筋混凝土构件的受力-变形曲线

6.3.2 钢筋混凝土框架结构的延性抗震设计

延性设计是一种通过利用建筑物结构及构件本身的延性耗能能力来抵抗地震作用的设计方法。这种设计在结构允许出现塑性铰的部位进行专门的延性设计,以确保建筑能够满足更大的地震需求并避免发生灾难性破坏。此外,延性设计还可以使基于多遇水准地震作用的设计更加可靠。为了确保建筑物的安全性和稳定性,在建筑设计和施工中必须充分考虑延性设计的原则。

在我国现有的高层建筑中,钢筋混凝土框架结构是目前最为常用的结构形式之一。这种结构具备足够的强度、优异的延性和较强的整体性,因此在地震设防地区得到广泛应用。当地震烈度超过抗震设防烈度时,在罕遇地震作用下,框架结构会进入塑性屈服阶段,此时结构构件已无承载力储备。为了抵御地震作用,结构只能依靠塑性变形来吸收和消耗地震能量,以保护建筑的稳定性和安全性。因此,充分考虑框架结构的延性特性是确保地震期间建筑不受损害的重要措施[23]。从一定意义上来说,结构的抗震本质是由其延性特点所决定的。通常情况下,用延性比来衡量结构或构件在屈服后承载能力不下降的能力,以及具备塑性变形的能力。这种延性特性可以帮助建筑在地震发生时吸收和分散地震的能量,从而确保建筑在地震中的稳定性和安全性。因此,在设计和建造建筑时,充分考虑并发挥结构的延性特性是一项至关重要的任务。

延性设计是一项针对延性结构在钢筋混凝土建筑中所起到的作用并与结构本身的承载能力同等重要的研究。特别是在地震灾害频发的区域,加强建筑物的抗震能力显得更加迫切。为了确保人员生命安全,在设计钢筋混凝土建筑时,应充分考虑延性设计的原则,以最大限度地减少其脆性材料的损坏,增强其塑性特征,提高其吸收和消耗地震能量的能力。此外,在工程中为了有效避免钢筋混凝土框架结构梁、柱、节点的剪切破坏,规范提出了"强柱弱梁""强剪弱弯"和"强节点弱构件"的概念要求,这些设计原则可以合理控制结构的破坏机制和破坏形态,提高其变形能力和稳定性,从而增强结构的抗震能力。因此,在建筑设计和施工中,应充分考虑这些设计概念的应用,以确保建筑在地震中的稳定性和安全性。

1. 强柱弱梁的设计

大量的震害案例表明,框架结构底层柱和薄弱层柱的破坏会引起整个结构的崩溃,因此合理控制结构中塑性铰的位置是提高框架结构抗震能力的关键。在框架结构设计中,如果形成梁铰机构,则可以使塑性铰分布较为均匀,并且梁铰机构的延性要求相对容易实现。然而,如果形成柱铰机构,则整个结构容易产生机动性,导致结构倒塌,因此应避免其出现。在框架结构的设计过程中,必须遵循"强柱弱梁"的原则,以确保结构的延性。这样一来,在设计荷载下,同一节点上柱端截面抗弯承载力之和大于梁端截面抗弯承载力之和,同时也可确保框架结构中柱的抗弯承载力储备充足。将塑性铰放置在梁端,可以有效减少柱端屈服的可能性,从而增强构件的延性,吸收更多的地震能量。如图6-27所示,塑性铰的出现可以显著提高框架结构的抗震能力。

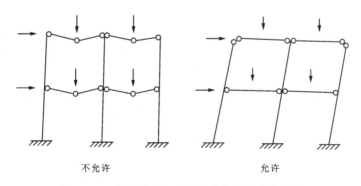

图6-27 钢筋混凝土框架结构塑性铰分布位置

由上述分析可知,把抗震结构设计成"强柱弱梁"型具有以下综合考虑:
(1)当塑性铰放置在梁的两端时,地震作用不容易形成破坏机构,且梁部的塑性铰数量较多,耗能能力更强。如图6-28(a)所示,这种情况下只要柱脚处没有出现塑性铰,整个结构就不会形成机构。

(2)如果塑性铰分布在柱的两端,当地震来袭时,结构容易遭受破坏甚至倒塌。例如,图6-28(b)所示的薄弱层,尽管该层塑性铰的数量并不多,但该层依然形成了机构,地震作用和结构变形都集中在该薄弱层,$P-\Delta$效应增大,从而导致楼层可能倾斜或倒塌。

因此,在工程师进行抗震结构设计时,必须将框架结构设计成"强柱弱梁"型,以确保塑性铰位于梁的两端,并加强梁的抗震能力,从而减少薄弱层的出现。这样一来,结构在地震中形成破坏机构的可能性也会大大降低,从而提高整个建筑物的抗震能力和稳定性。

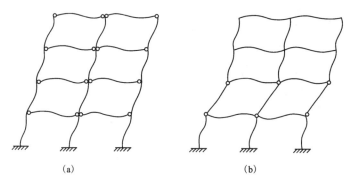

图6-28 "梁铰"和"柱铰"
(a)"梁铰";(b)"柱铰"

(3)柱是主要受压构件且一般情况下压力值较大,在此情况下,钢筋混凝土柱很难呈现出延性良好的性能。但梁是主要受弯构件,容易设计成塑性变形能力较好的结构。

在钢筋混凝土结构中,柱一般是主要承受压力的构件,其在工作过程中所承受的压力较大,因此比起梁来说,在地震等特殊情况下很难呈现出良好的延性性能。然而,相比之下,梁作为主要受弯构件,更容易被设计成具备优良塑性变形能力的结构。通过合理的设计和施工,可以提高梁的塑性变形能力,进而有效地吸收和消耗地震时产生的能量,同时减少对其他构件的影响。

为了很好地实现梁铰机制,《建筑抗震设计规范》(GB 50011—2010)规定,除框架顶层、柱轴压比n小于0.15以及框支梁柱的节点外,框架柱端组合弯矩设计值应符合下式要求:

$$\sum M_c = \eta_c \sum M_b \tag{6-11}$$

一级框架结构和抗震设防烈度为9度的一级框架可不符合上式要求,但应符合下式要求:

$$\sum M_c = 1.2 \sum M_{bua} \tag{6-12}$$

式中:$\sum M_c$为节点上下柱端截面组合弯矩设计值之和,上下柱端弯矩设计值可按弹性分析分配;$\sum M_b$为节点左右梁端截面组合弯矩设计值之和,一级框架节点左右梁端均为负弯矩时,绝对值较小的弯矩应取0;$\sum M_{bua}$为节点左右梁端截面按纵向受拉钢筋实际配筋面积(考虑受压筋和相关楼板钢筋)和材料强度标准值计算的抗震受弯承载力所对应的弯矩值之和；η_c 为框架柱端弯矩增大系数，对于框架结构，抗震等级一、二、三、四级分别取 1.7、1.5、1.3、1.2。

一、二、三级的框架柱和框支柱组合的剪力设计值应按下式调整：

$$V_c = \eta_{vc} \frac{M_c^b + M_c^t}{H_n} \tag{6-13}$$

一级框架结构及抗震设防烈度为 9 度的一级框架可不按上式调整，但应符合下式要求：

$$V_c = 1.2 \frac{M_{cua}^b + M_{cua}^t}{H_n} \tag{6-14}$$

式中：M_c^t、M_c^b 分别为柱的上下端顺时针或逆时针方向截面组合的弯矩设计值；H_n 为柱的净高；η_{vc} 为柱剪力增大系数，对框架结构，一、二、三、四级可分别取 1.5、1.3、1.2、1.1，对其他结构类型的框架，一级可取 1.4，二级可取 1.2，三级可取 1.1；M_{cua}^t、M_{cua}^b 分别为偏心受压柱的上下端顺时针或逆时针方向实配的正截面抗震受弯承载力所对应的弯矩值，根据实配钢筋面积、材料强度标准值和轴压力等确定。

为了确保建筑结构的安全性，需要延缓底层柱出现塑性铰的时间。为此，需要确保建筑结构具备足够的延性，并增强底层柱的受弯承载力。具体做法是在一、二、三、四级框架结构的底层柱下端截面组合的弯矩设计值上分别乘增大系数 1.7、1.5、1.3 和 1.2。需要注意的是，底层柱是指无地下室的基础以上，或者地下室以上的首层。这样的设计措施可以有效提高建筑结构的安全性，保护人民群众生命财产安全。

2. 强剪弱弯的设计

钢筋混凝土框架结构的剪切破坏属于脆性破坏，剪切破坏时耗能低、延性差。因此，在设计结构抗震能力时，通常采用"强剪弱弯"的设计原则。这样做的好处是可以确保梁、柱在地震力作用下产生弯曲破坏而不发生剪切破坏，提高结构的耗能能力和延性。

梁的剪切破坏指的是在剪切承载能力不足的情况下，构件出现剪切裂缝并沿着裂缝发生剪切破坏，这种破坏缺乏延性，抗震性能不佳。为了避免构件出现剪切脆性破坏，设计中常采用"强剪弱弯"的原则，即使得构件截面的抗剪能力大于其抗弯能力。如图 6-29 所示，根据规范，抗震等级为一至三级的梁两端的剪力设计值 V_b 可按下式确定：

$$V_b = \eta_{vb} \frac{M_b^l + M_b^r}{l_n} + V_{Gb} \tag{6-15}$$

一级框架结构及抗震设防烈度为 9 度的一级框架梁、连梁可不按上式确定，但应符合下式要求：

$$V_b = 1.1 \frac{M_{bua}^l + M_{bua}^r}{l_n} + V_{Gb} \tag{6-16}$$

式中：l_n 为梁的净跨；V_{Gb} 为梁在重力荷载代表值作用下，按简支梁分析的梁端截面剪力设计值；M_b^l、M_b^r 分别为梁左、右端截面逆时针或顺时针方向组合的弯矩设计值，一级框架两端弯矩均为负弯矩时，绝对值较小的弯矩应取零；M_{bua}^l、M_{bua}^r 分别为梁左、右端截面逆时针或顺时针方向实配的正截面抗震受弯承载力所对应的弯矩值，根据实配钢筋面积（计入受压筋和相关楼板钢筋）和材料强度标准值确定；η_{vb} 为梁端的剪力扩大系数，一、二、三级的抗震级别分别取 1.3、1.2、1.1。

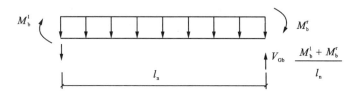

图 6-29 钢筋混凝土梁受力图

在建筑框架梁设计中,需要注意梁的两端可以出现塑性铰,但跨中则不行。因此,设计师应注重控制梁两端的"强剪弱弯"。即使在"强柱弱梁"抗震设计理念下,柱子也很可能出现部分塑性铰,因此同样需要采取强剪弱弯的设计思路。这可以通过加大柱剪力设计值来提高抗剪能力而实现。简言之,在设计中应注重结构的强剪弱弯,以保证建筑的安全。

剪力墙在地震发生时主要变形形式是剪切变形,因此,其设计要注意强剪弱弯原则。此设计原则要求在塑性铰的区域,墙肢不发生剪切破坏,这需要在构件截面屈服前验算出截面的抗剪能力。此外,墙肢还会出现斜裂缝,因此在塑性铰的位置,应该采用更加严格的剪压比控制和适当增加分布钢筋数量,以保证剪力墙不过早失去承载能力。在设计中,应使截面的抗剪能力大于抗弯能力,因此,在一、二、三级抗震设计中,剪力墙底部加强部位的剪力设计值需要根据式(6-17)进行调整,而对于四级抗震设计则无须调整,即:

$$V_w = \eta_{vw} V_{wb} \tag{6-17}$$

9 度的一级可不按上式调整,但应符合下式要求:

$$V_w = 1.1 \frac{M_{wua}}{M_w} V_{wb} \tag{6-18}$$

式中:V_w 为抗震墙底部加强部位截面组合的剪力设计值;V_{wb} 为抗震墙底部加强部位截面组合的剪力计算值;M_{wua} 为抗震墙底部截面按实配纵向钢筋面积、材料强度标准值和轴力等计算的抗震受弯承载力所对应的弯矩值,有翼墙时应计入墙两侧各一倍翼墙厚度范围内的纵向钢筋;M_w 为抗震墙底部截面组合的弯矩设计值;η_{vw} 为抗震墙剪力增大系数,一级可取 1.6,二级可取 1.4,三级可取 1.2。

钢筋混凝土结构的梁、柱、抗震墙和连梁,其截面组合的剪力设计值应符合下列要求:跨高比大于 2.5 的梁、连梁及剪跨比不大于 2 的柱和抗震墙:

$$V = \frac{1}{\gamma_{RE}}(0.20 f_c b h_0) \tag{6-19}$$

跨高比不大于 2.5 的连梁、剪跨比不大于 2 的柱和抗震墙、部分框支抗震墙结构的框支柱和框支梁,以及落地抗震墙的底部加强部位:

$$V = \frac{1}{\gamma_{RE}}(0.15 f_c b h_0) \tag{6-20}$$

剪跨比应按下式计算:

$$\lambda = \frac{M_c}{V_c h_0} \tag{6-21}$$

式中:λ 为剪跨比,应按柱端或墙端截面组合的弯矩计算值 M_c、对应的截面组合剪力计算值 V_c 及截面有效高度 h_0 确定,并取上下端计算结果的较大值,反弯点位于柱高中部的框架柱可按柱净高与 2 倍柱截面高度之比计算;V 为调整后的梁端、柱端或墙端截面组合的剪力设计值;f_c为混凝土轴心抗压强度设计值;b为梁、柱截面宽度或抗震墙墙肢截面宽度,圆形截面柱可按面积相等的方形截面柱计算;h_0为截面有效高度,抗震墙可取墙肢长度。

3. 强节点弱构件的设计

在地震影响下,梁柱核心区的应力状况变得更加复杂,主要需要承受剪力和压力。核心区可能遭受两种破坏形式,一是剪压损坏,二是黏结锚固损坏。若核心区的钢筋混凝土抗剪能力不足,在剪压力作用下容易产生斜裂缝,如图6-30所示。在地震作用下,核心区的钢筋混凝土容易出现交错的斜裂缝,导致混凝土破碎,并使钢筋受压弯曲呈现"灯笼"状。此外,强烈的地震作用往往会导致核心区混凝土与受力钢筋的黏结破坏,进而增加梁端的曲率和挠度。因此,在核心区的抗震设计中,设计原则是强化节点和加强锚固。

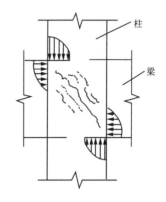

图6-30 节点核心区破坏形态

强节点是指在节点区域的剪力承载能力超过汇聚于此节点的梁端弯曲承载力所产生的剪力。通常情况下,当梁两端的钢筋尚未屈服,节点区域不易发生剪切破坏。因此,梁端的剪力设计值应取梁端弯矩极限承载力产生的剪力。在我国工程结构抗震设计中,为简化计算,常常用弯矩设计值替代弯曲承载力。设计者可以通过增加核心区箍筋密度和提高混凝土等级等手段,防止节点核心区发生剪切破坏。

梁上部钢筋需要保持连续并穿越中间支座,以避免在支座位置产生纵筋黏结锚固损坏。梁底部纵筋可以在梁支座割断并定位在支座区,同时需要满足相应规范的锚固长度要求。若边、角节点的钢筋布置过密,以致影响混凝土浇筑质量,可以在节点处将梁端延长,使纵筋弯折段避开核心区,以便于混凝土浇筑。如图6-31所示。

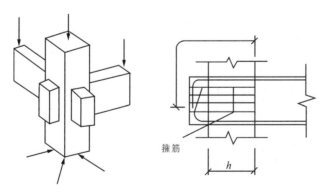

图6-31 梁柱节点锚固形式

6.3.3 钢筋混凝土框架结构的延性设计方法

地震灾害暴露出建筑物在设计上采用弹性原则的局限性。尽管结构在遭受超过设计抗震能力的地震时,并非立即失去承载力,但这仍引发了学者对非弹性变形能力的深入研究和讨论。然而,地震的随机性和不确定性使得分析非弹性变形过程极具挑战,在设计阶段,只能依靠相应的构造策略来确保结构的延性,这就涉及所谓的延性设计理念。此外,在研究结构可靠性时发现,小型地震出现的概率相对较大,而大型地震的发生概率则相对较小。因此,需要将结构在地震作用下的重现期防护目标与抗震目标相结合,综合考量[24]。

反应谱法是一种计算结构在地震作用下的承载能力的方法。它通过基于结构的加速度来评估地震作用,并将承载力作为控制目标。在遭遇强烈的地震作用时,结构会从弹性阶段进入弹塑性工作阶段。但是,结构的破坏不是由地震的瞬时作用引起的,而是取决于结构的变形能力。因此,单纯以承载力为目标的抗震设计往往无法正确预估结构的抗震能力。在抗震设计中,需要考虑结构的延性,以确保结构具备充分的非弹性变形能力。

结构或构件需要保证在承受冲击载荷时,能够吸收更大的能量并带有一定的变形,同时结构不会被破坏。因此,对于抗震设防的要求,一个结构的抗震性能取决于该结构可以吸收能量的大小,即结构的变形能力和承载能力。此时,延性良好的结构将表现出更优越的承载性能,因为它可以在弹塑性变形状态下进行充分的内力重分布,同时对特殊荷载具有较强的适应能力。在目前的抗震设计中,延性也是一个非常关键的指标,因为结构的延性好坏关系其抗震等级和能否承受地震灾害。为保证结构的安全性和可靠性,在设计过程中应充分考虑结构或构件的延性要求,并根据相关理论和实践经验进行分析和评估。

延性抗震设计是构筑物抗震设计的一个关键指标,它与构筑物在屈服后能够承受多大的变形有关。为了确定延性抗震设计的要求,需要考虑构筑物结构及其节点之间的关系,确定各个构件的变形需求。延性抗震设计需要确保结构在地震作用下能够产生弹性变形和弹塑性变形,并根据横向位移与层间位移的比例要求构件能够具有足够的延性。因此,在进行框架结构及构件的设计时,需要考虑构件的变形程度以及层间位移角度。在地震作用下,结构会出现两种变形,即弹性变形和弹塑性变形,这种变形需要对结构的层间位移进行分解:

$$\delta_u = \delta_y + (\delta_b^p + \delta_c^p + \delta_s^p) \tag{6-22}$$

式中:δ_y 为结构弹性侧位移;δ_b^p、δ_c^p、δ_s^p 分别为梁柱的塑性侧移,节点处钢筋滑移与侧移。

框架结构侧移系数与构件变形关系:

$$\ln \chi = 0.05\mu(1+\eta^2) - 3.0(\eta-1) \tag{6-23}$$

式中:χ 为塑性变形分布因子,$\chi = \delta_c^p/\delta_b^p$;$\mu$ 为延性系数,$\mu = \delta_u/\delta_y$;η 为强柱系数,$\eta = \sum M_c / \sum M_b$。

梁柱的塑性侧位移为:

$$\delta_b^p = (1-\alpha_{js})\delta_P/(1+\chi) \tag{6-24}$$

$$\delta_c^p = \chi(1-\alpha_{js})\delta_P/(1+\chi) \tag{6-25}$$

梁柱目标侧位移角 θ_b^u、θ_c^u 为:

$$\theta_b^u = \delta_b^u/h = (\delta_b^y + \delta_b^p)/h \tag{6-26}$$

$$\theta_c^u = \delta_c^u/h = (\delta_c^y + \delta_c^p)/h \tag{6-27}$$

式中:$\delta_b^y = 2\delta_y/(2+k)$;$\delta_c^y = 2\delta_y/(2+k)$。

其中,k 为梁柱线刚度比,即框架结构节点两侧梁平均线刚度与柱线刚度比值。框架节

点屈服侧移角为:

$$\theta_y = 0.5\varepsilon_y(l_b/h_b) \quad (6-28)$$

式中:ε_y 为钢筋的屈服应变;l_b、h_b 为框架梁净跨度及截面高度。

柱以弯曲变形为主,变形能力取决于柱的轴压比及配箍率,对钢筋混凝土柱进行配筋计算:

$$\lambda_{sv} = \left(\frac{200 - 1/\theta_c^u}{100}\right)\left(\frac{1 + 10n}{40}\right)\sqrt{A_g/A_\omega} \quad (6-29)$$

式中:λ_{sv} 为柱的配箍特征值,$\lambda_{sv} = \rho_{sv}f_y/f_c$;$\rho_{sv}$ 为体积配箍率;n 为柱轴压比;A_g、A_ω 分别为柱的全截面面积、混凝土核心区域面积。

对于跨高比较大的框架梁:

$$\varepsilon_{cu} = \phi_u\varepsilon_u h_{bo} = \varepsilon_u\left\{\frac{\theta_b^u h_{bo}}{l_p} + 1.7\varepsilon_{sy}\left[1 - \frac{1}{3}(l_b/h_{bo})\frac{h_{bo}}{l_p}\right]\right\} \quad (6-30)$$

$$\lambda_{sv} = (1000\varepsilon_{cu} - 2.3)/39.6 \quad (6-31)$$

式中:λ_{sv} 为梁配箍特征值;ε_{cu} 为混凝土极限压应变;ε_u 为混凝土极限应变;ε_{sy} 为钢筋屈服应变;l_p 为梁的等效塑性铰长度;l_b、h_{bo} 分别为梁的跨长、梁截面的有效高度;l_h/h_{bo} 为梁跨高比。

6.3.4 钢筋混凝土结构构件的延性分析

1. 截面曲率延性系数

通常,非弹性结构的变形主要源自塑性铰区的转动。因此,可以将单位长度上截面的转动(曲率)和产生转动的弯矩联系起来。受弯构件的延性能量,也就是变形能量,可以用弯矩-曲率关系曲线下所包含的面积来度量。从图 6-32(b)(c)所示的钢筋混凝土梁在受拉破坏时的单筋截面的理想化 M-ϕ 关系模型可以看出,在钢筋屈服后,大多数变形能被吸收。因此,截面曲率延性系数是用于度量材料抵抗变形的能力,这对于构建可靠且具有足够延性的结构至关重要。

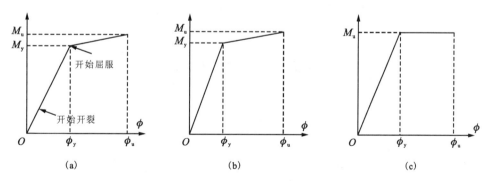

图 6-32 受拉破坏的单筋截面的理想化弯矩-曲率模型

钢筋混凝土构件的延性可以用曲率延性系数来表示。构件在屈服状态下的曲率为 ϕ_y,在极限状态下的曲率为 ϕ_u,则 ϕ_u/ϕ_y 为表示构件截面延性的一个尺度,称为截面曲率延性比(M_ϕ),即:

$$\mu_\phi = \frac{\phi_u}{\phi_y} \tag{6-32}$$

2. 屈服曲率

图 6-33(a)中以弯矩-曲率关系形式表示的实际结构响应,可以近似用双直线模型进行描述,该模型也称为弹塑性模型。与此相关的是屈服曲率 ϕ_y,并不一定与受拉钢筋的初始屈服曲率相同,通常在稍低的曲率 ϕ'_y 下就会出现。特别地,在钢筋沿截面分布像柱子一样的情况下,这种差异更加明显。因此,在推算延性能力时,需要考虑这些因素,以确保结果准确可靠。

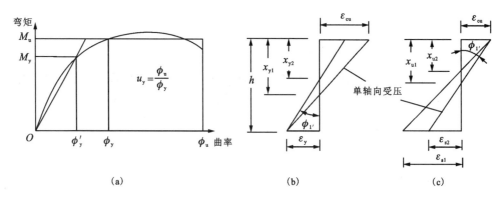

图 6-33 曲率延性的定义示意图
(a)弯矩-曲率关系;(b)首次屈服的曲率;(c)"极限"曲率

对于这种一般情况,可由图 6-33(b)得到初始屈服曲率 ϕ'_y 为:

$$\phi'_y = \frac{\varepsilon_y}{h - x_y} \tag{6-33}$$

式中:ε_y 为屈服应变,$\varepsilon_y = f_y/E_s$;x_y 为相应的中性轴高度;h 为构件截面高度。

如图 6-33(a)所示,由预期弯矩 M_i 作直线推断,可得屈服曲率 ϕ_y 为:

$$\phi_y = \frac{M_i}{M'_i}\phi'_y \tag{6-34}$$

如果截面的配筋率很高,或者承受很大的轴向荷载,那么很高的混凝土压应变会在钢筋初始屈服发生前到达。在这种情况下,屈服曲率应根据压应变计算:

$$\phi'_y = \frac{\varepsilon_c}{x} \tag{6-35}$$

式中:ε_c 为混凝土极限压应变,取值为 0.001 5。

对于梁截面,可先计算钢筋和混凝土边缘纤维应变,然后根据常用的弹性截面分析方法得到 $M'_i = 0.75 M_i$ 时的曲率 ϕ'_y,于是得到等效屈服曲率 $\phi_y = 1.33\phi'_y$,这是一种可以接受的近似方法。

3. 最大曲率

由于钢筋应变延性能力一般较高,截面所能达到的最大曲率称为极限曲率,一般由边缘

纤维处的最大压应变(ε_{cu})控制。由图 6-33(c)可知,这一曲率可表达为:

$$\phi_u = \frac{\varepsilon_{cu}}{x_u} \qquad (6-36)$$

式中:x_u 为达到极限曲率时的中性轴高度。

对于一般强度的混凝土,可以假定无约束的梁、柱或墙等截面边缘纤维处的最大可靠混凝土压应变为 $\varepsilon_{cu}=0.004$。但当受压混凝土得到足够的约束时,较大的压应变值是可以实现的。此时,位于约束核心以外的混凝土对贡献的作用应该忽略,这意味着混凝土承受的压应变可能超过 0.004。如果这种情况发生,通常会导致保护层混凝土的剥落。

除了采用理论计算方法外,曲率延性系数也可以通过实验得到的经验公式计算。在我国的相关文献中,根据大量的实验数据,回归出了不同强度等级的混凝土、不同种类和不同配筋率的钢筋的屈服曲率和极限曲率经验公式,具体如下:

$$\phi_y = [\varepsilon_y + (0.45 + 2.1\xi) \times 10^{-3}]/h_0 \qquad (6-37)$$

$$\phi_u = \left[\varepsilon_{cu} + \frac{1}{35 + 600\xi}\right]/h_0 \qquad (\xi < 0.5) \qquad (6-38)$$

$$\phi_u = [\varepsilon_{cu} + 2.7 \times 10^{-3}]/h_0 \qquad (0.5 \leqslant \xi < 1.2) \qquad (6-39)$$

式中:ξ 为构件极限状态时按矩形应力图形计算出的截面受压区相对高度;ε_{cu} 为构件极限状态时截面受压边缘混凝土应变,可取为 $\varepsilon_{cu}=(4.2-1.6\xi)\times 10^{-3}$;$h_0$ 为构件截面有效高度。

4. 位移延性系数

度量结构延性的另一个尺度是位移延性系数 μ。位移延性系数是结构或构件达到极限状态时的总位移 Δ_u 与其刚开始屈服时的位移 Δ_y 之比,如式(6-10)所示。

其中,Δ_u 为构件弹性后阶段末的侧向挠度,$\Delta_u = \Delta_y + \Delta_p$;$\Delta_y$ 为构件开始屈服时的侧向挠度,Δ_p 为塑性侧移。如果有若干次荷载循环,则 Δ_y 取为在进入弹性后阶段的第一个加载历程中开始屈服时的侧向挠度。对框架结构而言,其总位移一般采用屋顶标高处的位移,见图 6-34。位移延性系数 μ 的典型值一般在 3~5 之间。

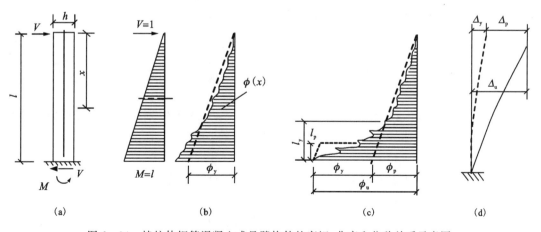

图 6-34 棱柱体钢筋混凝土或悬臂构件的弯矩、曲率和位移关系示意图
(a)悬臂构件;(b)弯矩和曲率;(c)最大反应时的曲率;(d)位移

对于框架结构而言,其位移延性能力很大程度上由梁端或具有足够延性的柱端两者的塑性铰转动能力所控制。在大多数钢筋混凝土结构中,图 6-34 所定义的悬臂构件在底端的屈服曲率 ϕ_y 和屈服位移 Δ_y 是同时发生的。此外,结构的最大位移也与其高度有关。为了评估框架结构的位移延性系数,可以采用近似的双折线侧向荷载-挠度曲线,并将开始屈服时的挠度作为设计荷载作用于按弹性性能工作的框梁上产生的挠度。构件的延性能量可以通过图 6-35 中 a、d、e 和 f 所包含的面积来加以度量。

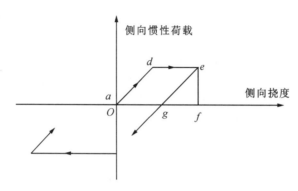

图 6-35 荷载-挠度关系曲线

需要注意的是,位移延性系数 Δ_u/Δ_y 与曲率延性系数 ϕ_u/ϕ_y 之间存在明显差别。在框架结构中,一旦出现屈服现象,变形就会集中在塑性铰部位。因此,当框架在进入弹性后阶段后产生侧向挠度时,一个塑性铰所需要的 ϕ_u/ϕ_y 值就可能大于 Δ_u/Δ_y 值。这意味着在设计框架结构时,必须考虑塑性铰的影响,而不能简单地使用传统的设计方法。

5. 屈服位移

根据图 6-34(b),可以看出构件屈服时实际曲率分布接近于斜直线,底部曲率达到最大值 ϕ_y。悬臂构件的屈服位移与底部的屈服曲率同时发生,通过沿高度的曲率积分可得到顶点位移 Δ_y。对于简单的构件,可以利用图乘方法来计算积分结果,具体公式如下:

$$\Delta_y = \int \phi_{(x)} x \mathrm{d}x = \phi_y l^2/3 \tag{6-40}$$

6. 极限位移

为了计算上的方便,定义一等效塑性铰长度 (l_p),l_p 是由近似方法确定的悬臂构件顶端的塑性位移值 Δ_p 与实际位移分布导得值一致来确定的,可见下式:

$$l_p = 0.08l + 0.22d_b f_y \tag{6-41}$$

式中:f_y 单位为 MPa;l 为悬臂构件的长度;d_b 为钢筋直径。

在等效塑性铰长度 l_p 上产生的塑性铰转角 θ_p 为:

$$\theta_p = \phi_p l_p = (\phi_u - \phi_y)l_p \tag{6-42}$$

则:

$$\Delta_p = \theta_p(l - 0.5l_p) = (\phi_u - \phi_y)l_p(l - 0.5l_p) \tag{6-43}$$

$$\mu = \frac{\Delta_u}{\Delta_y} = 1 + \frac{\Delta_p}{\Delta_y} \tag{6-44}$$

则极限位移为:

$$\Delta_u = \Delta_y + \Delta_p = \phi_y l^2/3 + (\phi_u + \phi_y)l_p(l - 0.5l_p) \tag{6-45}$$

整理可得,位移延性系数与曲率延性系数之间的关系式为:

$$\mu_\Delta = 1 + 3(\mu_f - 1)\frac{l_p}{l}\left(1 - 0.5\frac{l_p}{l}\right) \tag{6-46}$$

或

$$\mu_\phi = 1 + \frac{\mu_\Delta - 1}{3(l_p/l)[1 - 0.5(l_p/l)]} \tag{6-47}$$

7. 影响延性因素

对延性的影响,其中最关键的参数是极限压应变(ε_{cu}),对于无约束混凝土,其一般采用的值为 0.003,对于抗震框架的构件,常采用 0.004。另外还有一些重要的参数,如轴力、抗压强度和钢筋的屈服强度。

(1) 混凝土的极限压应变是一定的。提高混凝土边缘纤维的极限应变值 ε_{cu},可以增加其承载能力,降低极限曲率 ϕ_u,从而提高截面的曲率延性。

(2) 由图 6-33 可知,轴向压力的存在使初始屈服和极限屈服时受压区高度(x_{y1}, x_{u1})有所增加。将它们与无轴向力条件下的上述两高度(x_{y2}, x_{u2})作比较,则会发现轴向力的存在提高了屈服曲率 ϕ_y,但降低了极限曲率 ϕ_u。由此可知,轴向压力降低曲率延性能力。因此,轴向压力会显著降低截面可利用的曲率延性能力。若将延性柱与梁进行比较,则延性柱的混凝土保护层在较早阶段时可能就会剥落。因此,必须采取约束措施。相反地,轴向拉力则有助于大幅提高构件的延性能力。

(3) 提高混凝土的抗压强度可以使中性轴高度降低,此时在初始屈服和极限屈服时,相对受压区高度也会变小,因此会提高极限曲率,同时降低屈服曲率,从而提高截面的曲率延性能力。

(4) 根据试验结果,随着纵向钢筋配筋率和钢筋屈服强度的增加,混凝土受压区的相对高度 ξ 也会增大,这将导致截面延性下降。然而,如果在混凝土受压区配置合适数量的受压钢筋,则可以减小相对受压区高度,改善构件的延性。因此,在设计中应限制纵向受拉钢筋的配筋率和高强钢筋的使用,以确保构件具有足够的延性。

思考题

我国抗震规范指出,在地震作用下的多层结构中存在塑性变形集中的薄弱层。这些薄弱层的弹塑性变形与弹性变形之间存在相对稳定的关系,通过定义结构的塑性变形集中程度,可以判断层间变形大小,从而评估结构是否会发生倒塌破坏。然而,规范中对大震作用下的结构抗震设计主要以弹塑性变形验算为主,并未给予足够的重视。针对大震不倒设防目标的研究要求,试对结构倒塌的机理进行深入分析。

参考文献

[1] 朱伯龙,张琨联.建筑结构抗震设计原理[M].上海:同济大学出版社,1993.

[2] 陈家夔.钢筋混凝土框架柱的抗震性能[J].西南交通大学学报,1990,2(2):23-32.

[3] 赵黄娟.钢筋混凝土框架边节点梁柱组合体的抗震性能研究[M].烟台:烟台大学,2013.

[4] 胡庆昌,徐云扉,陈玉峰.低周反复荷载下钢筋混凝土框架梁柱节点核心区的受力性能[J].建筑结构,1982(4):14-19.

[5] 宋灿.钢筋混凝土框架梁柱边节点抗震性能研究[D].西安:长安大学,2014.

[6] 唐九如.钢筋混凝土框架节点抗震[M].南京:东南大学出版社,1989.

[7] 方鄂华,钱稼茹,叶列平.高层建筑结构设计[M].北京:中国建筑工业出版社,2003.

[8] 胡利.内置复材约束芯柱的钢筋混凝土剪力墙抗震性能研究[D].北京:清华大学,2021.

[9] QUIROZ L G, MARUYAMA Y, ZAVALA C. Cyclic behavior of thin RC Peruvian shear walls: Fullscale experimental investigation and numerical simulation[J]. Engineering Structures, 2013, 52(9):153-167.

[10] SEGURA JR C L, WALLACE J W. Seismic performance limitations and detailing of slender reinforced concrete walls[J]. ACI Structural Journal, 2018, 115(3), 849-859.

[11] WELT T S, MASSONE L M, LAFAVE J M, et al. Confinement behavior of rectangular reinforced concrete prisms simulating wall boundary elements[J]. Journal of Structural Engineering, 2016, 143(4):4016204.

[12] 程小卫,纪晓东,李易,等.钢筋混凝土剪力墙拉弯受力性能试验和模拟[J].工程力学,2022,39(1),79-90.

[13] 纪晓东,徐梦超,程小卫,等.中等剪跨比RC剪力墙拉-弯-剪受力性能试验研究[J].建筑结构学报,2021,42(3),93-104.

[14] 杜轲,骆欢,孙景江,等.考虑弯剪耦合作用的RC剪力墙拟静力试验研究[J].土木工程学报,2018,51(7),50-60.

[15] 张艳青,贡金鑫,韩石.钢筋混凝土杆件恢复力模型综述(Ⅰ)[J].建筑结构,2017,47(9),65-70.

[16] 郭子雄,杨勇.恢复力模型研究现状及存在问题[J].世界地震工程,2004,20(4),47-51.

[17] RAMBERG W, OSGOOD W R. Description of stress-strain curves by three parameters(No. NACA-TN-902)[R]. National Advisory Committee for Aeronautics, 1943.

[18] PENIZEN J. Dynamic response of elasto-plastic frames[J]. Journal of Structural Division, ASCE, 1962, 88(ST7):1322-1340.

[19] SINGH A, GERSTLE K H. The behavior of reinforcing steel under reversal loading[J]. Journal of ASTM Materials Research and Standards, 1965, 5(1):12-17.

[20] 叶献国. 基于非线性分析的钢筋混凝土结构地震反应与破损的数值模拟[J]. 土木工程学报,1998,31(4):3-13.

[21] CLOUGH R W,JOHNSTON S B. Effect of stiffness degradation on earthquake ductility requirements[C]//Proceedings of the 2nd Japan National Conference on Earthquake Engineering,Tokyo,1996.

[22] TAKEDA T,SOZEN M A,NIELSON N N. Reinforced Concrete to Simulated Earthquakes[J]. Journal of the Structural Division,1970,96(12):2557-2773.

[23] 李有香,柳炳康. 钢筋混凝土框架结构的抗震延性设计要求[J]. 安徽建筑工业学院学报(自然科学版),2007(1):22-25.

[24] 程佳佳. 钢筋混凝土框架结构基于位移的抗震设计研究[D]. 邯郸:河北工程大学,2014.

7 钢筋混凝土构件的疲劳性能

知识目标：掌握疲劳的基本概念和经典的损伤力学理论及模型；了解重复荷载下钢筋混凝土的疲劳性能代表性模型；了解重复荷载下钢筋混凝土构件的疲劳本构关系；掌握重复荷载下钢筋混凝土疲劳性能的分析方法及影响因素。

能力目标：构建清晰的钢筋混凝土疲劳力学、损伤力学理论的基本概念体系，具备钢筋混凝土疲劳性能分析的能力。

学习重点：钢筋混凝土疲劳与损伤理论模型。

学习难点：钢筋混凝土构件的疲劳性能及其验算。

7.1 混凝土的疲劳性能

混凝土构件在使用过程中不仅要承受一般的静荷载，还要经常承受重复动荷载作用，例如桥梁、吊车梁及海洋钻井平台等。在重复动荷载作用下，由细观结构层次的微缺陷发展引起的从塑性破坏变成脆性突然断裂的破坏现象，称为疲劳破坏。混凝土作为一种异质、各向异性的准脆性混合材料，其强度、弹性模量等力学性能存在一定的差异，即使是同一批次浇筑的混凝土试块或构件也是如此。因此，混凝土的疲劳性能与混凝土材料本身的成分具有较强的相关性。对混凝土构件疲劳性能的研究可分为两个阶段：第一阶段研究混凝土构件疲劳破坏的极限状态；第二阶段研究疲劳损伤全过程的衰减规律[1]。疲劳强度是指在规定的应力幅值内，经过一定次数的循环载荷后疲劳破坏的最大应力值。根据循环荷载的幅值和频率，疲劳可以分为等幅值疲劳、变幅值疲劳和随机幅值疲劳；根据材料破坏前所经历的循环卸载次数以及疲劳载荷应力水平的不同，疲劳又可以分为高周疲劳、低周疲劳和超高周疲劳[2]。

7.1.1 混凝土疲劳变形规律

混凝土的疲劳变形规律是指在循环加载下，混凝土会发生逐渐增加的塑性变形，直至失效的过程。疲劳变形规律的研究对混凝土结构的设计和耐久性评估非常重要。在大量的混凝土试件进行等幅值疲劳试验的过程中，无论试件使用的是普通混凝土、高强混凝土、轻骨料混凝土还是纤维增强混凝土，在受拉、受压或弯曲疲劳，以及单轴或多轴载荷作用下，混凝土试件的纵向变形和残余变形的演变均表现出稳定的三阶段规律（图7-1）。在第一阶段，也就是混凝土内部微裂纹形成的阶段，混凝土的纵向总变形迅速增加，但增长速率逐渐降低，此阶段约占混凝土总疲劳寿命的10%。在第二阶段，也就是混凝土线性损伤发展的阶段,混凝土的纵向总应变增长速率相对较小,基本保持不变,混凝土的纵向总变形和残余变形随着荷载重复次数的增加呈现出线性变化规律。该阶段占混凝土总疲劳寿命的75%左右。在第三阶段,也就是混凝土裂缝不稳定扩展的阶段,混凝土的纵向总变形和残余变形迅速增加,导致试件迅速破坏,该阶段约占混凝土总疲劳寿命的15%。

根据三阶段演变规律,混凝土的纵向应变在第二阶段的增长率为一定值。因此可以推断出,在混凝土疲劳变形发展的稳定阶段,应变增长率仅与应力水平有关,而与混凝土当前的损伤程度无关。这一结论在等幅疲劳过程

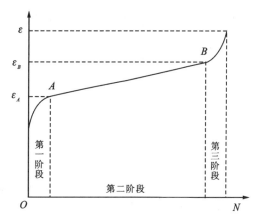

图7-1 混凝土应变随荷载重复次数的三阶段演变规律

中非常明显,可以作如下简单的证明:将等幅值疲劳荷载下应变发展的第二阶段看成一个不连续的加载过程。也就是将整个加载过程假想成若干段,每段施加的荷载相同,且各段之间存在很小的时间间隔。在这种情况下,每段加载起始时的应变和材料损伤都不相同,但各段的应变增长速率却保持不变。将该性质应用在变幅疲劳加载中,可以进一步得到结论:在变幅加载过程中,第二阶段某一级应力水平下的应变增长速率与该应力水平作等幅值疲劳加载时的应变增长速率相等。假设疲劳变形发展三阶段规律中3个阶段疲劳次数的比例关系保持为0.1∶0.8∶0.1,则等幅值疲劳变形三阶段线性方程可写为[3]:

$$\varepsilon = \begin{cases} \nu_1 x, & (0 \leqslant x \leqslant 0.1) \\ \varepsilon_A + \nu_2(x-0.1), & (0.1 \leqslant x \leqslant 0.9) \\ \varepsilon_B + \nu_3(x-0.9), & (0.9 < x \leqslant 1.0) \end{cases} \quad (7-1)$$

式中:ε为混凝土等幅值应变;ν_1、ν_2、ν_3分别是第一阶段、第二阶段和第三阶段的变化速率;x为加载循环次数n与该应力幅下疲劳寿命N的比值,$x=n/N$;ε_A为变形第一阶段结束时混凝土应变,对应图7-1中A点的应变;ε_B为变形第二阶段结束时混凝土应变,对应图7-1中B点的应变。

参照式(7-1),混凝土的残余变形规律可描述为:

$$\varepsilon_{残}/\varepsilon_0 = \begin{cases} \nu_1 x, & (0 \leqslant x \leqslant 0.1) \\ \varepsilon_{残A}/\varepsilon_0 + \nu_2(x-0.1), & (0.1 \leqslant x \leqslant 0.9) \\ \varepsilon_{残B}/\varepsilon_0 + \nu_3(x-0.9), & (0.9 < x \leqslant 1.0) \end{cases} \quad (7-2)$$

式中:$\varepsilon_{残}/\varepsilon_0$、$\varepsilon_{残A}/\varepsilon_0$、$\varepsilon_{残B}/\varepsilon_0$分别表示荷载循环过程中、疲劳变形第一阶段结束时、变形第二阶段结束时混凝土的标准化残余应变;其余参数同前。

疲劳是混凝土结构中常见的问题,它的发展规律体现了混凝土内部微观变量(如微裂缝和微损伤)的演化规律。理论研究表明,在疲劳荷载作用下,混凝土的破坏机理和静荷载作用下的破坏机理是一致的。这种破坏机理包括骨料和砂浆之间的黏结裂缝以及砂浆内部的微裂缝相互贯穿,形成连续的不稳定裂缝,失稳扩展最终导致破坏。这种破坏机理的一致性可以通过试件的疲劳破坏形态和静载破坏形态的一致性以及用特殊试验设备(如X光、射

线、显微镜等)对试件破坏过程的微观结构进行扫描得到的照片来证实。现有研究表明,当给定材料内部的裂纹达到一定的临界长度时,裂纹将会经历不稳定的扩展,而与所施加的荷载类型和荷载历程无关。对于混凝土材料而言,这一临界长度取决于混凝土本身的性质。当混凝土内部微裂纹发生不稳定扩展时,由这些裂缝导致的混凝土纵向变形是相同的,与施加的应力-应变历史无关,而是取决于混凝土材料的常数。通过疲劳实验,可以证实这一结论的正确性。

根据一项对棱柱体单轴受压疲劳实验的研究结果(参考文献[3],表7-1),混凝土在疲劳变形发展的第二阶段末和第三阶段初时,纵向总应变是其中一个参数,且与加载历史和疲劳寿命无关。此外,文献[2]认为,混凝土在单轴疲劳破坏时的纵向极限应变与其静载破坏时相等,是一个材料常数。

表 7-1 混凝土失稳临界应变试验

试件编号	加载历史	$\varepsilon_B(\times 10^{-6})$
F_1-3	静载 165kN 破坏	1300
F_1-7	静载 140kN 破坏	1130
F_1-8	20~180kN,疲劳 3400 次破坏	1300
F_1-9	20~175kN,疲劳 1900 次破坏	1300
F_t-8	静载 237kN 破坏	1500
F_t-9	静载 212kN 破坏	1100
F_t-11	20~210kN,疲劳 1.7 万次破坏	1480
F_t-12	20~170kN,疲劳 7.7 万次破坏	1200
F_t-6	20~180kN,疲劳 15 万次破坏	1350
F_t-10	20~175kN,疲劳 23 万次破坏	1190
F_t-5	20~160kN,疲劳 46 万次破坏	1330
F_t-1	20~190kN,疲劳 35 万次破坏	1650
F_G-7	20~135kN,疲劳 1.15 万次破坏	1080
F_G-4	20~130kN,疲劳 7.8 万次破坏	900
F_G-1	20~120kN,疲劳 7.9 万次破坏	910
F_G-12	20~125kN,疲劳 28.5 万次破坏	1100
F_G-8	20~160kN,疲劳 31 万次破坏	1100
F_G-4	20~140kN,疲劳 3.7 万次破坏	950
F_U-1	20~125kN,疲劳 45 万次破坏	1050
F_U-9	20~135kN,疲劳 90 万次破坏	1530

基于实验结果得出了如下结论：对于不同应力水平，试件在疲劳破坏时的纵向总应变大致为一个常数，该常数接近于混凝土静载破坏时的纵向总应变；同时，疲劳破坏时的残余应变也为一个常数。这两个常数与应力水平和疲劳寿命无关，只取决于材料本身的性能。通过对混凝土微观结构的理论分析，可以进一步得出结论：混凝土在疲劳破坏和静载破坏时的破坏机理是相同的，即在纵向最大应变达到混凝土的抗拉极限应变时产生，而与施加的应力-应变历史无关。

7.1.2 等幅值疲劳应变经验公式

中国铁道科学研究院（简称铁科院）进行了混凝土在等幅重复应力下的疲劳应变和强度的试验研究。该研究采用了棱柱体试件来进行疲劳应变试验，并测量了其在轴向静载作用下的应力-应变关系，如图 7-2 所示，其中曲线 OB 表示在静载试验的最大加载应力 $\sigma_{c,max}$ 等于等幅重复应力时得到的应力-应变关系。直线 OA 则是按照混凝土原点处的切线弹性模量 E_c 绘制的。曲线 OB 到 OC 的部分则表示在重复荷载作用下经过一定次数后的应力-应变曲线。图中混凝土的总应变 $\varepsilon_{c,tot}$ 可用以下公式表示：

$$\varepsilon_{c,tot} = \varepsilon_{c,ele} + \Delta\varepsilon_{c,fat}$$
$$= \frac{\sigma_{c,max}}{E_c} + \Delta\varepsilon_{c,fat} \tag{7-3}$$

式中：$\varepsilon_{c,ele}$ 为混凝土的弹性应变值；$\Delta\varepsilon_{c,fat}$ 为柯西混凝土在重复应力下的疲劳应变增量。

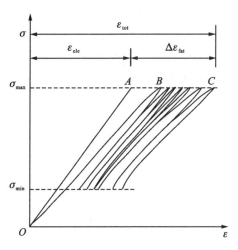

图 7-2 混凝土应力-应变曲线

混凝土在等幅重复应力下的疲劳应变增量 $\Delta\varepsilon_{c,fat}$ 可用下式表达：

$$\Delta\varepsilon_{c,fat} = \alpha_\sigma N^t \tag{7-4}$$

式中：α_σ 为修正参数，与混凝土重复应力有关；N 为混凝土等幅值重复应力的循环次数；t 为与混凝土疲劳性能有关的参数。

根据试验分析结果，$\Delta\varepsilon_{c,fat}$ 可以通过下列公式计算：

$$\Delta\varepsilon_{c,fat} = \frac{f_c}{E_c} N^t \lg^{-1}(qa_r - b) \tag{7-5}$$

$$a_r = \frac{\sigma_{c,max} - \sigma_{c,min}}{f_c - \sigma_{c,min}} \tag{7-6}$$

式中：f_c 为混凝土棱柱体轴心抗压强度；E_c 为混凝土弹性模量；a_r 为混凝土的应力变程比；$\sigma_{c,max}$、$\sigma_{c,min}$ 分别为混凝土等幅值重复应力的上限和下限；q、b、t 为混凝土疲劳性能的有关参数。

将式(7-6)代入式(7-5)也可改写为：

$$\Delta\varepsilon_{c,fat} = \frac{f_c}{E_c} N^t \lg^{-1}\left(q \frac{\sigma_{c,max} - \sigma_{c,min}}{f_c - \sigma_{c,min}} - b\right) \tag{7-7}$$

根据铁科院的有关试验研究资料，对 C20～C60 级混凝土，式(7-7)中 q、b 和 t 的值取为：$q=3.92$，$b=4.66$，$t=0.29$。

7.1.3 混凝土疲劳强度折减系数

混凝土在等幅重复应力下的疲劳强度可用疲劳强度折减系数 ψ_{cf} 表达，数值上等于 $f_{c,max}/f_c$，其中，$f_{c,max}$ 为相应混凝土的等幅重复应力下的疲劳强度。

混凝土是一种具有原始缺陷的材料，这些缺陷可能会在重复应力的作用下逐渐扩大，从而对混凝土的耐久性产生负面影响。因此，即使混凝土还未完全破损，其耐久性已经大幅降低，无法保证其安全使用。有许多学者认为，混凝土在受到重复应力作用时，其内部会逐渐出现一定程度的损伤，当这些损伤达到一定程度时，混凝土就会失效。因此，这些学者提出了将混凝土内部损伤程度作为判据来评估其在重复应力下的耐久性。对混凝土内部损伤程度的评估，可以更好地了解混凝土在受到应力作用下的变化，及时采取措施来预防或修复可能存在的缺陷，保障混凝土结构的长期可靠性。为了方便实际设计和分析的应用，铁科院将混凝土在重复应力下的疲劳应变增量 $\Delta\varepsilon_{c,fat}$ 作为疲劳失效的判据。通过对现有混凝土试验资料的分析，发现当混凝土在等幅重复应力下的疲劳应变增量 $\Delta\varepsilon_{c,fat}$ 达到 $0.4f_c$ 的静载受压应变时，混凝土已经遭受严重损伤，不再能有效地使用。因此，可将下列公式作为混凝土在重复应力作用下疲劳失效的判据：

$$\Delta\varepsilon_{c,fat} \geqslant 0.4 \frac{f_c}{E_c} \tag{7-8}$$

将式(7-8)代入式(7-7)，可得混凝土疲劳强度折减系数 ψ_{cf} 的表达式如下：

$$\frac{f_{c,max}}{f_c} = \frac{f_{c,min}}{f_c} + \left(1 - \frac{f_{c,min}}{f_c}\right)(b - t\lg N - 0.398)\frac{1}{q} \tag{7-9}$$

整理后，即：

$$\psi_{cf} = \frac{f_{c,min}}{f_c} + \left(1 - \frac{f_{c,min}}{f_c}\right)(b - t\lg N - 0.398)\frac{1}{q} \tag{7-10}$$

根据铁科院相关研究，对于 C20～C60 强度等级的混凝土，将式(7-7)中 q、b、t 的值代入式(7-10)可得混凝土疲劳强度折减系数 ψ_{cf} 的表达式如下：

$$\psi_{cf} = \frac{f_{c,min}}{f_c} + \left(1 - \frac{f_{c,min}}{f_c}\right)(4.66 - 0.29\lg N - 0.398) \times \frac{1}{3.92} \tag{7-11}$$

整理后：

$$\psi_{cf} = \frac{f_{c,min}}{f_c} + (1 - \frac{f_{c,min}}{f_c})(1.09 - 0.074 \lg N) \qquad (7-12)$$

根据上式可列出 C20～C60 强度等级的混凝土在循环次数 $N=2×10^6$ 次和不同应力下限水平($f_{c,min}/f_c$)情况下的疲劳强度折减系数(ψ_{cf})，如表 7-2 所示。试验研究表明，轴心受拉、劈拉和弯曲受拉混凝土疲劳强度的相对值(f_t^f/f_t)都与其抗压疲劳强度(f_c^f/f_c)相一致。因此，表 7-2 的折减系数也适用于疲劳抗拉强度。

表 7-3 将试验结果与不同研究者的受拉疲劳强度折减系数作了对比分析，最小疲劳强度折减系数在 0.62 左右。当应力比为 0.1 时，混凝土强度折减系数为 0.65 左右。

表 7-2 混凝土疲劳抗压强度折减系数(ψ_{cf})

$f_{c,min}/f_c$	0	0.1	0.2	0.3	0.4	0.5
ψ_{cf}	0.62	0.66	0.70	0.73	0.77	0.81

表 7-3 混凝土疲劳抗拉强度折减系数(ψ_{tf})

$f_{t,min}/f_t$	0	0.1	0.2	0.3	0.4	0.5
文献[3]	0.62	0.65	0.68	0.71	0.74	0.77
文献[4]	0.62	0.66	0.70	0.73	0.77	0.81
文献[5]	0.55	0.58	0.61	0.64	0.66	0.70
文献[6]	0.63	0.65	0.68	0.72	0.74	0.76
文献[7]	0.63	0.67	0.70	0.74	0.76	0.81

7.2 钢筋的疲劳性能

7.2.1 钢筋疲劳破坏机理

在进行钢筋疲劳试验时，通常有两种方法可选：一种是直接进行单根钢筋受拉疲劳试验，另一种是将钢筋嵌入混凝土构件中进行受拉疲劳试验或受弯疲劳试验。许多学者倾向于使用将钢筋嵌入混凝土构件中进行疲劳试验的方法，因为这种方法更接近实际工程中钢筋的受力情况。在采用钢筋嵌入混凝土的受弯构件进行疲劳试验时，通常断裂破坏会发生在等弯矩区段内，钢筋在构件弯曲裂缝处发生疲劳破坏。通常认为，钢筋在受外力作用下发生疲劳断裂，是因为其内部存在缺陷。这些缺陷可能包括钢筋中夹杂的杂质，导致其性能不均匀，或钢筋表面的形态缺陷(如刀痕、锈蚀或脱碳层等)，以及在钢筋薄弱部位的形变突变。在这些钢筋的薄弱部位，钢筋在承载下容易发生应力集中，进而在循环荷载达到一定次数时产生裂纹。在第一种钢筋疲劳试验方法中,试验试件中最薄弱的部位往往会先发生钢筋疲劳断裂;而在第二种钢筋疲劳试验方法中,钢筋疲劳断裂则更可能发生于钢筋受力集中的部位(如裂缝处的钢筋)。因此,第二种钢筋疲劳试验方法更能全面反映钢筋的整体疲劳性能。

钢筋的疲劳裂纹是钢筋中超过负荷的弱晶体内发生滑移的结果,在重复荷载作用下,裂纹继续发展,最后造成钢筋断裂。因此,钢筋疲劳断裂从宏观上来看有两个区域:一个是引起疲劳断裂的核心点区,对于变形钢筋来说,这个核心点区位于钢筋横肋的底部,通常称为疲劳核心,从核心沿径向向外扩展,核心和扩展的表面不断相互摩擦而呈暗光滑面;另外一个是因为裂纹形成和发展后,剩余断面不足以承受所加荷载,突然脆性断裂破坏,表面比较粗糙,形成的粗粒状区域。

7.2.2 钢筋疲劳强度的取值

普通钢筋的疲劳应力比值按下式计算:

$$\rho_s^f = \frac{\sigma_{s,\min}^f}{\sigma_{s,\max}^f} \tag{7-13}$$

式中:$\sigma_{s,\min}^f$ 和 $\sigma_{s,\max}^f$ 分别为构件疲劳验算时,同一层钢筋的最小应力和最大应力。钢筋疲劳强度试验和分析的目的在于确定钢筋的疲劳强度或疲劳应力幅限值,以指导设计能够承受疲劳荷载的钢筋混凝土构件在使用期间不会遭受疲劳破坏。这项工作的重要性在于保障结构的可靠性和耐久性。钢筋的疲劳强度是指在经受了无限循环荷载作用后仍能承受的最大应力。

我国学者通常采用以下方法来确定钢筋的疲劳强度:首先,在一定的试验频率和循环应力比条件下,选取一组应力循环基数(即循环次数 $N=2\times10^6$ 次);其次,测定钢筋应力与疲劳寿命之间的对应关系曲线。通过对测量结果进行统计分析,可以确定钢筋的疲劳强度。此外,应力变化循环的特征系数 $\rho=\sigma_{\min}/\sigma_{\max}$(即应力比)可以用来表示钢筋在承受不同特性循环荷载时的响应。应力比指的是循环荷载引起的钢筋最小应力值与最大应力值的比值。

影响钢筋疲劳性能最主要的因素是循环荷载作用所引起的钢筋应力幅,《混凝土结构设计规范(2015 年版)》(GB 50010—2010)规定:普通钢筋的疲劳应力幅限值 Δf_s^f 应由钢筋疲劳应力比值 ρ_s^f 分别按照表 7-4 采用。

表 7-4 普通钢筋疲劳应力幅限值(N·ram^{-2})

疲劳应力比值	ρ_s^f		
	HPB235 级钢筋	HRB335 级钢筋	HRB400 级钢筋
$-1.0 \leqslant \rho_s^f \leqslant -0.6$	160		
$-0.6 \leqslant \rho_s^f \leqslant -0.4$	155		
$-0.4 \leqslant \rho_s^f \leqslant 0$	150		
$0 \leqslant \rho_s^f \leqslant 0.1$	145	165	165
$0.1 \leqslant \rho_s^f \leqslant 0.2$	140	155	155
$0.2 \leqslant \rho_s^f \leqslant 0.3$	130	150	150

续表 7-4

疲劳应力比值	ρ_s^f		
	HPB235 级钢筋	HRB335 级钢筋	HRB400 级钢筋
$0.3 \leqslant \rho_s^f \leqslant 0.4$	120	135	145
$0.4 \leqslant \rho_s^f \leqslant 0.5$	105	125	130
$0.5 \leqslant \rho_s^f \leqslant 0.6$		105	115
$0.6 \leqslant \rho_s^f \leqslant 0.7$		85	95
$0.7 \leqslant \rho_s^f \leqslant 0.8$		65	70
$0.8 \leqslant \rho_s^f \leqslant 0.9$		40	45

注：1. 当正向受拉钢筋采用闪光接触对焊接头时，其接头处钢筋疲劳应力幅限值应按表中数值乘系数 0.8。
    2. HRB400 级钢筋应经试验验证后，方可用于需作疲劳验算的构件。

7.3 钢筋和混凝土黏结的疲劳性能

7.3.1 影响疲劳荷载下黏结强度的因素

根据大量试验研究和现场观测，疲劳荷载会导致钢筋与混凝土间的平均黏结强度降低、相对滑移量逐渐增大、黏结刚度减小等黏结退化现象。这些现象会对钢筋混凝土构件的使用性能产生影响，导致钢筋锚固或黏结区的局部变形增大，受拉裂缝加宽，构件的刚度降低并引起变形增长。对于一些采用表面钢筋作为主筋的构件，在多次重复荷载的作用下，由于承载力下降而可能提前破坏。例如，在主筋锚固端的弯钩内侧，混凝土可能被压碎，导致主筋滑移增大，构件端部的斜裂缝会迅速扩展，箍筋会断裂，压区混凝土被压碎而导致提前破坏。

循环荷载可分为两种类型：低周循环荷载，通常包括很少的循环次数（≤100 次），但应力变化幅值较大（$\Delta \tau \leqslant 4.14$MPa），这种循环荷载常由地震引起，因此也被称为低周高应力荷载；高周疲劳循环荷载，通常包括大量循环次数（通常成千上万次或上百万次），但黏结应力幅值相对较低（$\Delta \tau < 2.07$MPa）。桥梁结构、海上结构及支撑震动机器的结构通常会受到高周疲劳荷载的影响。

在循环荷载下，钢筋与混凝土的黏结行为可根据产生的应力情况进一步分类。重复荷载，也称为不变向荷载，即在每个荷载循环中钢筋应力的性质不发生变化（从拉应力变为压应力）。这种情况通常在疲劳荷载中出现。目前，工程界和学术界主要关注高周重复疲劳荷载下钢筋与混凝土的黏结锚固性能的研究。

黏结问题是一个十分复杂的研究领域，无法简单地用一个模型来描述。影响黏结强度的因素非常多，这些因素不仅会对静态加载下的黏结性能产生影响，而且还会对疲劳加载下的黏结性能产生影响。在许多情况下，这些影响因素对黏结强度和破坏机制的影响只能得到定性的研究结果。对于疲劳加载下的黏结强度,循环次数 N、循环应力幅 $\Delta\tau$、最小 τ_{min}(或最大 τ_{max})应力都是非常重要的影响因素。这 3 个因素是黏结疲劳问题所特有的影响因素,研究中提到影响疲劳加载下的黏结因素通常指的就是这 3 个因素。

影响钢筋混凝土黏结强度的主要因素如下:

(1)钢筋表面形状——试验表明,变形钢筋的黏结力比表面钢筋高出 2~3 倍,因此变形钢筋所需的锚固长度比表面钢筋要短,而表面钢筋的锚固端头则需要作弯钩以提高黏结强度。此外,钢筋表面的清洁程度、粗糙度、化学成分等都会影响黏结强度。例如,通过打磨、喷砂或酸洗等方式清洁表面可以提高黏结强度。

(2)混凝土强度——变形钢筋和表面钢筋的黏结强度均随混凝土强度的提高而提高,但不与立方体抗压强度 f_{cu} 成正比。黏结强度与混凝土的抗拉强度 f_t 大致成正比例关系。

(3)保护层厚度和钢筋净距——混凝土保护层的厚度和钢筋之间的净距对于钢筋混凝土的黏结强度也是至关重要的。特别地,对于高强度的变形钢筋而言,当混凝土保护层厚度较薄时,外围混凝土可能会发生劈裂,从而导致黏结强度降低。而当钢筋之间的净距离过小时,可能会发生水平劈裂,导致整个保护层崩落,同样也会显著降低黏结强度。

(4)钢筋所处位置——黏结强度与浇筑混凝土时钢筋所处的位置密切相关。在混凝土浇筑时,对于深埋在混凝土顶部的水平钢筋,由于混凝土中水分和气泡的排出以及骨料的下沉,形成了钢筋与混凝土之间的空隙层,这将会削弱钢筋与混凝土之间的黏结作用。

(5)横向钢筋——横向钢筋在钢筋混凝土结构中扮演着重要的角色,如箍筋,可以有效地限制径向裂缝的宽度和延缓其扩展,从而提高黏结强度。在直径较大的钢筋的锚固区或钢筋搭接长度范围内,以及在一排并列的钢筋中根数较多的情况下,应增加附加箍筋的数量,以防止保护层破裂和崩落。总之,横向钢筋对钢筋混凝土结构的安全性和可靠性具有不可或缺的作用。

(6)侧向压力——侧向压力可以增强钢筋与混凝土之间的摩擦力,从而提高黏结强度。因此,在直接支撑的支座处(如梁的简支端),考虑支座压力的有利影响,可以适当减少伸入支座的钢筋锚固长度。

除上述影响因素外,温度和湿度的变化也会对黏结强度产生影响。通常情况下,温度越高、湿度越大,黏结强度就越高。在黏结过程中,加压的力度和时间也会影响黏结强度。通常情况下,加压力度越大、加压时间越长,黏结强度就越高。

7.3.2 疲劳荷载下的黏结行为

疲劳荷载下的黏结行为通常指的是材料或结构在重复加载下的黏结性能。疲劳荷载下的黏结行为是一个复杂的现象,可能会受到多种因素的影响,如加载幅值、频率、温度、湿度、环境介质等。对于黏结强度较低的混凝土材料或结构,其疲劳荷载下的黏结行为可能更加显著。疲劳荷载下的黏结行为通常可以通过试验进行评估,为此,有学者对钢筋自由端滑移与疲劳荷载循环次数 n 的关系作了专门研究。试验中,混凝土强度 $f_c=23.5\text{N/mm}^2$,钢筋直径 $d_b=14\text{mm}$,黏结长度为 $l_a=3d_b$ 试件。得出位移增长的经验公式如下:

$$\begin{cases} s_n = s_0(1+k_n) \\ k_n = (1+n)^{0.107}-1 \end{cases} \tag{7-14}$$

式中：s_0 为静载位移；s_n 为荷载重复 n 次后的位移；k_n 为位移增大系数；n 为荷载重复次数。

在绝大多数的钢筋混凝土构件或结构的黏结疲劳试验中，钢筋滑移的发展呈现出 3 个不同的阶段：①混凝土初始破坏的阶段（$0<n/N_r<0.1$），钢筋的滑移增长速率会迅速增加，随后逐渐减缓；②稳定阶段（$0.1<n/N_r<0.9$），占据了试验过程中大部分的时间，钢筋的滑移增长速率基本保持不变；③快速发散阶段（$0.9<n/N_r<1.0$），钢筋的滑移增长速率会急剧增加，试件很快会发生疲劳破坏。与静载极限黏结强度 τ_u 相对应的极限滑移值 s_u 可以作为一种判断准则，用来评估黏结的破坏状态。当钢筋的滑移量达到极限滑移值 s_u 时，表明黏结已经发生破坏。这个判断准则同样适用于疲劳荷载下的黏结破坏。需要注意的是，这个准则与重复荷载的水平和达到破坏所需的重复次数无关，因此具有唯一性。

7.3.3 疲劳荷载下的黏结锚固设计概述

许多国际设计规范通常规定混凝土或钢筋在疲劳荷载下的应力变化范围，以确保结构的安全性。然而，这些规范往往没有明确规定黏结应力的限制。此外，这些规范涉及一项假设：荷载不会产生反向应力，即荷载为高周重复疲劳荷载。

现有试验和既有工程表明，按照现有规范设计的钢筋混凝土结构，在黏结疲劳极限发生之前，混凝土或钢筋可能会先发生疲劳破坏。在实际工程中，应该采用合适的试验方法来评估黏结应力的影响，并考虑荷载的方向和大小。这将有助于确保设计的结构在不同荷载下的长期稳定和安全。

美国混凝土协会（American Concrete Institute，简称 ACI）在 1974 年的 ACI 215 报告中建议[5]，混凝土在疲劳荷载下的允许应力上限 f_{cr} 按下式计算：

$$f_{cr} = 0.4 f_c + 0.47 f_{min} \tag{7-15}$$

ACI 215 委员会指明这个公式对荷载循环次数 $\geqslant 10^6$ 的情况都适用，并建议对直变形钢筋，疲劳最大应力上限不应超过 144.8MPa。

美国联邦和州立公路研究机构[8]建议由活荷载和冲击荷载产生的钢筋应力上限计算式如下：

$$f_r = 21 - 0.33 f_{min} + 8(h/d) \tag{7-16}$$

式中：f_r 为应力幅；f_{min} 为最小应力；h/d 为变形肋高度与钢筋直径的比值。

美国国家公路与运输协会（American Association of State Highway and Transportation Officials，简称 AASHTO）已在桥梁设计中采用式（7-16）计算钢筋应力上限。如果 h/d 未知，可以取为 0.3。这样钢筋中可允许的最大应力上限为 161.3MPa。根据 AASHTO 报告的建议，高应力区域应该避免对主筋施加弯曲力。这些建议是为了减轻钢筋的疲劳损伤，而并非从黏结疲劳的角度提出的。目前的观察结果表明，只要遵守这些限制条件，正常锚固的钢筋不会发生黏结疲劳问题。

ACI 408 委员会是美国混凝土协会下属的专门负责钢筋黏结与锚固专题的委员会。最近，他们综合了最新的疲劳试验结果后得出结论：在材料的限值符合 ACI 215 规定的前提下，只要锚固长度满足 ACI-318-89 的规定，并且考虑实际应用中的恒载荷比率，就不会发生黏结疲劳破坏。

因此，ACI 408 委员会建议设计人员首先检查钢筋的疲劳应力是否满足 ACI 215 的规

定,见下式:

$$f_r = 23.4 - 0.33 f_{\min} < 144.8 \text{MPa} \qquad (7-17)$$

假设钢筋的锚固长度符合 ACI-318-89 的规定,且 3♯~11♯ 钢筋在静载下的极限黏结强度的上限值为 5516MPa。根据试验结果,当平均黏结应力不超过极限黏结强度的 60% 时,不会发生疲劳破坏。考虑活荷载的荷载系数通常取 1.7,取疲劳黏结强度的上限值为 1931MPa。为此,ACI 408 委员会建议按以下公式计算允许的黏结强度应力幅值:

$$\sigma_b = 2.8\sqrt{f_c'}/db < 1.93 \text{MPa} \qquad (7-18)$$

ACI 408 委员会标准并未考虑影响黏结疲劳强度的 3 个关键因素,即 N、$\tau_{\max}$ 和 $\tau_{\min}$,而只是根据试验结果确定了最小的折减系数 0.6 来评估疲劳黏结强度。然而,不同的锚固条件会导致疲劳黏结强度的差异,该规定可能会影响锚固破坏的可靠性。因此,需要进一步研究这些因素对疲劳黏结强度的影响,以制定更加全面、有效的锚固设计规范。

7.4 构件的疲劳性能及验算

文献[9]中的基准试件 A-7② 被简化为直径为 100mm、高 100mm 的圆柱形模型,其中心放置一根直径为 16mm 的 HRB335 螺纹钢筋,锚固长度为 80mm,保护层厚度为 42mm。加载端放置一个 20mm 无黏结段以避免局部挤压的影响。配箍直径 $d_{sv}=4$mm,间距 $s_{sv}=50$mm。试件先发生混凝土劈裂,随后钢筋被慢慢拔出。劈裂钢筋的拉力为 22.70kN,等效平均黏结应力为 6.098MPa。钢筋受拉端端面被组成节点并施加了正向的位移荷载,位移量为 0.24mm。

1. 单元的材料参数

混凝土:强度等级 C30,$f_{ck}=17.8\text{N/mm}^2$,$f_{tk}=1.77\text{N/mm}^2$,$f_{bd}=1.83\text{MPa}$;裂纹剪力传递系数:β_t 开裂 0.3,闭合 0.9;混凝土抗拉强度调整系数为 0.6。

钢筋:纵向钢筋采用 HRB335,$f_{yk}=335\text{N/mm}^2$,$E=2.0\times10^5\text{N/mm}^2$。

接触单元:摩擦系数为 0.3。

2. 静载下等效劈裂黏结应力

取模型为全部模型的 1/36 模型,这样整个模型混凝土劈裂时钢筋端部拉力为 $F=162.358\times36=5\,844.9(\text{N})$,代入等效平均黏结应力公式 $\tau=F/(\pi dl)$,可得:

$$\tau = 5\,844.9/(\pi\times16\times20) = 581(\text{MPa})$$

由劈裂黏结应力半理论半经验公式,可得:

$$\tau_{cr} = (0.5+c/d)f_t = (0.5+42/16)\times1.77 = 5.53(\text{MPa})$$

与基准试件 A-7② 的试验结果 6.098MPa 也较接近,误差为 4.96%,小于实际工程允许误差 5%。

3. 疲劳荷载下混凝土劈裂黏结应力

在疲劳荷载作用下,试件的抗拉和抗压强度会降低。为了计算疲劳劈裂黏结应力,使用了降低材料强度的方法,并借助 ANSYS 进行了计算。由分析结果可知,当重复荷载的最小值为零时,疲劳折减系数最小,约为 0.62。取 $f_c = 17.8 \times 0.62 = 11 (\text{MPa})$、$f_t = 1.77 \times 0.62 = 1.1 (\text{MPa})$,计算模型不变。代入等效平均黏结应力公式 $\tau = F/(\pi dl)$,可得劈裂黏结应力为:

$$\tau = 36 \times 10^3.121/(\pi \times 16 \times 20) = 3.69 (\text{MPa})$$

借鉴 DNV-OS-C502 黏结疲劳的验算公式求出疲劳黏结允许应力幅;根据钢筋锚固公式,求出钢筋正常锚固时的疲劳允许应力幅 $[\Delta \sigma_s]$;最后与规范规定的钢筋材料的疲劳应力幅 (Δf_s^f) 作比较,对我国钢筋锚固疲劳性能进行评价。

4. 混凝土疲劳黏结强度

DNV-OS-C502 中 M501 的锚固寿命与黏结循环应力的关系式为:

$$\lg N = 12 \times \frac{(1 - \tau_{\max}/f_{\mathrm{bd}})}{(1 - \tau_{\min}/f_{\mathrm{bd}})} \tag{7-19}$$

式(7-19)体现了疲劳寿命 N 与黏结疲劳应力 $\tau_{\max}$、$\tau_{\min}$ 和静载黏结强度 f_{bd} 的关系。当黏结疲劳应力的最低值 $\tau_{\min}$ 不变时,可以承受的黏结疲劳应力最大值为 $\tau_{\max}$,与荷载循环次数 N 的对数 $\lg N$ 为线性关系。疲劳荷载下变形钢筋与混凝土之间的黏结强度退化与混凝土疲劳强度退化的计算公式完全相似。这说明变形钢筋黏结强度的退化与混凝土强度的退化有关联。具体而言,混凝土强度的退化是导致黏结强度退化的主要和直接原因。

令式(7-19)的 $N = 2 \times 10^6$,即疲劳寿命为 200 万次时,疲劳黏结应力值 $\tau_{\max}$、$\tau_{\min}$ 和静载黏结强度 f_{bd} 的关系如下:

$$\lg(2 \times 10^6) = 12 \times \frac{(1 - \tau_{\max}/f_{\mathrm{bd}})}{(1 - \tau_{\min}/f_{\mathrm{bd}})} \Rightarrow 0.525(1 - \tau_{\min}/f_{\mathrm{bd}}) = (1 - \tau_{\max}/f_{\mathrm{bd}})$$
$$\Rightarrow \tau_{\max}/f_{\mathrm{bd}} = 0.475 + 0.525 \tau_{\min}/f_{\mathrm{bd}} \tag{7-20}$$

左右同时减去 $\tau_{\min}/f_{\mathrm{bd}}$,可得:

$$\tau_{\max}/f_{\mathrm{bd}} = 0.475 + 0.525 \tau_{\min}/f_{\mathrm{bd}} \Leftrightarrow \frac{\Delta \tau}{f_{\mathrm{bd}}} = 0.475 \left(1 - \frac{\tau_{\min}}{\tau_{\max}} \cdot \frac{\tau_{\max}}{f_{\mathrm{bd}}}\right)$$
$$\Leftrightarrow \Delta \tau = 0.475 \cdot f_{\mathrm{bd}} \cdot \left(1 - \rho_\tau^f \cdot \frac{\tau_{\max}}{f_{\mathrm{bd}}}\right) \tag{7-21}$$

式中:$\rho_\tau^f \cdot \dfrac{\tau_{\max}}{f_{\mathrm{bd}}}$ 为黏结疲劳应力比。

式(7-21)还可以作如下变形:

$$\tau_{\max}/f_{\mathrm{bd}} = 0.475 + 0.525 \tau_{\min}/f_{\mathrm{bd}} \Leftrightarrow \tau_{\max}/f_{\mathrm{bd}} = 0.475 + 0.525 \frac{\tau_{\min}}{\tau_{\max}} \cdot \frac{\tau_{\max}}{f_{\mathrm{bd}}}$$
$$\Leftrightarrow \left(1 - 0.525 \frac{\tau_{\min}}{\tau_{\max}}\right) \cdot \frac{\tau_{\max}}{f_{\mathrm{bd}}} = 0.475 \tag{7-22}$$
$$\Leftrightarrow \tau_{\max}/f_{\mathrm{bd}} = \frac{0.475}{1 - 0.525 \rho_\tau^f}$$

将式(7-22)代入式(7-21)得:

$$\Delta \tau = 0.475 \cdot f_{\mathrm{bd}} \cdot \left(1 - \frac{0.475 \rho_\tau^f}{1 - 0.525 \rho_\tau^f}\right) \tag{7-23}$$

式中：ρ_τ^f 为疲劳黏结应力比，$\rho_\tau^f = \dfrac{\tau_{\min}}{\tau_{\max}}$；$\Delta\tau$ 为疲劳黏结应力幅 $\Delta\tau = \tau_{\max} - \tau_{\min}$。

将混凝土具体等级对应的黏结强度代入式(7-23)可得各种疲劳黏结应力比下的疲劳黏结应力幅。

5. 钢筋疲劳性能评估

由力的平衡关系可知，钢筋所受的拉力 F_s 是锚固范围内分布在钢筋表面的黏结应力累计值。计算了钢筋与混凝土的疲劳黏结应力幅，同理，可以求出钢筋承受的钢筋拉力变化幅。以上分析以公式的形式表达如下：

$$F_s = \tau(\pi d)l_a \Leftrightarrow \sigma_s\left(\dfrac{\pi d^2}{4}\right) = \tau(\pi d)l_a$$
$$\Rightarrow \Delta\sigma_s\left(\dfrac{\pi d^2}{4}\right) = \Delta\tau \cdot (\pi d) \cdot l_a \Rightarrow \Delta\sigma_s = 4 \cdot \Delta\tau \cdot \dfrac{l_a}{d} \tag{7-24}$$

式中：F_s 为钢筋受到的拉力；$\Delta\sigma_s$ 为钢筋疲劳应力幅。

将 $\Delta\tau = 0.475 f_{bd}\left(1 - \dfrac{0.475\rho_\tau^f}{1 - 0.525\rho_\tau^f}\right)$ 代入上式得：

$$\Delta\sigma_s = 1.9 f_{bd}\left(1 - \dfrac{0.475\rho_\tau^f}{1 - 0.525\rho_\tau^f}\right) \cdot \dfrac{l_a}{d} \tag{7-25}$$

同理

$$\dfrac{F_{s,\min}}{F_{s,\max}} = \dfrac{\tau_{\min}(\pi d)l_a}{\tau_{\max}(\pi d)l_a} \Leftrightarrow \dfrac{\sigma_{s,\min}(\pi d^2/4)}{\sigma_{s,\max}(\pi d^2/4)} = \dfrac{\tau_{\min}(\pi d)l_a}{\tau_{\max}(\pi d)l_a} \Leftrightarrow \dfrac{\sigma_{s,\min}}{\sigma_{s,\max}} = \dfrac{\tau_{\min}}{\tau_{\max}} \tag{7-26}$$

即有 $\rho_s^f = \rho_\tau^f$，则式(7-25)可以写成：

$$\Delta\sigma_s = 1.9 f_{bd}\left(1 - \dfrac{0.475\rho_s^f}{1 - 0.525\rho_s^f}\right)\dfrac{l_a}{d} \tag{7-27}$$

静载黏结强度和锚固长度与混凝土强度有关，因此从黏结的角度考虑，影响钢筋疲劳应力幅 $\Delta\sigma_s$ 的关键因素是混凝土强度等级和黏结疲劳应力比 ρ_τ^f（或钢筋疲劳应力比 ρ_s^f）。已经求出了不同疲劳应力比和混凝土强度下的疲劳黏结应力幅 $\Delta\tau$。

根据 DNV-OS-C502 标准计算了钢筋与混凝土的疲劳黏结应力幅允许值 $\Delta\tau$，并且根据黏结应力幅允许值和《混凝土结构设计规范(2015年版)》(GB 50010—2010)规定的钢筋最小锚固长度得到了钢筋的疲劳应力幅允许值 $\Delta\sigma_s$。根据 DNV-OS-C502 标准，当 $\Delta\sigma_s \leqslant [\Delta\sigma_s]$，不会发生疲劳黏结破坏。在《混凝土结构设计规范(2015年版)》(GB 50010—2010)中没有相关规定的情况下，可以参考 $[\Delta\sigma_s]$ 来验算疲劳荷载下的钢筋锚固长度。

思考题

研究表明，变形钢筋与混凝土之间黏结力的主要组成部分为肋与混凝土的机械咬合力，黏结的破坏与混凝土的破坏密切相关。已有试验表明，黏结的疲劳行为与素混凝土的疲劳行为有很多相似之处，思考两者之间的联系。

参考文献

[1] PARK Y J, ANG A H S. Mechanistic seismic damage model for reinforced concrete[J]. Journal of Structural Engineering, 1985, 111(4): 722-739.

[2] 胡倩倩. 往复荷载下混凝土结构疲劳性能的仿真模拟研究[D]. 重庆: 重庆大学, 2014.

[3] 王瑞敏. 混凝土结构的疲劳性能研究[D]. 辽宁: 大连理工大学, 1989.

[4] 徐有邻, 邵卓民, 沈文都. 钢筋与混凝土的粘结锚固强度[J]. 建筑科学, 1988(4): 8-14.

[5] LINDORF A, LEMNITZER L, CURBACH M. Experimental investigations on bond behavior of reinforced concrete under transverse tension and repeated loading[J]. Engineering Structures, 2009, 31(7): 1469-1476.

[6] 宋玉普, 赵国藩. 钢筋与混凝土间的粘结滑移性能研究[J]. 大连工学院学报, 1987(2): 93-100.

[7] 徐有邻, 沈文都, 汪洪. 钢筋混凝土粘结锚固性能的试验研究[J]. 建筑结构学报, 1994(6): 26-37.

[8] 徐有邻. 钢筋混凝土粘滑移本构关系的简化模型[C]//中国力学学会工程力学编辑部. 第六届全国结构工程学术会议论文集(第二卷). 南宁, 1997.

[9] 徐有邻. 变形钢筋-混凝土粘结锚固性能的试验研究[D]. 北京: 清华大学, 1990.

8 钢筋混凝土构件的抗高温性能

知识目标:熟悉钢筋混凝土结构抗高温特点;掌握温度-时间曲线;掌握截面温度场计算;熟悉钢材及混凝土高温力学性能;熟悉混凝土耦合本构关系;熟悉混凝土构件的高温分析及近似计算方法;熟悉钢筋混凝土结构抗高温性能研究趋势。

能力目标:构建清晰的混凝土抗高温材料、性能、计算的基本概念体系,具备混凝土高温分析及近似计算的能力。

学习重点:混凝土耦合本构关系、构件高温分析和近似计算。

学习难点:构件高温分析和近似计算。

8.1 结构抗高温的特点

8.1.1 概述

在人类进化和生产力发展过程中,火产生过巨大的推动作用。但是,火失控造成的火灾给人类的生命财产带来巨大危害。在各种火灾中发生次数最多、损失最严重的当属建筑物火灾。国内外建筑物火灾实例说明,由于在设计上对防火措施考虑不够周密,火灾对建筑结构产生了巨大的破坏作用。随着城市人口的日益密集及高层建筑的迅速发展,消防的难度也随之增加,促使人们对高温下钢筋混凝土性能进行系统深入的研究。许多国家都建成了能进行建筑结构抗火性能研究的大型试验装置,相继成立了许多抗火组织,苏联、美国、瑞士、法国相继颁布了钢筋混凝土抗火设计标准。我国对钢筋混凝土的高温性能研究起步较晚。20世纪60年代冶金部建筑科学研究院等单位进行过高温下混凝土强度的试验研究;公安部所属的消防研究所主要是对建筑物的耐火等级以及建筑构件的耐火性能进行研究,而较少涉及钢筋混凝土结构方面的性能研究。20世纪80年代中期开始,清华大学、同济大学、西南交通大学等单位使用自行研制的高温试验设备,对高温下、高温后钢筋和混凝土的本构模型、构件和结构在高温下的反应以及灾后评估修复等问题进行了大量试验研究,取得了较为丰实的研究成果[1,2]。

研究表明,混凝土结构在高温条件下性能较常温下复杂。环境温度的变化使得结构形成了动态的不均匀温度场,材料强度和变形性能的严重劣化引起显著的结构内力重分布现象,进而引起结构使用性能恶化、承载力下降等问题[3~8]。

8.1.2 特点

在实际工程中,钢筋混凝土结构常遇的高温工作状态主要有以下两类[9]。

(1)经常性的、处于正常工作状态的高温环境,如冶金和化工行业受高温辐射的车间(200~300℃)、烟囱的内衬(500~600℃)和外壳(100~200℃)、核电站的压力容器和安全壳(60~120℃)等。

(2)偶然性的高温冲击,如建筑物遭受火灾、核电站事故、建筑物或工事受武器轰击等。结构表面温度可在 1h 内达到 1000℃甚至更高。

针对以上两种高温工作状态,根据已有的工程实践经验和研究成果,抗高温的钢筋混凝土结构具以下受力特征[10]:

(1)不均匀温度。混凝土的导热系数极低,结构受火后表面温度迅速升高,而内部温度增长缓慢,截面上形成不均匀温度场,表层的温度变化梯度非常大。但杆系结构一般不考虑沿杆纵向的温度不均性。决定截面温度场的主要因素是火灾温度、持续时间、构件的尺寸、形状、混凝土的热工性能等。温度场对结构的内力、变形和承载力等有很大影响。反之,结构的内力状态、变形和细微裂缝等对于其温度场的影响却很小,这是因为对结构温度场的分析可以独立并先于结构的内力和变形分析。

(2)材料性能的严重恶化。高温下,钢筋和混凝土的强度和弹性模量显著降低,混凝土还出现边角崩裂、开裂的现象,是构件的承载力和耐火极限严重下降的主要原因。

(3)应力-应变-温度-时间的耦合本构关系。分析一般的常温结构时,只需要材料的应力-应变关系。高温结构的温度值和持续时间对材料的变形及强度值的影响很大,且不同的升温-加载(应力)途径又有各异的材料变形和强度值,故构成材料的应力-应变-温度-时间四者的耦合本构关系,增大了对高温结构分析的难度。

(4)截面应力和结构内力的重分布。截面的不均匀温度场产生不等的温度变形和截面应力重分布。超静定结构因温度变形受约束而发生内力(M,V,N)重分布,改变了结构的破坏机构和破坏形态,影响了极限承载力。火灾经常是在局部空间或个别房间内生成,并向周围蔓延,高温区的结构变形受到非高温区结构的约束,无论是对温度场还是对结构的分析均为动态问题。

8.2 温度-时间曲线和截面温度场

建筑物火灾对结构的高温作用主要体现在温度-时间曲线上,而高温下钢筋混凝土的受力性能主要取决于构件的截面温度分布和材料的热工特性,因此确定火灾温度、时间曲线和温度场构建是研究结构抗火性能的基础[11]。

8.2.1 温度-时间曲线

建筑物的火灾一般经历起火、燃烧、蔓延和灭火等阶段。火灾时燃烧的温度越高,持续的时间越长,火灾越严重,损失越大。建筑物的温度-时间曲线与许多因素有关,如可燃物质的性质、数量和分布,通风和气流条件,房间的构造、形状尺寸等,因此,温度-时间曲线具有较大的随机性。为了统一结构的抗火性能的要求,建立一个客观的比较尺度,一些研究机构和组织制定了标准的温度-时间曲线(图 8-1),其中国际标准化组织(ISO)建议的火灾升温曲线最为常用,计算式取为:

$$T - T_0 = 345\lg(8t+1) \tag{8-1}$$

式中:T 为在时间 t 时的炉温;T_0 为起始温度,一般为 20℃;t 为时间(min)。

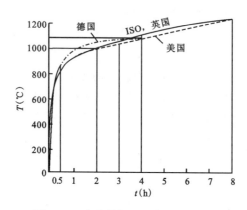

图 8-1 火灾的标准温度-时间曲线

各种标准的温度-时间都是单调升温曲线,且差别不大。虽然与实际燃烧过程不完全相同,但在分析结构的高温性能或验算结构的耐火极限时,可保证各个结构具有一致的抗火性能和耐火极限,并可得出不同结构的抗火安全性[12]。

8.2.2 截面温度场

在某一瞬时,空间各点温度分布的总体称为"温度场"。它是以某一时刻在一定时间内所有点上的温度值来描述的,可以表示为空间坐标和时间坐标的函数。在直角坐标系中,温度场可表达为:

$$T = f(x, y, z, t) \tag{8-2}$$

若温度场各点的值均不随时间变化,则温度场为稳定温度场,反之,则称为不稳定温度场。钢筋混凝土构件在火灾时的导热属于不稳定热,此时构件内温度场为不稳定温度场[13]。

结构温度场只取决于环境温度的变化、材料热工性能及构件的形状、尺寸,而与结构的受力状态无关。反之,结构的受力状态和性能,包括内力(应力)、变形、承载力等都因温度场的变化而有很大差异。因此,高温结构的计算分析,应首先独立确定温度场及其随时间的变化,而后按确定的温度场进行力学分析和构件设计[14]。

钢筋混凝土结构的温度场分析中,有变化的升温过程、非线性的材料热工参数及复杂的边界条件,使得准确快速的求导热传导微分方程非常困难。在确定结构的温度场时,一般采用如下几种方法,可根据工程所要求的计算精度选择[12]。

(1) 简化成稳态的线性一维或二维问题求解,求解析解。
(2) 用有限元法或差分法或二者结合的方法编制计算机程序进行数据分析,有些通用的结果分析程序可以计算简单的温度场问题。
(3) 制作足尺试件进行高温试验加以实测。
(4) 直接利用有关专著、设计规程及手册所提供的温度场图表或数据。

8.3 材料的高温力学性能

结构的抗火性能包括结构在火灾时和火灾后的承载能力、变形能力、稳定性和完整性等。结构材料的高温性能(高温下和冷却后)是研究结构抗火性能的基础。钢筋混凝土材料的高温性能主要包括钢筋和混凝土在高温下和冷却后的强度、弹性模量、应力应变关系、膨胀、收缩、徐变及两种材料间的黏结滑移性能等。

8.3.1 钢材

1. 强度

利用专门的升温-加载试验机进行试验,将试件置于加热炉内升温至预定值并维持恒定,一次加载至断裂,记录下应力-应变曲线(图 8-2)。

在常温下具有明显屈服台阶的钢材(Ⅰ~Ⅳ级热轧钢),在温度 $T<200℃$ 时仍有屈服台阶,屈服强度 f_y 稍有降低;当温度 $T>250℃$ 后,屈服台阶已难以辨认,屈服强度值不易准确确定。钢材的极限强度 f_{st}^T (曲线的峰值)随温度升高而显著降低。

常温下,钢材达到极限强度后出现颈缩,颈缩段较短,约为直径的 2 倍。高温下破坏时颈缩段长度随温度升高而越长,颈缩现象不明显。特别是当温度 $T>800℃$ 时,整个构件拉长变细,看不到颈缩现象。

高温下钢筋的屈服强度(f_y^T)和极限强度(f_b^T)与常温下相应强度(f_y 和 f_b)的比值见图 8-3。

热轧钢筋(Ⅰ~Ⅳ级)在 $T \leqslant 300℃$ 时强度损失较小,个别试件强度甚至可能超过常温强度;T 在 400~800℃ 之间时强度急剧下降;$T=800℃$ 时钢材强度已经很低,不足常温强度的 10%;高强钢丝(Ⅴ级)的高温强度损失更严重。

2. 钢筋的弹性模量

钢筋的弹性模量随温度升高的变化趋势与强度的变化相似,见图 8-4。$T \leqslant 200℃$ 时,弹性模量下降有限;$T=300\sim700℃$ 时,弹性模量下降迅速;$T=800℃$ 时,弹性模量已经很低,不足常温强度的 10%。

3. 应力-应变关系

钢筋的应力-应变曲线随着温度的升高而逐渐趋于平缓,屈服平台消失、突然屈服的现象越来越不明显。钢筋的高温-应力应变关系可采用图 8-5 所示的几种曲线表示。

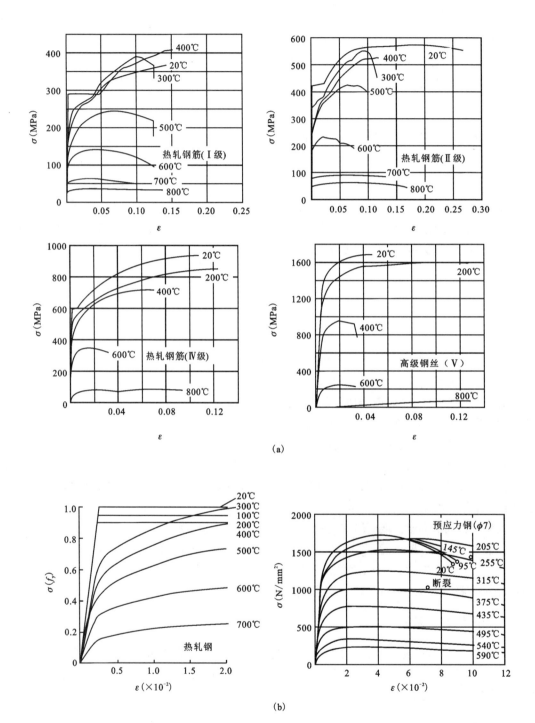

图 8-2 同钢材的高温拉伸曲线
(a) 文献[15];(b) 文献[6]

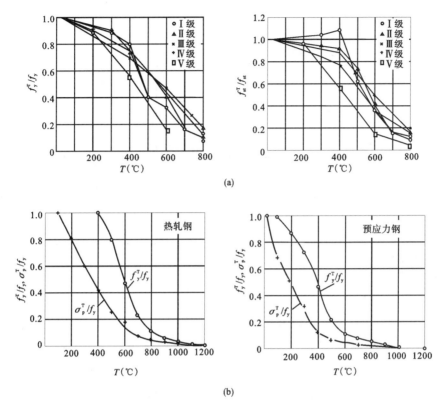

图 8-3 高温下钢筋的屈服强度和极限强度
(a)文献[15];(b)文献[16]

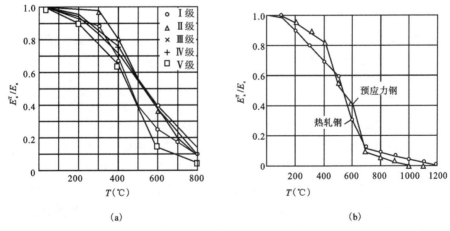

图 8-4 高温下钢筋的弹性模量
(a)文献[15];(b)文献[16]

钢筋的其他高温力学性能还包括:高温徐变在短时间内就出现,且数值可观;升温和施加应力的次序不同,有不同的变形和强度值[6,15]。

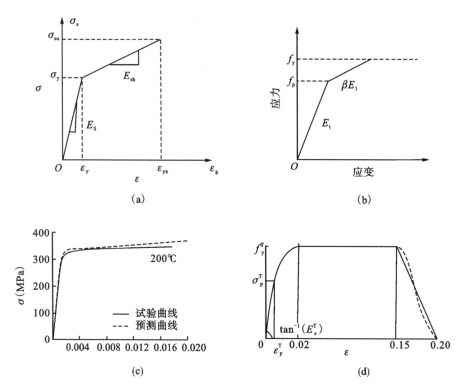

图 8-5 钢筋的高温应力-应变关系
(a)弹塑二折线[15];(b)三折线[17];(c)直线段加曲线硬化段[18];(d)应力-应变全曲线[16]

8.3.2 混凝土

混凝土的高温性能主要取决于其组成材料的矿物化学成分、配合比和含水量等因素。还会因为研究所用试验设备、方法、试件尺寸和形状,以及加热速度和恒温试件的不同而有较大差别。即使以上几项因素都相同,测定的数据也有一定的离散度。

1. 抗拉和抗压强度

混凝土的立方体抗压强度(f_{cu}^T)随温度(T)的变形如图 8-6 所示。

混凝土受到高温作用时水泥石收缩,骨料随温度升高而膨胀,两者变形不协调使混凝土产生裂缝,强度降低。当温度达到 400℃ 以后,混凝土中的 $Ca(OH)_2$ 脱水,生成 CaO,混凝土严重开裂。当温度大于 570℃ 时,骨料体积发生突变,强度急剧下降。影响混凝土高温下抗压强度的因素有很多,尤其是加热速度、不同温度-应力途径、配合比、骨料类型等。文献[19]考虑不同温度-应变耦合本构关系,给出了混凝土高温强度上、下限的计算式,而一般的温度-应力途径下的强度处于上、下限之间,随初始应力和温度变化十分明显。

高温下混凝土的抗拉强度一般用劈裂试验测定,如图 8-7 所示。抗拉强度(f_t^T/f_t)在 $T=100\sim300℃$ 之间下降 20%,当 $T\geqslant400℃$ 后近似按线性急剧降低,且其比值在 $T=300\sim500℃$ 之间出现最小值。

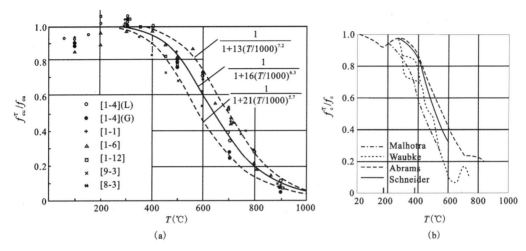

图 8-6 高温时混凝土的立方体抗压强度
(a) 文献[7]；(b) 研究者试验结果的比较[6]

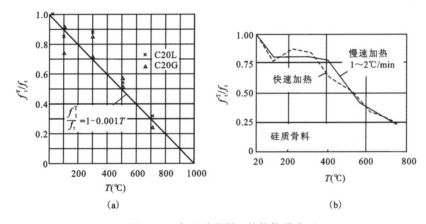

图 8-7 高温时混凝土的抗拉强度
(a) 文献[12]；(b) 文献[6]

2. 高温后残余强度

混凝土在火灾(高温)后的残余强度对评估受损结构的安全度和制定加固方案有重要意义。文献[20]考虑了高温前混凝土的含水率、试件尺寸、热处理制度及高温后试件存放时间对混凝土强度的影响。认为湿度高的混凝土在高温后的剩余强度较湿度低的相应强度低，但随混凝土含水率的下降，湿度对强度影响变得不太敏感；大尺寸试件在 200℃ 前强度低于小尺寸试件，可能是因为内部蒸气压大导致混凝土破坏；200℃ 后小尺寸试件内部最先达到最高温度，且恒温时间长，损伤大，高温后剩余强度低于大尺寸试件；快速冷却造成试件内外很大温差，加重混凝土内部结构损伤，使高温后强度比缓慢冷却的低；恒温 2h 强度比恒温 1h 强度低，但差别不大。文献[12]的试验结果表明高温后残余抗压强度与高温下的抗压强度值很接近,混凝土内部结构和抗压强度在缓慢降温过程中及回到室温后无大变化。文献[21]考虑了冷却方式及冷却后所处环境等因素对高温后混凝土抗压强度的影响,认为喷水冷却比自然冷却强度要低,冷却后放在潮湿环境中的混凝土抗压强度要低于放在自然环境中的混凝土抗压强度。文献[22]给出高温后混凝土强度在不同升温速率下试验结果的差别。高温燃油炉比电炉升温速率快,高温燃油炉升温曲线条件下的混凝土强度呈逐渐下降趋势,而电炉升温曲线条件下的混凝土强度在25~400℃温度范围内下降不明显,而400℃以后下降较快。并比较了高强混凝土与普通混凝土高温后强度变化规律,二者相似,但高强混凝土强度损失比普通混凝土强度损失大。温度较低时,高强混凝土强度下降不明显;当温度高于600℃时,强度大幅度下降。文献[23]进行了高温后高强混凝土的力学性能试验研究,并与普通混凝土进行了比较,发现在常温至500℃温度范围内,高强混凝土具有明显不同于普通混凝土的特点,快速升温时发生爆裂现象,其抗火性能低于普通混凝土。

3. 受压应力-应变全曲线

混凝土的棱柱体受压应力-应变全曲线随试验温度的增高而趋于扁平,见图8-8。峰值点逐渐向右下方移动,即棱柱体抗压强度 f_c^T 和峰值应变 ε_p^T 增大。不同骨料和强度等级的混凝土有相似的曲线形状。

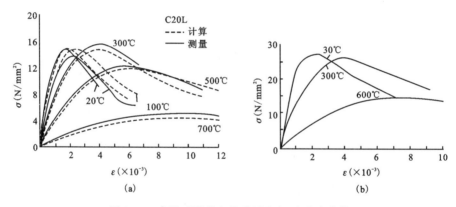

图8-8 高温时混凝土的受压应力-应变全曲线
(a)文献[7];(b)文献[24]

从应力-应变曲线的峰点摘取混凝土的棱柱体高温强度(f_c^T)和峰值应变(ε_p^T),它们随温度的变化如图8-9所示。

4. 弹性模量和泊松比

从实测应力-应变曲线上取 $\sigma=0.4f_c^T$ 时的割线模量作为混凝土的初始弹性模量 E_0^T,由棱柱体强度和相对应的应变计算峰值变形模量 $E_p^T=f_c^T/\varepsilon_p^T$。这两个弹性模量都随温度的升高而单调下降,且数值接近,如图8-10所示。另有研究者 Marechal[25]等人研究发现,混凝土的弹性模量在降温过程中很少变化,如图8-11所示,分析原因与抗压强度相似,高温下混凝土的内部损伤不可恢复。

8 钢筋混凝土构件的抗高温性能

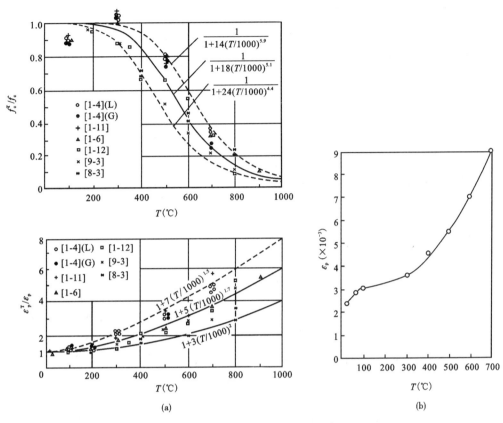

图 8-9 高温时混凝土的棱柱体抗压强度和峰值应变
(a)文献[7];(b)文献[24]

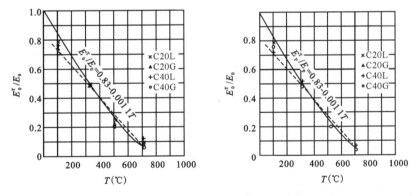

图 8-10 高温时混凝土的弹性模量[7]

$T>50℃$时,混凝土的泊松比随温度升高而减小,至 400℃ 时其值不足常温的一半。降温时泊松比保持最低值,不可恢复,见图 8-12[25]。

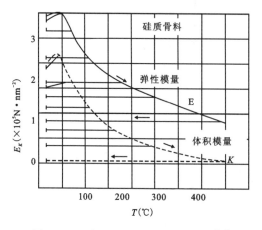

图 8-11 降温时混凝土的弹性模量[25]

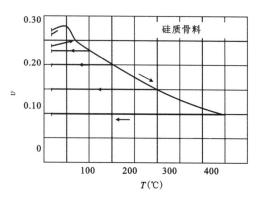

图 8-12 高温时混凝土的泊松比[25]

8.3.3 钢筋与混凝土间的黏结力

混凝土在高温下和高温后强度下降,必然引起钢筋和混凝土间黏结强度的下降。随温度升高黏结强度呈连续下降趋势,变形钢筋的黏结强度比表面钢筋的大得多,严重锈蚀表面钢筋的黏结强度好于新轧表面钢筋的黏结强度。而高温下的黏结性能又好于冷却后的黏结性能。可用黏结力降低系数[26]衡量高温导致的黏结力下降。黏结强度(τ_u^T)随温度变化见图 8-13。

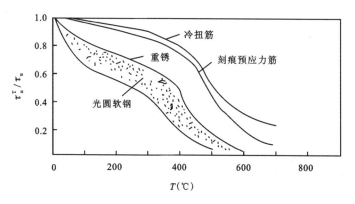

图 8-13 高温时钢筋和混凝土的黏结强度[26]

8.3.4 混凝土的黏结劈拉强度

为了研究混凝土结构建筑物在高温(火灾)损伤后进行混凝土黏结修补的黏结性能,对经历高温混凝土与新混凝土的黏结试件进行了劈拉强度试验,试验结果表明[27]:从常温到600℃,破坏均从黏结面开始,老混凝土所经历的高温对新老混凝土黏结面的劈拉强度影响较小,黏结面的黏结强度基本和常温时的强度相近,没有因温度的升高而显著降低。600℃以后,破坏发生在老混凝土一侧。喷水冷却比自然冷却后的新老混凝土黏结劈拉强度降低得多一些。增大新混凝土的强度并不能有效地提高黏结强度。对于火烧混凝土构件的黏结修补,老混凝土灼伤层的性能是黏结面质量的关键,应避免黏结构件在老混凝土一侧破坏。

8.4 混凝土的高温本构关系

实际结构在长期使用中会承受各种恒载和活载作用,以及遭受经常性或偶然性的温度变化,经历复杂的荷载-温度史,也包括升降温过程中的内力重分布。结构中各点的应力-温度途径不尽相同。

混凝土从起始条件到达应力和温度的一个确定值,有很多不同的路径,两种基本途径为先升温后加载和先加载后升温。

8.4.1 抗压强度的上、下限

按不同应力-温度途径试验测定的混凝土立方体抗压强度见图8-14[28,7]。

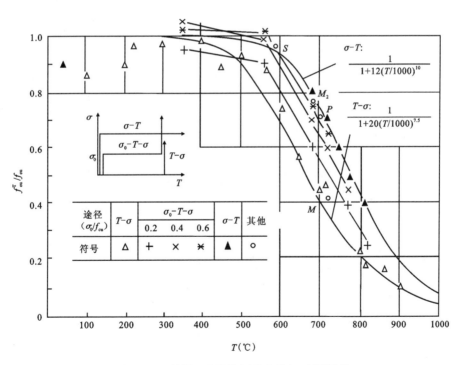

图8-14 混凝土高温抗压强度的上、下限[28,7]

其中恒温加载途径下的抗压强度连线(图8-6)是各种途径下抗压强度的下包络线,即混凝土高温抗压强度的下限;恒载升温途径下的抗压强度连线是上包络线,即高温抗压强度的上限。其他途径的强度均位于上、下限范围之间。而上、下限在 $T=600\sim800℃$ 间差别最大,绝对值相差$(0.2\sim0.35)f_{cu}$,上、下限比值达 $1.4\sim2.5$。恒载升温途径下混凝土抗压强度偏高的原因是先期压应力的作用限制了混凝土在高温下的自由膨胀变形,缓解了高温对骨料和水泥砂浆间黏结的破坏作用。

8.4.2 应力下的温度变形、瞬态热应变和短期高温徐变

混凝土在升温和降温过程中温度变形值受应力状态的影响而有很大变化,如图 8-15 所示。在较低的温度范围内(80℃以内),当混凝土承受外来荷载并同时考虑温度作用时,计算应变的方法是二者简单的迭加。但是大量的试验研究表明,当温度较高(80℃以上)时,处于压应力状态的混凝土在升温过程中,产生较显著的瞬态热应变和短期高温徐变,使得其膨胀量远远小于上述方法迭加的结果,甚至产生压缩变形。其中,瞬态热应变的数值很大,远远大于常温下混凝土的受压峰值应变,也大于高温时的短期徐变。

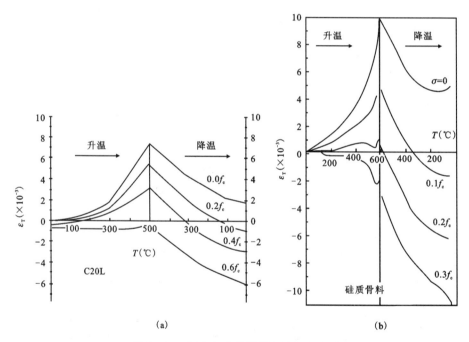

图 8-15 恒定应力下混凝土的温度变形
(a)文献[29];(b)文献[30、31]

相同温度下,混凝土的自由膨胀应变(ε_{th})和应力下的温度应变(ε_T)的差值称为瞬态热应变 ε_{tr},即:

$$\varepsilon_{tr} = \varepsilon_{th} - \varepsilon_T \tag{8-3}$$

如图 8-16 所示,瞬态热应变在升温阶段随温度的升高而加速增长,且约与应力水平(σ/f_c)成正比,在降温阶段则近似为常数。

瞬态热应变的存在使得混凝土在高温下产生应力松弛或应力重分布,因此在混凝土高

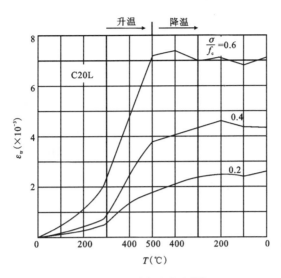

图 8-16 瞬态热应变[29]

温分析中必须加以考虑。国内外学者对混凝土瞬态热应变进行了试验研究和理论分析,一般认为混凝土瞬态热应变是由混凝土内水泥凝胶体在高温时发生物理化学变化等原因引起的。过镇海、李卫[29]以两种基本的温度-应力途径分析了不同温度-应力途径下混凝土变形的巨大差别,给出了应力下温度应变(即自由膨胀变形与瞬态热应变的差值)的计算公式:

$$\varepsilon_{T(\sigma)} = 0.01\left(1-\frac{\sigma}{f_c}\right)(T-20)^{2.2}\times 10^{-6} \qquad (8-4)$$

胡海涛、董毓利在文献[32]中给出了普通混凝土和高强混凝土自由膨胀应变以及瞬态热应变的计算公式。分析结果表明,高强混凝土在恒定应力下的温度变形与初始应力水平和温度值密切相关,与普通混凝土有较大不同,得出结论如下:①在相同温度下,高强混凝土自由膨胀变形大于普通混凝土,且温度越高越明显;②在相同应力水平下,高强混凝土的温度变形大于普通混凝土;③在相同应力水平下,高强混凝土的瞬态热应变低于普通混凝土。以上分析结果可供高温下高强混凝土结构的耐火设计及理论分析参考。

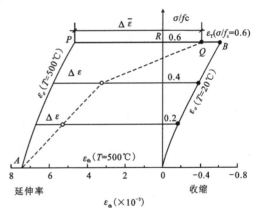

图 8-17 不同应力-温度途径下的混凝土变形[29]

对混凝土在不同应力-温度途径下的变形值进行比较(图 8-17)可知,不同温度应力途径导致的最终总应变差别巨大。因此,在进行结构的高温性能分析时,必须考虑混凝土的应力-温度途径,引入耦合本构关系,否则结果将是不准确、不合理的。

短期高温徐变(ε_{cr})是另一类与应力有关的温度变形,是指在恒定的应力和温度情况下,随时间增长的变形,见图 8-18。

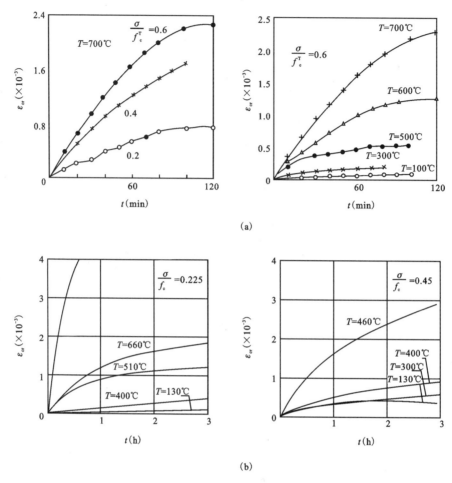

图 8-18 混凝土的短期高温徐变
(a)文献[28];(b)文献[6]

混凝土的短期高温徐变,在起始阶段($t<60$ min)增长较快,往后逐渐减慢,且与应力水平($\sigma/f_c \leqslant 0.6$)约成正比增加,但随温度的升高而加速增长。其值远大于常温下的徐变值,且在很短时间内就可以测到。但与混凝土的温度应变和高温下应力产生的即时应变(ε_{th},ε_T,ε_{tr})相比却小得多。

8.4.3 耦合本构关系

混凝土在应力和温度的共同作用下产生的应变,可看作由 3 个部分组成[28,7]:恒温下应力产生的应变(ε_σ,图 8-8)、恒载(应力)下的温度应变(ε_T)和短期高温徐变(ε_{cr}),总应变为:

$$\varepsilon = -\varepsilon_\sigma(\sigma,T) + \varepsilon_T(\sigma/f_c,T) - \varepsilon_{cr}(\sigma/f_c^T,T,t) \tag{8-5}$$

将式(8-4)带入式(8-5),得

$$\varepsilon = -\varepsilon_\sigma(\sigma,T) + \varepsilon_{th}(T) - \varepsilon_{tr}(\sigma/f_c,T) - \varepsilon_{cr}(\sigma/f_c^T,T,t) \tag{8-6}$$

式中:各高温应变分量可分别从试验中测定,或采用文献[7,19]中建议的公式计算。

混凝土的高温本构关系必须要解决应力(σ)、应变(ε)、温度(T)和时间(t)等 4 个因素的相互耦合关系,比常温下的应力-应变关系要复杂很多。文献[33]推导了混凝土高温动态本构方程,见式(8-7)。

$$\sigma = E_0 \varepsilon (1-D) K_\varepsilon K_T \tag{8-7}$$

式中:E_0 表示材料的初始弹性模量;D 为损伤量($0 \leqslant D \leqslant 1$)。显然材料应力-应变曲线的非线性行为完全由损伤量 D 来描述,而材料的应变率硬化效应与温度软化效应则由 K_ε 和 K_T 来描述。

混凝土高温应变大而强度低,材料的热工和力学性能变动大,结构混凝土的应力-温度途径变化很多。因此,准确地建立混凝土高温本构关系难度很大,现有的建议不够完善,还需更多的研究和改进。

8.4.4 混凝土的高温爆裂

高强混凝土的内部微观结构致密,阻碍了高温下内部蒸汽压力的有效释放,导致火灾过程中常常出现严重的爆裂现象。试验结果表明,火灾作用下高强混凝土构件的表面爆裂深度常常可涵盖整个钢筋保护层[34]。爆裂问题的关键是定量确定爆裂发生的时间和爆裂深度。影响高强混凝土高温爆裂的因素(如含水率、升温速率、水灰比、混凝土强度等级、外加预应力、构件截面尺寸、骨料种类、钢筋保护层厚度、养护方式、养护时间等)十分复杂。目前国内外学者虽然进行了大量试验,但试验结果比较离散,尚无法较准确地建立起爆裂发生时间及爆裂深度与各主要影响因素之间的定量关系。

目前国际上已有能够测量混凝土内部蒸气压的试验装置[35]及模拟混凝土内部温度分布和蒸汽压力分布的热和质量传递耦合数学模型[36],这些为火灾下高强混凝土爆裂机理的深入研究奠定了基础。鉴于混凝土爆裂的特征和引发因素,人们主要从孔隙水(汽)压力和热应力等方面对爆裂成因进行了探讨,主要有如下几种研究观点[37]:孔隙水(汽)压力学说、热应力学说和热开裂学说。

8.5 构件的高温分析和近似计算

8.5.1 板式构件

研究结果发现:①楼板是火灾过程中结构最薄弱的部位,钢筋保护层厚度对板的抗火性能影响显著,在未发生爆裂的情况下,高强混凝土板与普通混凝土板的耐火极限差别不大[38]。②火灾发生后板内各点的残余抗压强度呈现出与板内温度场有关的空间分布规律[39]。③火灾过程中钢筋混凝土连续板的破坏形态和常温下不同,边跨受火时塑性铰出现在受火跨的负筋截断处[40]。钢筋混凝土板在高温下承载力的数值计算较为完善[41,42],将受火面进行折减后按照常规的截面承载力计算方法计算即可,董毓利[43]等人采用塑性铰线法分析了板的抗火计算方法。另外,钢筋混凝土楼板在高温下形成的薄膜效应[44]和钢筋混凝土楼板在火灾下考虑侧向约束的力学性能[45]还有待进一步深入研究。

8.5.2 梁式构件

研究结果发现：①钢筋混凝土简支梁在火灾高温下会产生与常温下完全不同的横向裂缝和龟状裂缝；火灾时混凝土梁的使用荷载大小对挠度变化有很大的影响[46]。②常温时属于适筋的高配筋率简支梁，高温后其破坏形态可能转变为超筋破坏；梁的配筋率越高，高温后其承载能力的降低幅度也越大[47]。拉区高温梁在高温时的承载力和刚度与常温梁相比，严重下降，但降温后因钢筋强度复原，梁承载力大部分可以恢复；而压区高温梁在高温时和降温后的极限承载力接近，且比常温梁下降有限[48]。③加温位置不同对连续梁的内力和挠度变化有很大影响，连续梁的抗火性能比简支梁要好。④由于爆裂的发生，相同条件下高强混凝土梁的抗火性能比普通混凝土梁更差。

一组矩形截面对称配筋梁的三面高温试验结果[49]见图8-19。

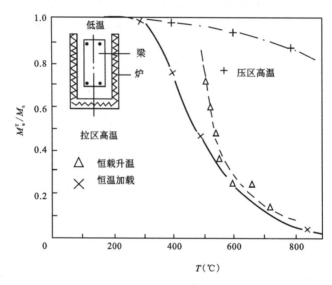

图8-19　三面高温梁的极限弯矩-温度关系

8.5.3 柱式构件

研究结果发现：①四面均匀受火条件下，轴压柱主要因混凝土压碎而破坏，偏压柱则主要因侧向挠度过大而失效，骨料种类对轴压柱的影响比偏压柱要大，但端点约束对偏压柱的影响比轴压柱更为显著[13]。②不均匀受火（如三面受火）柱的破坏形态与常温下截然不同，不均匀受火柱截面的强度中心与几何中心一般不再重合，常温下的轴压柱实际已处于偏压状态，最后呈现出与常温不同的小偏心受压破坏，且侧向极限变形较大，恒载升温柱比恒温加载柱的抗火性能要好[50]。③由于爆裂的发生，相同条件下高强混凝土柱的抗火性能比普通混凝土柱更差。压弯构件在三面高温情况下的系列实验结果见图8-20。有学者研究了高温下钢筋混凝土柱承载力的简化计算方法[51,52]。计算简图见图8-21。

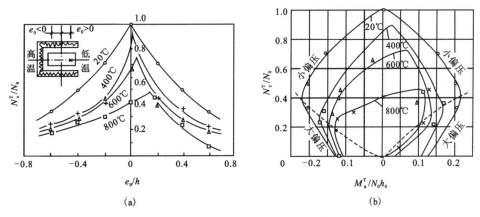

图 8-20 不同温度下的压弯构件极限承载力
(a)极限承载力和偏心距[53,54];(b)极限弯矩-轴力包络图[54]

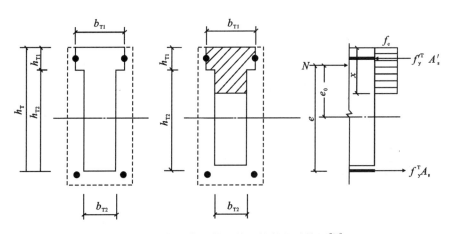

图 8-21 拉区高温截面偏压构件的计算图[51]

8.5.4 墙式构件

研究结果发现[55]:①火灾作用下混凝土强度较高的墙的变形比混凝土强度较低的墙要小。②单面受火时,墙的面内承载能力明显降低,但混凝土强度对墙的面内承载能力影响不大。③与弯曲裂缝较多的墙相比,没有弯曲裂缝或弯曲裂缝较少的墙更容易发生爆裂。④钢筋保护层厚度对墙的承载能力具有显著影响。

8.5.5 框架结构

研究结果发现:①高温下框架结构容易发生剪切破坏和节点区受拉破坏[56]。②因为构件的高温变形受到梁柱相互约束,框架内部将产生剧烈的内力重分布,这对结构的变形和强度具有重要影响。从破坏现象来看,火灾中剪力作用对结构反应有显著影响[57]。

8.5.6 近似计算

1. 强度下限法[58]

该方法给定不同种类混凝土和钢筋随温度变化的计算强度值如图 8-22 所示,这些数值约为试验的下限值。根据截面温度场确定钢筋温度和受压区混凝土平均温度,从而得出强度值。再列出极限平衡方程求解高温极限承载力,计算简图如图 8-23 所示。

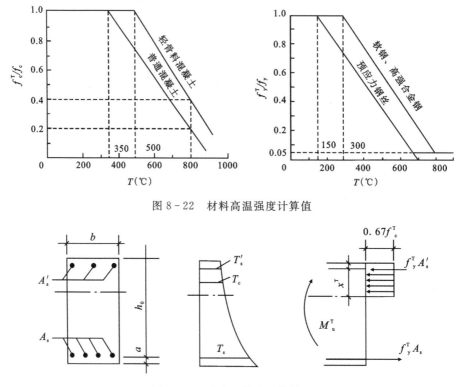

图 8-22 材料高温强度计算值

图 8-23 强度下限法计算简图

2. 有效面积法[16]

该方法首先根据构件截面温度场表格,确定火灾持续一定时间后界面上 500℃ 等温线,忽略截面上 $T>500℃$ 的部分,将有效积近似为矩形,如图 8-24 所示。计算式只取此矩形上的混凝土和钢筋分析,钢筋强度由所在温度场确定,混凝土强度取常温值。与常温构件方法相同,建立平衡关系。

3. 等效截面法[7]

将混凝土和钢筋的高温计算强度图简化为梯形或台阶形(图 8-25)。确定截面温度场和若干等温线后,将各温度区段的截面实际宽度按照混凝土高温计算强度的比例(f_c^T/f_c)加以折减,即可得到相应的等效梯形或单、双翼缘的"T"形截面。然后按匀质混凝土 f_c 在常温下的等效截面计算。

8 钢筋混凝土构件的抗高温性能

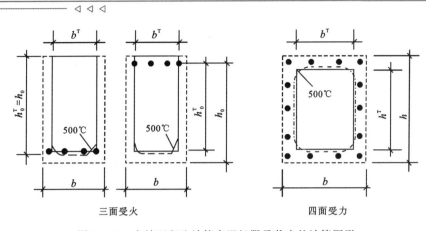

三面受火 　　　　　　　　四面受力

图 8-24　有效面积法计算高温极限承载力的计算图形

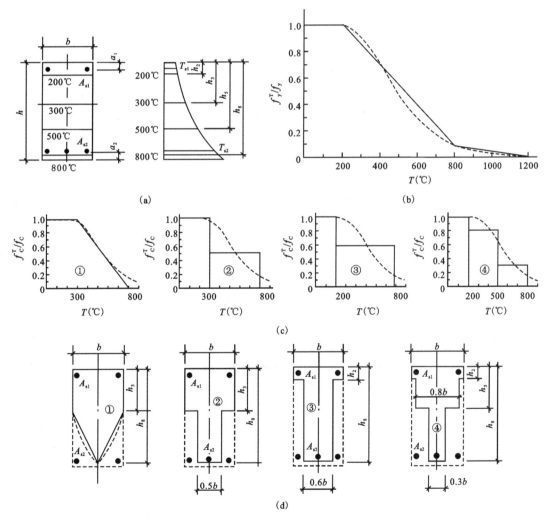

图 8-25　等效截面法计算极限高温承载力
(a)截面温度;(b)钢筋高温计算强度;(c)混凝土高温计算强度;(d)等效截面

8.6 钢筋混凝土结构抗高温性能研究趋势

采用更精细的高温材料模型,模拟真实结构的火灾反应,是结构抗火计算理论的发展趋势。考虑建筑物的真实火灾特性,基于整体结构的火灾反应,进行结构火灾风险评估,并以保障建筑消防人员安全和降低结构抗火成本为目标,确定结构抗火性能指标,进行结构抗火设计,是结构抗火安全评价与抗火设计的发展趋势。而要对结构抗火理论进行验证,发展新的结构抗火试验技术仍十分必要。

思考题

8.1 综述不同应力-温度途径对混凝土强度和变形性能的影响。

8.2 采用有限元软件,选取标准火灾升温曲线,建立钢筋混凝土板火灾瞬态传热有限元模型,板传热为一维传热,选择平面1m×1m的不同板厚的钢筋混凝土板进行分析,板的厚度满足《混凝土结构设计规范(2015年版)》(GB 50010—2010)中的规定,板配筋情况及材料高温热工参数自取。对钢筋混凝土板截面温度场进行分析。

参考文献

[1] 朱伯芳,王同生,丁宝瑛,等.水工混凝土结构的温度应力与温度控制[M].北京:水利电力出版社,1976.

[2] 冶金工业部建筑研究总院.冶金工业厂房 钢筋混凝土结构抗热设计规程 YS12-79(试行)[M].北京:冶金工业出版社,1981.

[3] Fédération International de la Précontrainte. The design and construction of prestressed concrete reactor vessels[R]. Slough:FIP,1978.

[4] ASME. Boiler and Pressure Vessels Code[S]. An American National Standard(ACI Standard 359-74). Section Ⅲ,Division 2,1975.

[5] Fédération International de la Précontrainte. FIP/CEB Recommedations for the Design of Reinforced and Prestressed Concrete Structural Members for Fire Resistance[M]. Slough:FIP,1975.

[6] Fédération International de la Précontrainte. FIP/CEB Report on Methods of Assessment of the Fire Resistance of Concrete Structural Members[M]. Slough:FIP,1978.

[7] 过镇海,时旭东.钢筋混凝土的高温性能及其计算[M].北京:清华大学出版社,2003.

[8] 段文玺.建筑结构的火灾分析和处理(一)——火灾温度确定方法[J].工业建筑,1985(7):48-53.

[9] 清华大学抗震抗爆工程研究室.钢筋混凝土结构构件在冲击荷载下的性能[M].北

京:清华大学出版社,1986.

[10]清华大学抗震抗爆工程研究室.钢筋混凝土结构构件在冲击荷载下的性能[M].北京:清华大学出版社,1986.

[11]NORBY G M. A review of research-fatigue of concrete[J]. ACI Structural Journal,1958,55(2):191-220.

[12]李卫,过镇海.高温下混凝土的强度和变形性能试验研究[J].建筑结构学报,1993,14(1):8-16.

[13]苏南,林铜柱,LIE T T.钢筋混凝土柱的抗火性能[J].土木工程学报,1992,25(6):25-36.

[14]路春森.建筑结构耐火设计[M].北京:中国建材工业出版社,1995.

[15]吕彤光.高温下钢筋的强度和变形试验研究[D].北京:清华大学,1996

[16]Commission of the European Communities. Eurocode No. 2, Design of Concrete Structure,Part 10:Structural Fire Design[S]. Slough:FIP,1990.

[17]赵金城.高温下钢材力学性能的试验研究[J].建筑结构,2000,4(4):26-28.

[18]丁发兴,余志武,温海林.高温后Q235钢材力学性能试验研究[J].建筑材料学报,2006,9(2):245-249.

[19]ANDERBERGE Y. Predicted fire behavior of steel and concrete structures[R]. International Seminar on Three Decades of Structural Fire Safety,London,1983.

[20]李固华,凤凌云,郑盛娥.高温后混凝土及其组成材料性能研究[J].四川建筑科学研究,1991,2(1):1-5.

[21]阎继红,林吉伸,胡云昌.高温作用后混凝土抗压强度的试验研究[J].土木工程学报,2002,35(2):14-16.

[22]李敏,钱春香,孙伟.高温混凝土火灾后性能变化规律研究[J].工业建筑,2002,32(10):34-36.

[23]吴波,袁杰,王光远.高温后高强混凝土力学性能的试验研究[J].土木工程学报,2000,33(2):8-12.

[24]BALDWIN R,NORTH M A. A stress-strain relationship for concrete at high temperature[J]. Magazine of Concrete Research,1973(12):208-211.

[25]MARECHAL J C. Variations in the modulus of elasticity and Poisson's ratio with temperature[J]. Special Publication,1972,34:495-504.

[26]DIEDERICHS U,SCHNEIDER U. Bond strength at high temperature[J]. Magazine of Concrete Research,1981(6):75-84.

[27]郭进军,宋玉普,张雷顺.混凝土高温后进行粘结劈拉强度试验研究[J].大连理工大学学报,2004,43(2):213-217.

[28]南建林,过镇海,时旭东.混凝土的温度-应变耦合本构关系[J].清华大学学报,1997,37(6):87-90.

[29]过镇海,李卫.混凝土在不同温度-应力途径下的变形性能和本构关系[J].土木工程学报,1993,26(5):58-69.

[30] KHOURY G A, GRAINGER B N, SULLIVAN P J E. Strain of concrete during first heating to 600℃ under load[J]. Magazine of Concrete Research, 1985, 37(133): 195-215.

[31] KHOURY G A, GRAINGER B N, SULLIVAN P J E. Strain of concrete during first cooling from 600℃ under load[J]. Magazine of Concrete Research, 1986, 38(134): 3-12.

[32] 胡海涛, 董毓利. 高温时高强混凝土瞬态热应变的试验研究[J]. 建筑结构学报, 2002, 23(4): 32-35.

[33] 贾彬, 陶俊林, 王汝恒, 等. 混凝土高温动态力学特性与本构方程[J]. 实验力学, 2013, 28(6): 723-731.

[34] CHIANG C H, TSAI C L. Time-temperature analysis of bond strength of a rebar after fire exposure[J]. Cement and Concrete Research, 2003, 33(10): 1651-1654.

[35] KALIFA P, MENNETEAU F D, QUENARD D. Spalling and pore pressure in HPC at high temperatures[J]. Cement and Concrete Research, 2000, 30(12): 1915-1927.

[36] CORRADI L, POGGI C, SETTI P. Interaction domains for steel beam-columns in fire conditions[J]. Journal of Constructional Steel Research, 1990, 17(3): 217-235.

[37] 傅宇方, 黄玉龙, 潘智生, 等. 高温条件下混凝土爆裂机理研究进展[J]. 建筑材料学报, 2006, 3(3): 323-329.

[38] SHIRLEY S T, BURG R G, FIORATO A E. Fire endurance of high-strength concrete slabs[J]. ACI Materials Journal, 1988, 85(2): 102-108.

[39] CHAN Y N S, PENG G F, ANSON M. Fire behavior of high-performance concrete made with silica fume at various moisture contents[J]. ACI Materials Journal, 1999, 96(3): 405-409.

[40] 陈礼刚, 李晓东, 董毓利. 钢筋混凝土三跨连续板边跨受火性能试验研究[J]. 工业建筑, 2004, 34(1): 66-75.

[41] 屈立军. 火灾时钢筋混凝土受弯构件承载力计算[J]. 建筑技术, 1996, 23(12): 828-830.

[42] 董毓利, 范维澄, 王清安, 等. 火灾后钢筋混凝土板的承载力计算与可靠指标分析[J]. 火灾科学, 1996, 5(2): 7-11.

[43] 董毓利, 王清安, 范维澄. 火灾后钢筋混凝土异形板的极限均布荷载[J]. 力学与实践, 1998, 20(4): 53-55, 80.

[44] LIM L, BUCHANAN A, MOSS P, et al. Numerical modeling of two-way reinforced concrete slabs in fire[J]. Engineering structures, 2004, 26: 1081-1091.

[45] USMANI A S, CAMERON N J K. Limit capacity of laterally restrained reinforced concrete floor slabs in fire[J]. Cement and Concrete Composites, 2004, 26: 127-140.

[46] 刘靖. 高温下钢筋混凝土受弯构件抗弯承载力理论研究[D]. 南宁: 广西大学, 2011.

[47] 王春华, 程超. 高温冷却后钢筋混凝土简支梁强度损伤的研究[J]. 西南交通大学学报, 1992, 27(2): 65-74.

[48] 孙劲峰, 时旭东, 过镇海. 三面受热钢筋混凝土梁在高温时和降温后受力性能的试验研究[J]. 建筑结构, 2002, 32(1): 34-36.

[49] 时旭东. 高温下钢筋混凝土杆系结构试验研究和非线性有限元分析[D]. 北京:清华大学,1992.

[50] 时旭东,李华东,过镇海. 三面受火钢筋混凝土轴心受压柱的受力性能试验研究[J]. 建筑结构学报,1997,18(4):13-22.

[51] 杨建平,时旭东,过镇海. 高温下钢筋混凝土压弯构件极限承载力简化计算[J]. 建筑结构,2002,32(8):23-25.

[52] 郑永乾,杨有福,韩林海. 钢筋混凝土柱耐火极限的理论计算模型[C]. 第十三届全国结构工程学术会议,2004.

[53] 李华东. 高温下钢筋混凝土压弯构件的试验研究[D]. 北京:清华大学,1994.

[54] 张杰英. 钢筋混凝土压弯构件的高温试验研究[D]. 北京:清华大学,1997.

[55] 吴波. 火灾后钢筋混凝土结构的力学性能[M]. 北京:科学出版社,2003.

[56] 袁杰. 火灾后高强混凝土结构的剩余抗力研究[D]. 哈尔滨:哈尔滨工业大学,2001.

[57] 姚亚雄,朱伯龙. 钢筋混凝土框架结构火灾反应分析[J]. 同济大学学报,1997,25(3):255-261.

[58] Joint Committee of the Institution of Structural Engineers and the Concrete Society. Design and detailing of concrete structure for fire resistance[R]. London,1978.

9 再生混凝土结构的性能

知识目标：掌握再生混凝土力学的基本概念；了解再生混凝土耐久性破坏的基本形式；掌握再生混凝土碳化机理、氯离子侵蚀机理、冻融破坏机理、碱-骨料反应机理、抗溶蚀性能；了解再生混凝土结构的可持续性设计。

能力目标：了解再生混凝土力学基本概念，具备对再生混凝土耐久性破坏机理分析的能力。

学习重点：再生混凝土的力学性能。

学习难点：再生混凝土耐久性破坏机理。

9.1 再生混凝土的力学性能

9.1.1 抗压性能

由于再生骨料的性能、配合比设计方法及成型工艺等不同于天然混凝土，加上再生骨料破碎工艺等的影响，再生混凝土的力学性能较天然混凝土有很大的不同，其中，抗压性能是混凝土最基础，也是最重要的力学性能。

目前对再生混凝土抗压性能的研究出现了两种截然相反的观点。一种观点认为，再生混凝土的强度低于普通混凝土。Malhotra[1]、Kakizaki[2]等通过试验均发现再生混凝土的抗压强度比普通混凝土降低不多，仅为5%～10%。B.C.S.J[3]的研究指出，再生混凝土的抗压强度比普通混凝土低14%～32%。Hansen[4]研究发现，混凝土的抗压强度随着再生骨料取代率的增加而降低。Poon[5]等认为，相比普通混凝土，全部采用再生骨料的再生混凝土的抗压强度降低范围为0～30%。肖建庄等[6]的试验结果表明，当再生骨料取代率为100%时，再生混凝土的抗压强度较普通混凝土的抗压强度降低50%。黄显智等[7]通过试验发现，当再生骨料的取代率不大于50%时，再生混凝土28 d抗压强度不会受到显著的影响。

另一种观点认为，再生混凝土的抗压强度高于普通混凝土。张向冈[8]、陈宗平[9]等经试验发现，再生混凝土的抗压强度随着再生骨料取代率的增加而增加，再生骨料取代率为100%时抗压强度增幅约为8%。Ridzuan[10]经试验也发现，再生混凝土的抗压强度比普通混凝土高2%～20%。导致以上两种矛盾冲突的研究观点的原因是多方面的，主要原因可能在于再生骨料品质的差异性。

(1)试验概况。水泥为江苏扬子水泥有限公司生产的 P.O 42.5 级普通硅酸盐水泥;矿物掺合料选用粒化高炉矿渣与粉煤灰;减水剂采用 JK-PCA 型(A 型)聚羧酸缓凝减水剂;聚丙烯纤维为 12mm 长 TB-19 束状单丝纤维;天然粗骨料为 4.75~20mm 石灰石碎石,天然细骨料为 0.16~4.75mm 普通河砂。再生粗、细骨料来自常州某再生混凝土骨料生产基地,粒径分别与天然粗、细骨料保持一致。

配合比设计:配合比设计方法按照自由水胶比方法进行,其中,附加水采用再生骨料 30min 的吸水率计算。根据再生粗、细骨料取代方式的不同分为三大类:单掺再生细骨料,单掺再生粗骨料以及双掺再生粗、细骨料。水胶比和砂率分别固定为 0.42% 和 35%;粉煤灰和矿渣掺量都为胶凝材料总质量的 20%。具体配合比设计见表 9-1~表 9-3,一共制作 60 个试块。其中一组为天然骨料混凝土,作为对照组,尺寸规格为 150mm×150mm×150mm 的立方体试块。试块放入标准养护室中养护 28 d。试验方法参照《混凝土物理力学性能试验方法标准》(GB/T 50081—2019)。

表 9-1 单掺再生粗骨料配合比

试件编号	再生粗骨料取代率(%)	再生混凝土中各个材料用量(kg/m³)								
		水泥	矿渣	粉煤灰	天然粗骨料	天然砂	再生粗骨料	减水剂	纤维	自由水
N	0	262.8	87.6	87.6	1140	613.0	0	2.19	0.44	184
RCA1	30	262.8	87.6	87.6	790.0	607.0	339.0	2.19	0.44	184
RCA2	40	262.8	87.6	87.6	675.0	605.0	450.0	2.19	0.44	184
RCA3	50	262.8	87.6	87.6	561.0	603.0	561.0	2.19	0.44	184
RCA4	60	262.8	87.6	87.6	447.0	601.0	671.0	2.19	0.44	184
RCA5	70	262.8	87.6	87.6	334.0	599.0	780.0	2.19	0.44	184

表 9-2 单掺再生细骨料配合比

试件编号	再生细骨料取代率(%)	再生混凝土中各个材料用量(kg/m³)								
		水泥	矿渣	粉煤灰	天然粗骨料	天然砂	再生粗骨料	减水剂	纤维	自由水
N	0	262.8	87.6	87.6	1140	613.0	0	2.19	0.44	184
RFA1	10	262.8	87.6	87.6	1 147.2	511.7	65.0	2.19	0.44	184
RFA2	20	262.8	87.6	87.6	1 150.0	450.4	122.6	2.19	0.44	184
RFA3	30	262.8	87.6	87.6	1 096.8	407.0	175.0	2.19	0.44	184
RFA4	40	262.8	87.6	87.6	1 186.5	320.0	232.0	2.19	0.44	184
RFA5	50	262.8	87.6	87.6	1 120.4	291.0	291.0	2.19	0.44	184

表 9-3 双掺再生粗、细骨料配合比

试件编号	再生骨料取代率(%)	再生混凝土中各个材料用量(kg/m³)									
		水泥	矿渣	粉煤灰	天然粗骨料	天然砂	再生粗骨料	再生细骨料	减水剂	纤维	自由水
N	粗30细10	262.8	87.6	87.6	777	538.2	333	59.8	2.19	0.44	184
RC1	粗30细30	262.8	87.6	87.6	776	418.6	332.7	179.4	2.19	0.44	184
RC2	粗30细50	262.8	87.6	87.6	775	299.0	332.4	299.0	2.19	0.44	184
RC3	粗50细10	262.8	87.6	87.6	552	534.6	552	59.4	2.19	0.44	184
RC4	粗50细30	262.8	87.6	87.6	551.5	415.8	551.5	178.2	2.19	0.44	184
RC5	粗50细50	262.8	87.6	87.6	550.5	296.5	550.5	296.5	2.19	0.44	184
RC6	粗70细10	262.8	87.6	87.6	329.4	539.1	768.6	59.1	2.19	0.44	184
RC7	粗70细30	262.8	87.6	87.6	329.1	413.7	767.9	177.3	2.19	0.44	184
RC8	粗70细50	262.8	87.6	87.6	328.8	295	767.2	295	2.19	0.44	184

(2)试验结果与讨论。再生混凝土立方体抗压强度试验结果处理后见表 9-4～表 9-6。

表 9-4 单掺粗骨料再生混凝土立方体抗压强度试验结果

试件编号	再生粗骨料取代率(%)	立方体抗压强度 f_{cu}(MPa)	变化幅度(%)
N	0	56.6	
RCA1	30	54.6	−3.5
RCA2	40	54.5	−3.7
RCA3	50	55.0	−2.8
RCA4	60	54.9	−3.0
RCA5	70	54.8	−3.2

表 9-5 单掺细骨料再生混凝土立方体抗压强度试验结果

试件编号	再生细骨料取代率(%)	立方体抗压强度 f_{cu}(MPa)	变化幅度(%)
N	0	56.6	
RFA1	10	54.6	−3.5
RFA2	20	54.2	−4.2
RFA3	30	53.1	−6.2
RFA4	40	52.0	−8.1
RFA5	50	51.6	−8.8

9 再生混凝土结构的性能

表 9-6 双掺粗、细骨料再生混凝土立方体抗压强度试验结果

试件编号	再生粗骨料取代率(%)	再生细骨料取代率(%)	立方体抗压强度 f_{cu} (MPa)	变化幅度(%)
N	0	0	56.6	
RC1	30	10	55.3	−2.3
RC2	30	30	51.6	−8.8
RC3	30	50	48.8	−13.8
RC4	50	10	53.5	−5.5
RC5	50	30	49.1	−13.3
RC6	50	50	47.7	−15.7
RC7	70	10	51.6	−8.8
RC8	70	30	48.1	−15.0
RC9	70	50	46.7	−17.5

①单掺再生粗骨料对再生粗骨料混凝土立方体抗压强度的影响。再生混凝土立方体抗压强度与再生粗骨料取代率的关系如图 9-1(a)所示,拟合曲线如图 9-1(b)所示。由图可知,仅采用再生粗骨料的再生混凝土的抗压强度低于对照组,在取代率30%~40%和50%~70%范围内均随取代率的增加而降低,平均降幅分别为3.6%与3.0%(表 9-4),取代率为50%与40%时分别达到最大值与最小值。这可以从以下两个方面来解释:

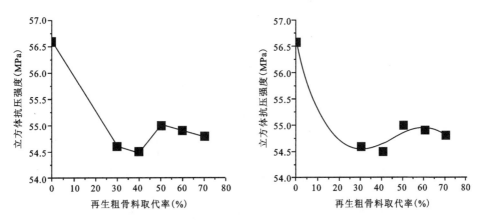

图 9-1 立方体抗压强度与再生粗骨料取代率的关系
(a)关系折线;(b)拟合曲线

其一,再生粗骨料取代率越大,从混凝土中吸收的水量也越多(因为附加用水量是按30min吸水率加入的),从而降低了有效水胶比,对强度增加有利。

其二,再生骨料表面黏附了大量的旧砂浆,这些砂浆的存在会使再生混凝土存在多重界面。而再生混凝土的抗压强度主要取决于原生骨料表面与附着砂浆的旧界面过渡区(interfacial transition zone,ITZ)的强度,取代率越高,形成的旧界面过渡区越多,对强度增加的负

面效应也越大。

再生粗骨料混凝土抗压强度正是以上两个正负效应的叠加结果。在本试验条件下,再生粗骨料混凝土抗压强度的最优取代率为50%,合理取代区间为50%～70%。线性回归方程为:$y=3.0848\times10^{-5}x^3-0.004x^2-0.1657x+56.6$($x$表示再生粗骨料取代率$r_{RCA}$;$y$表示立方体抗压强度$f_{cu}$),相关系数$R^2=0.96$,再生粗骨料混凝土抗压强度与再生粗骨料取代率呈三次抛物线关系,有明显的拐点,即可获得最优取代率与最不利取代率。

② 单掺再生细骨料对再生细骨料混凝土立方体抗压强度的影响。再生骨料混凝土立方体抗压强度与再生细骨料取代率的关系如图9-2(a)所示,拟合曲线如图9-2(b)所示。再生细骨料混凝土的抗压强度随着再生细骨料取代率的增加呈直线下降趋势,这是因为再生细骨料的加入使再生细骨料混凝土的孔隙率增大,吸水率增大,且再生细骨料含有强度较低的颗粒和粉粒,降低了混凝土界面的黏结性能。再生细骨料取代率增加对再生细骨料混凝土抗压强度的负面效应起主导作用。再生细骨料的取代率为10%与50%时,降幅分别为3.5%与8.8%,在取代率为10%～50%范围内平均降低幅度为3%～9%,线性回归方程为:$y=-0.09686x+56.10476$(x为再生细骨料取代率r_{RFA};y为立方体抗压强度f_{cu}),相关系数$R^2=0.95$。

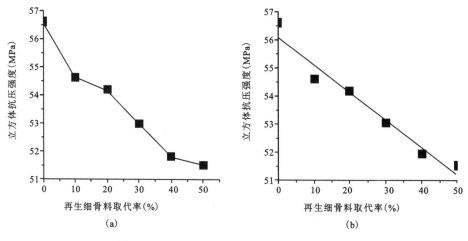

图9-2 立方体抗压强度与再生细骨料取代率的关系
(a)关系折线;(b)拟合曲线

③ 双掺再生粗、细骨料对再生混凝土立方体抗压强度的影响。再生混凝土立方体抗压强度与再生粗、细骨料取代率的关系如图9-3(a)所示,拟合曲线如图9-3(b)所示。由图9-3(a)可以看出,双掺再生粗、细骨料的再生混凝土抗压强度均低于普通混凝土,且低于相同取代率下单掺再生粗或细骨料的再生混凝土。随着再生粗骨料的增加,再生混凝土抗压强度略微降低,因为再生粗骨料粗糙且级配较好,增加了水泥浆与骨料之间的黏结程度;随着再生细骨料的增加,再生混凝土的抗压强度降低趋势加快,这是因为再生细骨料的加入使试块的孔隙率加大,且再生细骨料含有强度较低的颗粒和粉粒,降低了混凝土界面的黏结性能。再生粗、细骨料取代率分别为70%与50%时,再生混凝土抗压强度降幅最大,达17.5%

(表 9-6),双掺条件下的抗压强度平均降低幅度为 2%~18%,回归方程为:$z=57.33-0.062x-0.134y$(x 为再生粗骨料取代率 r_{RCA};y 为再生细骨料取代率 r_{RFA};z 为立方体抗压强度 f_{cu}),相关系数 $R^2=0.96$。

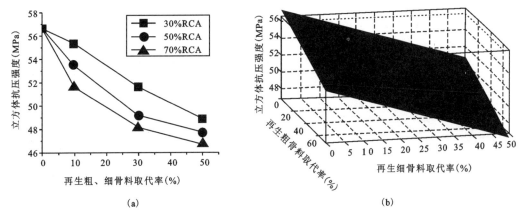

图 9-3 立方体抗压强度与再生粗、细骨料取代率的关系
(a)关系折线;(b)拟合曲线

应当指出的是,由 3 种取代方式获得的再生混凝土立方体抗压强度均达到了目标强度等级。

9.1.2 抗拉性能

国内外学者对再生混凝土抗压性能的研究较多,而对诸如抗拉强度、峰值拉应变等再生混凝土受拉性能的研究相对较少。众所周知,混凝土的受拉性能不仅影响混凝土构件的正常使用极限状态,也会影响其承载能力极限状态。

Ikeda[11]和 Ravindrarajah[12]发现再生混凝土的抗拉强度较普通混凝土降低 6%~10%。Tabsh 研究表明,再生混凝土的劈裂抗拉强度与配合比有关,较普通混凝土降低 10%~25%。进一步地 Topçu 和 Şengel[13]的研究发现,再生骨料混凝土的抗拉强度和再生骨料的取代率密切相关,随着再生骨料取代率的增加而降低,当再生骨料 100%取代天然骨料时,对比天然骨料混凝土,再生骨料混凝土的抗拉强度降低 6.9%。Sagoe[14]等也发现,当再生粗骨料取代率为 50%时,再生混凝土的劈裂抗拉强度为普通混凝土的 85%;当再生粗骨料取代率为 100%时,再生混凝土的劈裂抗拉强度为普通混凝土的 40%。

但是,Tavakoli 和 Soroushian[15]的研究表明,再生混凝土的劈裂抗拉强度比普通混凝土高。Gupta[16]也得出类似结论,其试验结果表明高水灰比再生混凝土的劈裂抗拉强度大于普通混凝土。

综上所述,国内外关于再生混凝土抗拉强度的研究结论差异较大。为了进一步研究再生混凝土的抗拉性能,朱平华教授课题组开展了再生混凝土劈裂抗拉强度试验研究。

1. 试验概况

配合比与 9.1.1 节的配合比设计相同。试块的尺寸为 150mm×150mm×150mm,试块放入标准养护室中养护28d。试验方法参照《混凝土物理力学性能试验方法标准》(GB/T 50081—2019)。

2. 试验结果分析

再生混凝土劈裂抗拉强度试验结果见表9-7~表9-9。

表9-7 单掺粗骨料再生混凝土劈裂抗拉强度试验结果

试件编号	再生粗骨料取代率(%)	劈裂抗拉强度 f_{ts}(MPa)	变化幅度(%)
N	0	5.6	
RCA1	30	4.4	−21.4
RCA2	40	4.3	−23.2
RCA3	50	4.8	−14.3
RCA4	60	5.0	−10.7
RCA5	70	4.7	−16.1

表9-8 单掺细骨料再生混凝土劈裂抗拉强度试验结果

试件编号	再生细骨料取代率(%)	劈裂抗拉强度 f_{ts}(MPa)	变化幅度(%)
N	0	5.6	
RFA1	10	3.9	−30.4
RFA2	20	3.6	−35.7
RFA3	30	3.5	−37.5
RFA4	40	3.4	−39.3
RFA5	50	3.3	−41.1

表9-9 双掺粗、细骨料再生混凝土劈裂抗拉强度试验结果

试件编号	再生粗骨料取代率(%)	再生细骨料取代率(%)	劈裂抗拉强度 f_{ts}(MPa)	变化幅度(%)
N	0	0	5.6	
RC1	30	10	5.2	−7.1
RC2	30	30	4.8	−14.3
RC3	30	50	4.5	−19.6
RC4	50	10	4.6	−17.9
RC5	50	30	4.2	−25.0
RC6	50	50	3.9	−30.4
RC7	70	10	4.2	−25.0
RC8	70	30	4.0	−28.6
RC9	70	50	3.7	−34.0

(1) 单掺粗骨料对再生粗骨料混凝土劈裂抗拉强度的影响。再生粗骨料混凝土的劈裂抗拉强度与取代率的关系如图9-4(a)所示,拟合曲线如图9-4(b)所示。由图可见,单掺再生粗骨料的再生混凝土的劈裂抗拉强度普遍低于天然骨料混凝土,在再生粗骨料取代率为30%~40%和大于60%后,其劈裂抗拉强度随再生粗骨料取代率的增加而降低,在取代率为40%~60%时,其劈裂抗拉强度随再生粗骨料取代率的增加而增大。与立方体抗压强度不一样,再生粗骨料混凝土劈裂抗拉强度的最优取代率为60%,合理取代区间为40%~70%。这可能是因为两种强度破坏机制不同以及再生混凝土质量离散性较大。线性回归方程:$y=-9.167\times10^5 x^3-0.593x^2+5.741$($x$为再生粗骨料取代率$r_{RCA}$;$y$为劈裂抗拉强度$f_{ts}$),相关系数$R^2=0.916$,这说明再生粗骨料混凝土劈裂抗拉强度和再生粗骨料取代率有较好的相关关系。

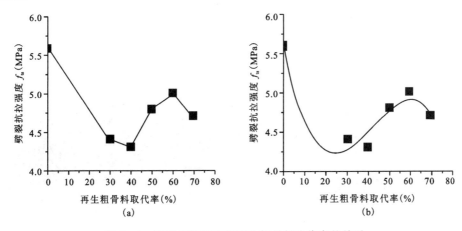

图9-4 劈裂抗拉强度与再生粗骨料取代率的关系
(a)关系折线;(b)拟合曲线

(2) 单掺细骨料对再生细骨料混凝土劈裂抗拉强度的影响。再生细骨料混凝土的劈裂抗拉强度与再生细骨料取代率关系如图9-5(a)所示,拟合曲线如图9-5(b)所示。由图可见,单掺再生细骨料的再生混凝土的劈裂抗拉强度随再生细骨料取代率的增加而显著降低,在取代率分别为10%和50%时,降幅分别高达30%和70%。线性回归方程为:$y=-7.037\times10^{-5}x^3+0.007x^2-0.212x+5.554$($x$为再生细骨料取代率$r_{RFA}$;$y$为劈裂抗拉强度$f_{ts}$),相关系数$R^2=0.964$,这说明再生细骨料混凝土劈裂抗拉强度和再生细骨料取代率有很好的相关关系。

(3) 双掺粗、细骨料对再生混凝土劈裂抗拉强度的影响。再生混凝土的劈裂抗拉强度与再生粗、细骨料取代率的关系如图9-6(a)所示,拟合曲线如图9-6(b)所示。由图可见,同一取代条件下再生混凝土的劈裂抗拉强度都低于天然骨料混凝土,在同一取代率下低于单掺再生细骨料的再生混凝土,但高于单掺再生粗骨料的再生混凝土。在再生粗、细骨料取代率分别为70%与50%时,劈裂抗拉强度降幅为34%。这表明,单掺再生细骨料对于再生混凝土劈裂抗拉性能是最不利的。其原因有待于从微观层面分析。回归方程为:$z=5.72-0.019x-0.014y$(x为再生粗骨料取代率r_{RCA};y为再生细骨料取代率r_{RFA};z为劈裂抗拉强度f_{ts}),相关系数$R^2=0.97$。

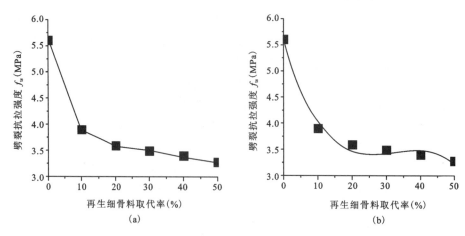

图 9-5 劈裂抗拉强度与再生细骨料取代率的关系
(a)关系折线；(b)拟合曲线

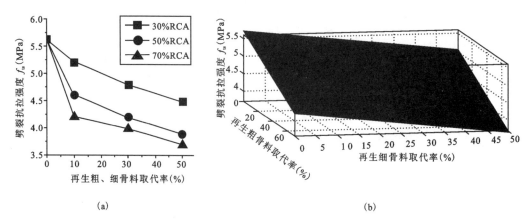

图 9-6 劈裂抗拉强度与再生粗、细骨料取代率的关系
(a)关系折线；(b)拟合曲线

同样，应当指出的是，由上述 3 种取代方式获得的再生混凝土的劈裂抗拉强度均达到了目标强度等级 C30。参照肖建庄[17]等对再生粗骨料混凝土劈裂抗拉强度标准差的取值建议，对 C30 再生混凝土取 6 MPa，则在保证率为 95% 时试配强度应取 39.87 MPa。

9.1.3 再生混凝土的长期力学性能

众所周知，再生混凝土的长期力学性能对该类结构的工程质量和安全性具有重要影响。但是，目前关于这方面的研究不多。为了保证再生混凝土结构的工程质量和安全性，有必要开展再生混凝土长期力学性能的研究。以下对再生混凝土的收缩、徐变以及长期强度等力学性能展开论述。

1. 收缩

再生混凝土的收缩机理与普通混凝土相同，主要分为浇筑初期的凝缩变形、硬化后的干燥收缩变形、温度变形、自收缩变形、由碳化引起的碳化收缩变形[18]等,其中变形最大的仍然是干燥收缩变形。

再生混凝土原材料组分中影响收缩变形最大的因素是再生骨料,再生粗骨料是普通混凝土经机械破碎制成,其表面含有大量的水泥砂浆,内部存在大量微裂纹,与天然骨料相比,再生粗骨料的表观密度、压碎指标和弹性模量都有所降低。这也导致再生混凝土的干燥收缩变形远大于天然骨料混凝土。

试验发现,150d内不同再生粗骨料掺量的再生混凝土的总收缩、自收缩以及干燥收缩的变化趋势相似,在14d龄期以前,再生混凝土的收缩变形发展较快,在28d龄期之后发展较慢。再生粗骨料掺量为0、30%、40%、50%和70%的混凝土在1～28d龄期内的总收缩分别占1～150d总收缩的83.4%、84.1%、81.9%、85.8%和82.3%;且在1～150d龄期内混凝土的总收缩总体呈现出随再生粗骨料含量的增加而逐渐增大的规律。在150d龄期时,再生粗骨料取代率为30%、40%、50%和70%,相应的再生混凝土的总收缩分别比基准混凝土增加了6.4%、12.3%、20.9%和34.5%,试验结果如图9-7所示。

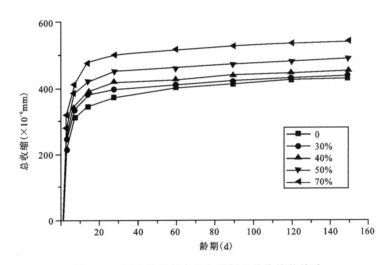

图9-7 再生粗骨料含量与混凝土总收缩的关系

再生粗骨料取代率为0、30%、40%、50%和70%的再生混凝土在1～28d龄期内的自收缩分别占1～150d内总自收缩的80.5%、81.8%、81.6%、83.6%和82.9%。同时,再生混凝土的自收缩率比普通混凝土大,且再生混凝土的自收缩随再生粗骨料取代率的增加而逐渐增大,在150d龄期时,再生粗骨料含量为30%、40%、50%和70%的混凝土自收缩分别比基准混凝土增加3.8%、11.9%、21.6%和30.3%,试验结果如图9-8所示。再生混凝土干燥收缩ε与取代率γ和龄期t之间的回归关系见式(9-1),其相关系数为0.84。

$$\varepsilon(\gamma,t) = 6.675 - 0.9442\gamma + 21.96t + 65.9\gamma^2 + 1.863\gamma t - 0.5727t^2 \quad (9-1)$$

再生粗骨料掺量为0、30%、40%、50%和70%的再生混凝土在1～28d龄期内的干燥收缩分别占1～150d内总干燥收缩的87.4%、81.4%、81.2%、81.4%和84.5%。同时再生粗骨料混凝土的干燥收缩均大于普通混凝土,且随再生粗骨料取代率的增加而逐渐增大。在龄期150d时,再生粗骨料取代率为30%、40%、50%和70%混凝土的干燥收缩分别比基准

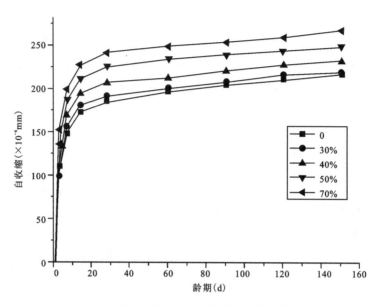

图 9-8 再生粗骨料含量与混凝土自收缩的关系

混凝土增加了 15.2%、16.8%、24.1% 和 38.2%，试验结果如图 9-9 所示。再生混凝土干燥收缩 ε 与取代率 γ 和龄期 t 之间的回归关系见式(9-1)，其相关系数为 0.81。

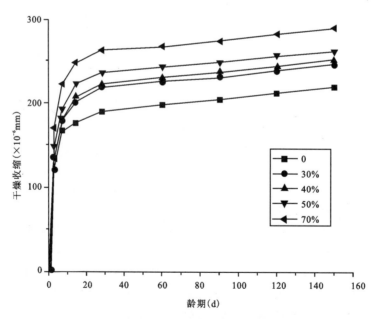

图 9-9 再生粗骨料含量与混凝土干燥收缩的关系

再生混凝土中胶凝材料对收缩变形的影响与普通混凝土类似，在混凝土组成中，水泥是影响收缩的主要因素，而骨料则起到抑制收缩变形的作用，水泥作为混凝土中的主要胶凝材料,除了在用量和配合比上影响着混凝土的收缩变形,其在比表面积、化学组分和水化产物等物理化学性能上也都对混凝土的收缩开裂有着一定的潜在影响。在胶凝材料中掺入粉煤灰和矿渣都能有效地降低再生混凝土的收缩,而掺入较大量的硅灰会增大再生混凝土的干燥收缩,一般不建议硅灰的掺量大于10%。

2. 徐变

一般认为混凝土中骨料在外荷载作用下只发生弹性变形,而不发生徐变。混凝土的徐变主要是由水泥浆引起的,骨料则起到约束徐变的作用,骨料性能不同时,混凝土的徐变有较大的差异。Neville等研究了骨料含量和水泥浆的徐变对混凝土徐变的影响,认为混凝土的徐变和水泥浆的徐变成正比,而与骨料含量成反比,并给出了混凝土徐变计算公式:

$$c = c_p (1-g)^a \tag{9-2}$$

式中:c 为混凝土徐变;c_p 为水泥浆徐变;a 为与混凝土及骨料的弹性模量和泊松比相关的系数;g 为骨料质量占总质量的百分数。

不少学者对再生混凝土的徐变进行了一定的研究,试验发现再生混凝土的徐变比同配合比的普通混凝土高20%~60%[19]。肖建庄等[20]对再生粗骨料掺量为0、50%、100%的再生混凝土徐变进行了研究,结果发现持续荷载90d时,再生粗骨料掺量为50%和100%的再生混凝土的徐变较普通混凝土分别增长了12%和76%。罗俊礼等[21]对不同骨料等级的再生混凝土徐变值进行试验分析,得出了在再生粗骨料100%取代率下的再生混凝土徐变相对值,见表9-10。

表9-10 再生混凝土徐变相对值的范围

参数	Ⅰ类-RA	Ⅱ类-RA	Ⅲ类-RA	Ⅳ类-RA
徐变相对值	1.10~1.14	0.84~1.34	1.32~1.50	1.86

9.2 再生混凝土的碳化

抗碳化是衡量混凝土耐久性的重要指标之一,混凝土经碳化后内部钢筋易发生锈蚀,混凝土外部保护层易发生开裂脱落,这些都严重影响混凝土结构使用的安全性,缩短了混凝土建筑的寿命。本节主要研究原材料对再生混凝土碳化的影响程度、不同配合比下再生混凝土碳化变化规律、后期养护对提高再生混凝土抗碳化性能的影响,建立再生混凝土碳化深度方程。

9.2.1 再生混凝土的碳化机理

混凝土是一种多孔材料,内部在早期的水化过程和后期的水分变化中会逐渐形成大小不一的孔隙和气泡。对于再生骨料混凝土,再生骨料的高孔隙率、高吸水性等特点导致再生混凝土内部更容易形成连通的孔隙。混凝土的碳化过程是CO_2通过这些毛细管渗透到混凝土内部,随后溶解在内部水分中,并与水泥水化形成$Ca(OH)_2$,再和水化硅酸钙相互作用最终形成$CaCO_3$。再生混凝土渗入CO_2并发生的主要碳化反应如下[22]:

$$Ca(OH)_2 + H_2O + CO_2 \longrightarrow CaCO_3 + 2H_2O \qquad (9-3)$$

$$3CaO \cdot 2SiO_2 \cdot H_2O + 3CO_2 \longrightarrow 3CaCO_3 \cdot 2SiO_2 + 3H_2O \qquad (9-4)$$

$$3CaO \cdot SiO_2 + 3CO_2 + nH_2O \longrightarrow 3CaCO_3 + SiO_2 \cdot nH_2O \qquad (9-5)$$

$$2CaO \cdot SiO_2 + 2CO_2 + nH_2O \longrightarrow 2CaCO_3 + SiO_2 \cdot nH_2O \qquad (9-6)$$

再生混凝土经碳化,内部成分和结构都会发生改变,随后再生混凝土的力学性能和耐久性也会发生相应的改变。

9.2.2 氯盐侵蚀下的再生混凝土碳化规律

1. 单掺循环再生细骨料

按照《混凝土物理力学性能试验方法标准》(GB/T 50081—2019)中的碳化试验方法对氯离子不同侵蚀天数下的再生混凝土 7d、14d、21d、28d 的碳化规律进行研究,其中氯离子侵蚀试验是将再生混凝土放置于浓度为 10% 的 NaCl 溶液中浸泡 5d 和 10d,随后再进行快速碳化。单掺再生细骨料混凝土的碳化深度和碳化速率结果如图 9-10 所示,再生混凝土断面经指示剂处理后如图 9-11 所示。

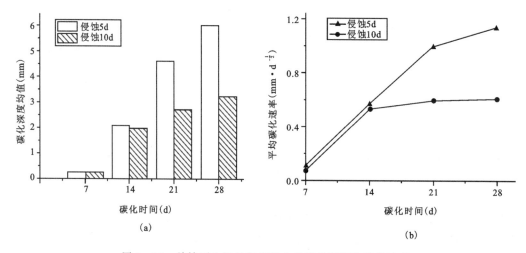

图 9-10 单掺再生细骨料混凝土的碳化深度和碳化速率
(a)碳化深度随时间的变化;(b)平均碳化速率随时间的变化

由图 9-10 可得如下结论:①经氯离子侵蚀 10d 的再生混凝土的碳化深度要小于受侵蚀 5d 的再生混凝土。②在碳化 14d 后,受氯离子侵蚀 5d 的再生混凝土的相对碳化速率明显高于受侵蚀 10d 的再生混凝土,在 21d 和 28d 时平均碳化速率分别大于 $0.41 mm \cdot d^{-\frac{1}{2}}$ 和 $0.52 mm \cdot d^{-\frac{1}{2}}$。

图 9-11　测试碳化深度

2. 双掺再生粗、细骨料

侵蚀时间较短时,氯离子在单掺再生细骨料的再生混凝土内部仅起到填充孔隙的效果。为了研究长期侵蚀对混凝土抗碳化性能的影响,在双掺再生粗、细骨料混凝土配合比固定的基础上,研究氯离子浸泡时间为 30d、60d 和 90d 时,其对再生混凝土碳化的影响,结果如图 9-12 和图 9-13 所示。

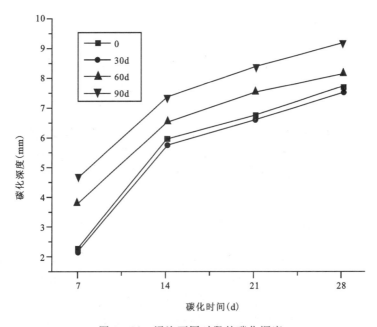

图 9-12　浸泡不同时段的碳化深度

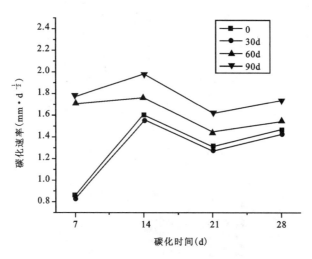

图 9-13 浸泡不同时段的碳化速率

从试验结果可看出,随着侵蚀时间的增长,再生混凝土的抗碳化能力逐渐减弱,在受氯离子侵蚀 90d 时,再生混凝土碳化深度达到最大。还可以发现,在氯盐中浸泡 60d 和 90d 的再生混凝土碳化速率明显大于未浸泡和浸泡 30d 的,这有可能是在浸泡 60d 后,氯盐水解生成了金属根离子和氯离子,继而与再生混凝土内部的碱性物质发生反应,使混凝土内部的孔隙率变大,为 CO_2 进入内部创造了条件,最终提高了再生混凝土的碳化速率。

9.2.3 弯曲荷载作用下的再生混凝土碳化规律

1. 单掺循环再生细骨料

分别取 0~40% 掺量(极差为 10%)的再生细骨料制备再生细骨料混凝土,在试件上施加弯曲拉应力,荷载值分别设计为 40%、70%、100% 和 120% 的破坏荷载水平,对再生混凝土的平均碳化速率进行试验研究,结果如图 9-14 所示。可以发现,在整个 28d 的碳化龄期内,加载应力为 70% 破坏荷载水平的再生细骨料混凝土试件的碳化速率最小,而加载 120% 破坏荷载水平试件的碳化速率最大。还可以看出,在中等应力水平(40%、70%)作用下,随着碳化龄期的增加,平均碳化速率呈逐渐下降趋势,反而在高应力水平(100%、120%)下碳化速率随龄期的增长出现先大幅增长后逐步下降的现象。

2. 双掺循环再生粗、细骨料

试验方法同单掺细骨料混凝土试验,双掺再生粗、细骨料混凝土,再生粗骨料掺量取 70%,再生细骨料掺量取 30%,不改变再生骨料的取代率,在试件上同时施加弯曲荷载,研究在不同拉应力水平下再生粗、细骨料混凝土的碳化深度和碳化速率的变化规律。

从图 9-15 可以发现,碳化深度随碳化时间的平方根基本呈线性增长趋势,符合 Fick 第一定律。同时可以发现,应力水平的变化对碳化深度的增长影响较大,且随着应力水平的增

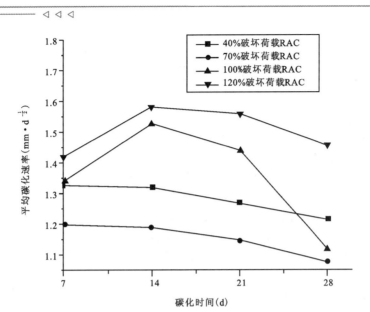

图 9-14　不同应力下单掺循环再生细骨料混凝土的平均碳化速率变化

长,碳化深度不断加深(除 40%破坏荷载水平下试件的碳化深度),相对于无应力水平试件,应力水平为 40%、70%、100%和 120%破坏荷载水平的平均碳化深度增长率分别为 3.7%、9.8%、10.1%、13.1%。同理,图 9-16 表明,当应力水平高于中等应力水平时,应力水平越大,碳化速率越大,相对于无应力的碳化速率,应力水平 40%、70%、100%和 120%破坏荷载水平试件的碳化速率分别增大了 -3.8%、6.0%、18.9%和 22.3%。

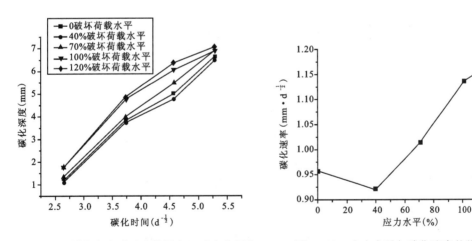

图 9-15　不同应力水平下碳化深度经时变化规律　　图 9-16　应力水平与碳化速率的关系

总而言之,40%破坏荷载应力水平下试件的碳化深度和碳化速率均小于无应力水平下试件的碳化深度和碳化速率,这可能是因为当试件受到适当的应力时,双掺再生粗、细骨料混凝土中的微小孔洞有部分闭合,从而减少了 CO_2 进入混凝土试件的通道,进而降低了碳化的速率,碳化深度随之减小。

9.3 再生混凝土的氯离子渗透

9.3.1 再生混凝土氯离子侵蚀机理

氯离子对再生混凝土的渗透机制和普通混凝土相同,主要分为 4 种:扩散、渗透、毛细孔渗入和电化学迁移。扩散作用的主要原因是混凝土内部和外部存在氯离子浓度差异,氯离子从浓度较高的部位扩散到浓度较低的部位。而渗透现象则发生在混凝土内部孔隙中,当内部孔隙中的液体处于连通状态,并且存在压力差时,便会发生渗透现象。毛细作用主要发生在氯盐侵蚀条件下,当混凝土与液体接触时,混凝土内部孔隙与液体表面存在压力差,为了达到两侧压力的平衡,氯离子就会沿孔隙渗入混凝土中。电化学迁移则发生在混凝土的孔隙液中存在电位差时,此时孔隙液中的氯离子会由高电位处迁移至低电位处,这也是 ASTMC1202 电通量法的基本原理。其中,扩散作用和毛细作用是氯离子侵入混凝土的主要传输机制。

9.3.2 再生混凝土抗氯离子侵蚀试验

试验主要研究再生粗、细骨料取代率,再生细骨料循环次数、荷载、碳化对再生混凝土抗氯离子侵蚀性能的影响。再生混凝土抗氯离子侵蚀试验方法参照 ASTMC1202 电通量法测定,试验模型如图 9-17 所示,抗氯离子侵蚀性能与电通量的关系可以参照表 9-11。

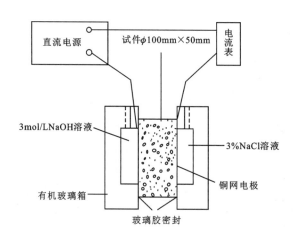

图 9-17 混凝土抗氯离子侵蚀性能试验模型

清华大学的冯乃谦教授[23]经过回归分析得到电通量(Q)与氯离子渗透系数(D)的关系:$D=2.57765+0.00492Q$。因此,可通过氯离子电通量(Q)计算渗透系数(D)。与此同时,肖建庄[24]验证了回归方程对再生混凝土的适用性。

表 9-11　氯离子渗透性判断表

通过的电量(C)	氯离子渗透性
>4000	高
2000~4000	中
1000~2000	低
100~1000	很低
<100	不渗透

9.3.3　再生骨料取代率对渗透系数的影响

图 9-18 和图 9-19 分别给出了再生混凝土氯离子渗透系数与再生粗骨料取代率和再生细骨料取代率的关系。

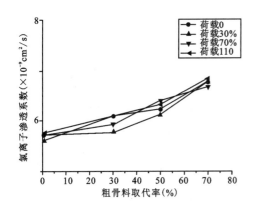 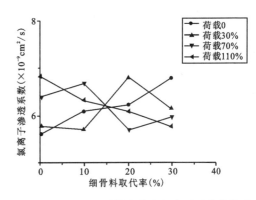

图 9-18　再生粗骨料取代率与渗透系数的关系　　图 9-19　再生细骨料取代率与渗透系数的关系

随着再生粗骨料取代率的增大,再生混凝土氯离子渗透系数逐渐增大,而再生细骨料取代率对渗透系数的影响无明显规律。再生粗骨料上黏附着砂浆,砂浆会影响再生混凝土的工作性、骨料和水泥的黏结强度、水泥的水化反应等多方面,进而影响再生混凝土的抗氯离子侵蚀性能。天然骨料和再生粗骨料的电镜扫描如图 9-20 所示,可以发现,再生粗骨料表面黏附旧水泥砂浆,结构较为松散,在骨料和砂浆界面以及再生骨料中的天然骨料部分都存在裂缝。由于再生粗骨料微观结构的复杂性,随着再生粗骨料取代率的增大,再生混凝土抗氯离子侵蚀性能严重降低,并且劣于普通混凝土。

9.3.4　碳化对循环再生混凝土抗氯离子侵蚀性能的影响

碳化对氯离子在混凝土中渗透的影响主要表现在以下两个方面:首先,碳化会逐步消耗水泥水化物,从而生产许多钙盐,填塞孔隙,使孔隙率在某种程度上减小;其次,生成的碳酸钙会堆积在孔壁上,从而阻碍混凝土对氯离子的吸附。

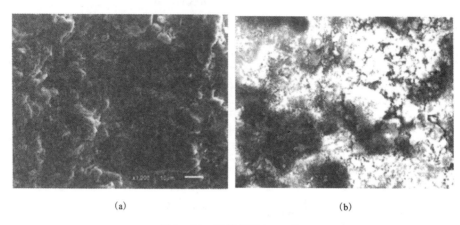

图 9-20 电镜扫描(1000 倍)
(a)天然骨料;(b)再生粗骨料

氯离子结合能力反映了再生混凝土中自由氯离子和结合氯离子的关系。其中,氯离子在再生混凝土中会以 3 种形态存在:①化学结合,与水泥水化产物反应生成 Friedel 盐(弗里德尔盐);②物理吸附在 C-S-H 凝胶或孔隙表面;③以自由氯离子形式存在于混凝土孔隙溶液中。

再生混凝土经过碳化后,各种不同的水化产物会生成 $CaCO_3$、硅酸凝胶和氧化铝凝胶,物理吸附性能也将改变,C-S-H 的孔隙率降低,这些都将减少可供离子交换和物理结合的场所。另外,碳化使混凝土内部 pH 值降低,会增大 Friedel 盐的溶解度。从这一理论分析而言,碳化可能会降低水泥基材料的化学结合能力,在碳化作用下,Friedel 盐中的氯离子将会释放到孔隙溶液中,钢筋混凝土将面临更大的氯盐侵蚀危险。

9.4 再生混凝土的冻融特性

9.4.1 再生混凝土冻融破坏机理

再生混凝土冻融破坏就是在负温环境下,内部的孔隙水结冰,体积增大,从而产生一系列应力,当应力超过临界值时,混凝土内部孔隙和微裂缝扩大,更多的自由水进入混凝土内部,循环往复导致混凝土破坏。与普通混凝土冻融破坏机理类似,用经典的静水压和渗透压能较为完善地解释再生混凝土的冻融失效机制。

早在 1945 年,美国学者 Powers[25] 就提出了混凝土冻融破坏机理,即著名的"静水压理论"。该理论指出,在受冻环境下,混凝土四周表面首先结冰致使构件封闭起来,由于表层水结冰,没有结冰的水分由毛细孔道进入内部。随着温度不断降低,冰的体积不断增大,未冻水进一步受到压迫滞留在内部缝隙。这样一来,毛细孔内产生的应力越来越大。当应力过高,超过混凝土的抗拉强度时,毛细孔破裂,混凝土中即产生微裂纹而受到破坏。静水压假说能较好地诠释很多现象,如引气剂的作用、结冰速度对抗冻性能的影响等,但是有些现象和结果却是静水压无法解释的,比如将混凝土浸泡在苯、三氯甲烷中,这类有机溶液在受冻过程中体积并不会膨胀,但是混凝土依然会破坏。因此,Powers 等[26]提出渗透压假说:混凝土在冻结时,内部部分冰点较高的孔隙(如大孔和毛细孔)中的水受冻先结冰,从而形成冰溶液。这部分冰溶液的浓度较大,而冰点较低的胶凝孔内部溶液浓度较低,两者之间具有化学能差,这使未冻水从胶凝孔向毛细孔扩散,形成了渗透压。产生渗透压的首要条件是渗透膜的存在,但是对混凝土中起渗透膜作用的材质并没有明确的结论。Marusin[27]利用内部不存在孔溶液浓度差的饱和水石膏进行受冻试验,结果发现试件依然发生了体积膨胀,因此关于渗透压是否为冻融破坏的主要原因还值得进一步研究。其实这两个理论的本质问题就是在孔结构的影响下未冻孔隙水的流向问题。慕儒等[28]分析了混凝土冻融循环劣化机理,他认为在渗透压以及化学能差的作用下,每次冻融循环中未冻结孔隙中的水分向冻结孔隙迁移,这种迁移是从小孔向大孔的单向流动。

静水压和渗透压均是混凝土冻融破坏的经典理论,但是学者对于何者为混凝土受冻破坏的主导因素却存在很大分歧。李天瑗[29]利用试验结果和物理化学公式证明了静水压是混凝土冻融破坏的主要因素。Fagerlund[30,31]的研究成果也支持静水压假说,并且建立了相应的静水压模型。Fagerlund[32]对静水压产生了质疑,认为结冰后混凝土的强度反而提高。当然也有学者认为静水压和渗透压一起贯穿冻融循环的整个过程。王立久[33]以混凝土的孔结构为切入点,尝试把两种理论融入冻融循环过程,并对一些混凝土的冻融现象作了新的解释。黄士元[34]认为在现有的技术条件下,混凝土内部的静水压和渗透压很难用试验进行测定,而且常规的数理化方法也难以精确计算。一般而言,水胶比较大、强度较低、龄期较短的混凝土在冻融破坏时静水压破坏占主要因素;水胶比小、强度高、含盐量较大的冻融环境中渗透压起了主要的作用。

9.4.2 再生混凝土抗冻性能的评价指标

与天然骨料混凝土一样,很多研究仍然采用质量损失率和相对动弹模量两个指标来评价再生混凝土的抗冻耐久性。但是对于用高吸水率的再生骨料制备的再生混凝土,随着冻融循环次数的增大,再生混凝土内部因受冻破坏而不断产生裂纹,进而吸收更多的水分,表面剥落的砂浆无法抵消这部分水的质量,因而质量损失率并不能很好地反映内部损伤情况。王立久等[35]研究发现,再生混凝土的质量损失速率和相对动弹模量下降速度比天然骨料混凝土慢,但是其强度损失率上升很快,尤其是劈拉抗拉强度和抗折强度,因此王立久等指出引入强度指标来评价再生混凝土的抗冻性能更加合理。当然也有很多学者认为抗压强度并不能准确、全面地反映再生混凝土的抗冻性能,只有在受冻破坏严重时才较为显著,因为在冻融循环次数相同的情况下,其力学性能损失的大小顺序依次为:抗折强度、劈裂抗拉强度、动弹模量、抗压强度,这表明冻融损伤与抗折强度的相关性较好,但与抗压强度的相关性较差[36]。Zaharieva[37]认为在用无损法评价再生混凝土的抗冻性能时,测量再生混凝土长度变化值是最为准确的,可以反映冻融过程产生的内部裂纹。

陈爱玖等[38]提出将饱和面干吸水率作为评价再生混凝土抗冻性能的技术指标,同样可以反映再生混凝土受冻融破坏的程度。王立久[39]提出抗冻因子 ω 也能作为表征和评价再生混凝土抗冻性能的标准，$\omega = \Delta\tan\theta/\tan\theta$，其中 θ 为冻融角，是相对动弹模量和相对剩余冻融循环次数的比值。

9.4.3　影响再生混凝土抗冻性能的主要因素

影响再生混凝土抗冻性能的因素众多，例如再生骨料、水胶比、胶凝材料的颗粒级配及掺量、外加剂等。

1. 再生骨料

再生粗、细骨料的取代方式有 3 种，即单掺再生粗骨料，单掺再生细骨料和双掺再生粗、细骨料。朱平华教授课题组开展了不同骨料取代方式及取代率的再生混凝土冻融试验，再生混凝土的设计强度为 C30。图 9-21 所示为再生细骨料取代率与抗冻性能之间的关系（"FA10"表示再生细骨料取代率为 10% 的再生混凝土，其余类推），随着再生细骨料取代率的增加，再生混凝土的相对动弹模量加速下降，质量损失率加速上涨，再生混凝土能承受的最大冻融循环次数逐渐下降，即抗冻性能降低。图 9-22 展示了再生粗骨料取代率与抗冻性能之间的关系，随着再生粗骨料取代率的增加，再生混凝土的抗冻性能有所下降，戴薇原等[38]的研究也得出了相应的结论。表 9-12 给出了双掺再生粗、细骨料的再生混凝土最大冻融循环次数，随着再生粗、细骨料的同时掺入，再生混凝土的抗冻性能急剧下降。

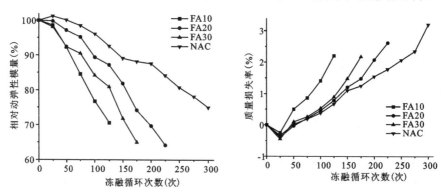

图 9-21　再生细骨料取代率与抗冻性能之间的关系

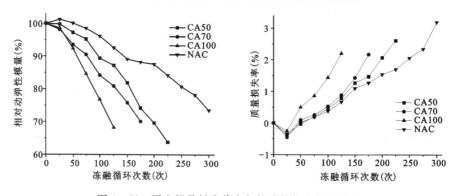

图 9-22　再生粗骨料取代率与抗冻性能之间的关系

表9-12 不同骨料掺入方式的再生混凝土所能经受的最大冻融循环次数

再生粗骨料取代率(%)	再生细骨料取代率(%)	最大冻融循环次数(次)
30	30	500
	70	450
	100	400
70	30	350
	70	300
	100	300
100	30	300
	70	300
	100	250

其实骨料的掺量和密实度在很大程度上决定了骨料和砂浆之间界面过渡区的微观结构特征,过于密实和过于疏松会引起过渡区的多孔性,而密实程度适中的骨料可形成较为密实的界面区。再生骨料在破碎后会存在大量的孔隙和微裂纹,加上表面大量的黏附砂浆,肯定会加大再生混凝土的孔隙率。换言之,再生骨料取代率越大,再生混凝土的孔隙率也就越大,试件内部的可冻水含量会增加,这就增加了冻融破坏的程度。

2. 水胶比

对于普通混凝土而言,水胶比越小,混凝土内部越密实,抗冻性能越好,这个结论同样适用于再生混凝土。课题组开展了不同水胶比的再生混凝土(再生粗骨料取代率为100%,无再生细骨料)抗冻性能试验,结果如图9-23所示。

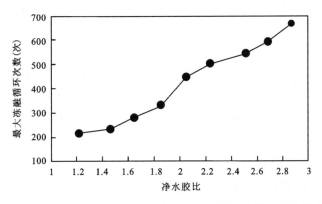

图9-23 再生混凝土净水胶比与最大冻融循环次数之间的关系

随着水胶比的减小,再生混凝土能承受的最大冻融循环次数逐渐增加。水胶比越大,再生混凝土的孔隙率也就越大,水胶比的改变主要影响了混凝土内部大孔的数量[40],而大孔数量的增多将导致再生混凝土抗冻性能的下降。李金玉[41]认为没有添加引气剂的混凝土要有良好的抗冻性能,水胶比应不大于0.30,但是根据相关试验结果可知,如果混凝土中已具有足够的引气量,其水胶比对抗冻性能影响不大,水胶比甚至可以放宽到0.80。美国标准ACI 318-83[42]中为了满足混凝土在不同暴露条件下的抗冻性能,同样也对最大水胶比进行了限制。

3. 胶凝材料

研究者普遍认为,骨料的级配对再生混凝土性能影响很大,良好的骨料级配保证再生混凝土具有良好的孔结构,但是往往忽略了胶凝材料的颗粒级配。胶凝颗粒级配良好,能有效改善胶凝浆体的孔结构,降低孔隙率,对再生混凝土的性能具有一定的促进作用。李滢[43]通过改变矿物掺合料的掺入方式和掺量,发现复掺粉煤灰和硅灰后,借助微骨料效应可以有效改善胶凝材料的颗粒级配,使浆体趋于致密,再生混凝土强度得到明显提高。刘伟[44]采用了"可蒸发水含量法"测定了混凝土试件中30 nm以上的毛细孔以及气孔,发现粉煤灰的掺加大幅降低了混凝土的孔隙率;当单掺硅灰后,混凝土的孔隙率大幅降低,其降低幅度远高于粉煤灰等量取代的混凝土;当复合掺加粉煤灰和矿渣时,混凝土孔隙的改善更为显著,大孔的孔隙率下降直接促使混凝土抗冻性能的增强,这从微观上解释了掺加粉煤灰的混凝土的抗冻性能优于普通混凝土的原因。另外,分别从宏观和微观的角度研究了胶凝材料的掺量和掺入方式对再生混凝土抗冻性能的影响,证实了粉煤灰掺量为20%时,其抗冻性能要优于其他粉煤灰掺量的再生混凝土相关研究人员[45~47]。

4. 外加剂

减水剂和引气剂是制备有抗冻要求的再生混凝土必不可少的外加剂。在固定拌合水用量的情况下,减水剂的增加实际上是减小了水泥的相对用量,即相对增加了新拌混凝土的水胶比,因此随着减水剂掺量的增加,混凝土的孔隙率也会进一步增大,Debied[48]的研究也证实了这一点。而引气剂除了显著增加混凝土内部的含气量之外,还能有效改善气泡间距。张德思[49]做了对比试验,发现引气量越大,再生混凝土冻融耐久系数越大。再生混凝土中加入适量引气剂,显著改变了硬化浆体的毛细孔结构,形成了大量均匀分布的微小气泡并难以被水填充,这些微小气泡可以缓冲或者抵消水结冰体积膨胀造成的静水压、冰水蒸气压差及溶液中盐浓度差造成的渗透压,从而大幅度提高再生混凝土的抗冻性能。Gokce[50]和张雷顺[51]等的研究均表明:降低水灰比或掺加减水剂可以较大地提高再生混凝土的抗冻性能。

9.5 碱-骨料反应

碱-骨料反应(alkali-aggregate reaction,AAR)是指混凝土中的碱与具有碱活性的骨料间发生膨胀性反应。这种反应引起混凝土发生明显的体积膨胀和开裂,改变了混凝土的微结构,使混凝土的抗压强度、抗折强度、弹性模量等力学性能明显下降,严重影响结构的安全使用性,而且反应一旦发生很难阻止,更不易修补和挽救,被称为混凝土的"癌症"。

根据骨料中活性成分的不同,碱-骨料反应可分为 3 种类型:碱-硅酸反应(alkali - silica reaction,ASR)、碱-碳酸盐反应(alkali - carbonate reaction,ACR)和碱-硅酸盐反应(alkali - silicate reaction)。

9.5.1 碱-骨料反应的机理

碱-骨料反应按有害矿物种类可分为碱-硅酸盐反应和碱-碳酸盐反应。前者是水泥混凝土微孔隙中的碱性溶液(以 KOH、NaOH 为主)与骨料中活化 SiO_2 矿物反应,生成吸水性碱硅凝胶,吸水膨胀产生膨胀压力,导致混凝土开裂损坏或胀大移位,其化学反应式为:

$$ROH + n\,SiO_2 \longrightarrow R_2O \cdot n\,SiO_2 \tag{9-7}$$

式中:R 代表碱(K 或 Na)。

后者是指某些含有白云石的碳酸盐骨料与混凝土孔隙中的碱液反应,发生去白云化反应,生成水镁石,伴随体积膨胀,其化学反应式为:

$$CaCO_3 \cdot Mg(CO_3) + 2ROH \longrightarrow Mg(OH)_2 + CaCO_3 + R_2CO_3 \tag{9-8}$$

式中:$Mg(OH)_2$ 为水镁石。

在水泥混凝土中水泥水化过程不断产生 $Ca(OH)_2$,碳酸碱与 $Ca(OH)_2$ 反应生成 ROH,使去白云化反应继续进行,一直到 $Ca(OH)_2$ 与碱活性白云石被消耗完为止。

$$R_2CO_3 + Ca(OH)_2 \longrightarrow 2ROH + CaCO_3 \tag{9-9}$$

9.5.2 碱-骨料反应的发生条件

发生碱-骨料反应破坏必须存在 3 个必要条件:混凝土中含有过量的碱(Na_2O 与 K_2O);骨料中含有碱活性矿物;混凝土处在潮湿环境。3 个条件缺一不可。

(1)混凝土中的碱含量。混凝土中的碱可以来自水泥、外加剂、掺和料、骨料、拌合水等组分,也可来自周围环境,如海雾中的附着物渗入近海混凝土结构物,冬季撒在路面表面的除冰盐中的碱通过排水管和毛细孔渗入桥梁或路面等。水泥中的碱主要是由生产水泥的原料黏土和燃料煤引入的。

混凝土中的碱含量又与水泥用量有关。显然,单位体积混凝土中的水泥用量越多,则混凝土中的碱含量越高。用含掺合料的水泥浇筑混凝土,可以减少混凝土中的碱含量,这是我国防止碱-骨料反应破坏的主要措施之一。混凝土碱含量的安全限值与骨料中矿物的种类及其活性程度有关。一般认为,对于高活性的硅质骨料,混凝土的碱含量大于 $2.1\,\text{kg/m}^3$ 时将发生碱-骨料反应破坏;对于中等活性的硅质骨料,混凝土的碱含量大于 $3.0\,\text{kg/m}^3$ 时将发生碱-骨料反应破坏;当骨料具有碱-碳酸盐反应活性时,混凝土的碱含量大于 $1.0\,\text{kg/m}^3$ 时就可能发生碱-骨料反应破坏。

(2)骨料的碱活性。含活性二氧化硅的岩石分布很广,而具有碱-碳酸盐反应活性的只有黏土质白云石质石灰石。

(3)潮湿环境。碱-硅酸反应和碱-碳酸盐反应发生都要有足够的水,只有在空气相对湿度大于 80% 或直接接触水的环境中,碱-骨料反应破坏才会发生;否则,即使骨料具有碱活性且混凝土中有超量的碱,碱-骨料反应也很缓慢,不会产生破坏性膨胀开裂。有效隔绝水的来源是防治碱-骨料反应破坏的一种有效措施。

9.5.3 碱-骨料反应的影响因素

影响碱-硅酸反应的因素有混凝土的碱含量、骨料中的活性 SiO_2 含量、骨料颗粒的大小、温度、湿度、受限力等。

骨料中的活性 SiO_2 含量与混凝土中的碱含量的相对比值决定着化学反应产物的性质,从而决定着混凝土的膨胀与破坏程度。

碱-骨料反应的膨胀与温度有很大关系,温度越高,膨胀越大。

骨料颗粒大小对膨胀值也有影响,当骨料颗粒很细(小于 $75\mu m$)时,虽有明显的碱-硅酸反应,但膨胀甚微。

影响碱-硅酸凝胶膨胀性的另一个重要因素是混凝土的受限力,包括外荷载压力、钢筋的限制作用、水泥浆体(混凝土)的强度等。受限力越大,则膨胀效应越小。

9.5.4 碱-骨料反应的破坏特征

(1)时间特征。国内外工程破坏的事例表明,碱-骨料反应破坏一般发生在混凝土浇筑后 2~3 年或者更长时间,它比混凝土收缩裂缝发生的速度慢,但比其他耐久性破坏的速度快。

(2)膨胀特征。由于碱-骨料反应破坏是由反应产物的体积膨胀引起的,往往使结构物发生整体位移或变形,如伸缩缝两侧结构物顶撞、桥梁支点膨胀错位、水电大坝坝体升高等;对于两端受约束的结构物,还会发生弯曲、扭翘等现象。

(3)开裂特征。碱-骨料反应中,内部骨料周围膨胀受压,表面混凝土受拉开裂。对于不受约束的部位,或约束较小的部位,碱-骨料反应破坏一般形成网状裂缝;对于钢筋限制力较大的区域,裂缝常常平行于钢筋方向;在外部压应力作用下,裂缝也会平行于压应力方向。碱-骨料反应在开裂的同时,经常出现局部膨胀,使裂缝两侧的混凝土出现高低错位和不平整的现象。

(4)凝胶析出特征。发生碱-硅酸反应的混凝土表面经常可以看到有透明或淡黄色凝胶析出,析出的程度取决于碱-硅酸反应的程度和骨料的种类,反应程度较轻或骨料为硬砂岩等时,凝胶析出现象一般不明显。而碱-碳酸盐反应中未生成凝胶,故混凝土表面不会有凝胶析出。

(5)潮湿特征。碱-骨料反应破坏一个明显的特征就是:越潮湿的部位,反应越强烈,膨胀和开裂破坏越明显;对于碱-硅酸反应引起的破坏,越潮湿的部位,凝胶析出等特征也越明显。

(6)内部特征。混凝土会在骨料间产生网状的内部裂缝,在钢筋等约束或外压应力作用下,裂缝会平行于压应力方向成列分布,与外部裂缝相连;有些骨料发生碱-骨料反应后,会在骨料周围形成一个深色的反应环;检查混凝土切割面、光片或薄片时,会在发生碱-硅酸反应的混凝土孔隙、裂缝、骨料浆体界面发现凝胶。

9.6 再生混凝土的溶蚀

混凝土结构的常态稳定性与水化产物的黏结性密切相关,一般情况是相对稳定的,然而当构筑物长期处于各种复杂环境时,其水化产物往往会与周围水体发生一系列化学及物理反应,使结构受到不同程度的溶蚀损伤。主要表现在:在当外部环境钙离子摩尔浓度低于水泥水化产物在孔隙溶液中的钙离子浓度时,其水化产物 $Ca(OH)_2$ 和其他成分便可一定程度溶于软水,特别是流动的水中,从而致使结构内部的钙离子在溶蚀作用下大量流失,结构孔隙率增加并失去胶凝性,可见钙溶蚀是引发混凝土耐久性不足的一种常见病害。

随着基础建设的迅猛发展,将混凝土结构运用于水利工程结构的事例不胜枚举。与此同时,结构由于溶蚀导致的耐久性问题也日益凸显,并引起了社会的广泛关注。若不改善材料的耐久性,延长服役寿命,势必会给社会带来巨大经济损失。因此,深入研究软水环境下混凝土结构的溶蚀耐久性刻不容缓,这对结构耐久性设计及寿命评估均具有重要的现实意义。朱华平教授课题组开展了再生混凝土溶蚀研究,下面介绍相关的研究。

9.6.1 抗溶蚀性能

1. 抗压强度损失率

图 9-24 所示为不同品质再生骨料制备的再生混凝土抗压强度损失率随溶蚀时间的演化规律。由图 9-24 可知,再生混凝土的抗压强度损失率均随溶蚀时间的增长而逐渐增大,溶蚀初期其抗压强度损失率增长较快,45d 左右逐渐趋于平缓。首先,可能是由于再生混凝土水泥水化产物与硝酸反应生成的产物覆盖在再生混凝土的表面形成钝化膜,一定程度上阻碍了混凝土内部钙离子的扩散[52]。其次,由于硝酸溶液中钙离子含量在溶蚀初期相对较低,混凝土内部水化产物在高浓度梯度作用下可快速溶解脱钙,进而导致结构溶蚀初期损伤较快。然而,随着溶蚀龄期的不断加大,外部硝酸溶液中的钙离子浓度不断增加,混凝土内外钙离子浓度梯度逐渐降低,随着溶蚀损伤程度的加深,钙离子浸出能力大大减弱。

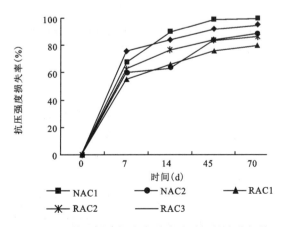

图 9-24 抗压强度损失率随溶蚀时间的演化规律

2. 质量损失率

质量损失率是评价结构耐久性的一个重要参数[53]。在软水或其他侵蚀介质环境中,水化产物中的钙源会不断溶解扩散,造成质量损失;同时溶蚀破坏常常会导致混凝土表层砂浆剥落,致使质量损失严重。

图 9-25 显示了天然骨料混凝土 NAC 和不同品质再生粗骨料混凝土 RAC 溶蚀 7d、14d、45d、70d 的质量损失率,其中再生混凝土 RAC1、RAC2、RAC3 中再生粗骨料的品质按顺序降低。由图 9-25 可以看出,随着溶蚀试验的进行,混凝土质量损失率也逐渐增加。在溶蚀初期(0~7d),溶解度相对较高的 $Ca(OH)_2$ 脱钙溶解从而导致质量损失率增长较快;在溶蚀中期(7~14d),$Ca(OH)_2$ 脱钙基本完成,C-S-H 凝胶开始脱钙,由于溶解度较低,溶蚀进程逐渐变缓,相应的质量损失率增幅减小[54];在溶蚀龄期达到 14~45d 时,C-S-H 快速脱钙导致质量损失率又逐渐增加;在溶蚀后期(70d 左右),浆体内部易溶于水的钙盐已基本脱钙完成,因此试件的质量损失率趋于稳定。另外,溶蚀初期再生混凝土的质量损失率随着再生粗骨料品质的降低而逐渐增大,在溶蚀龄期为 10d 左右出现转折,RAC1 的质量损失率超过 RAC2,其原因可能是用于制备 RAC1 的骨料表面黏附砂浆含量相对较高,而黏附砂浆在硝酸溶蚀的过程进行了二次水化,产生的水化产物在钙离子浓度梯度下不断浸出,从而导致其质量损失率增大。

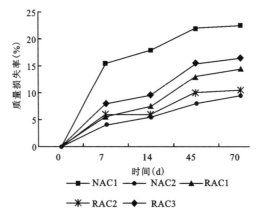

图 9-25 质量损失率随溶蚀时间的变化规律

3. 溶蚀深度

处在侵蚀性水环境下的混凝土构筑物,其水泥水化产物会随着溶蚀的不断进行而发生由表层区域向内部区域的逐渐溶解,由此呈现出一条 $Ca(OH)_2$ 的溶解缝,将试件溶蚀损伤部分和未溶蚀部分区分开[55]。试验过程通常采用酚酞指示剂显色法进行溶蚀深度测量,此方法相对直观且操作简单方便。

天然骨料混凝土和不同品质再生粗骨料混凝土的溶蚀深度随溶蚀龄期的变化规律如图 9-26 所示,除 NAC1 外,其余混凝土的溶蚀深度大致随再生骨料品质的降低而逐渐增大。骨料品质对再生混凝土抗溶蚀性能的影响显著,一般情况下,混凝土试件溶蚀主要发生在水泥石部分,骨料不会参与反应,骨料的存在往往会阻碍离子扩散,因而会降低溶蚀效率,但有时也会因为骨料品质,骨料与侵蚀性溶液发生反应。如 NAC1 在溶蚀龄期为 7d 时,溶蚀深度为 2.25mm,与 NAC2 相差不多,而溶蚀龄期达到 14d 时,NAC1 的溶蚀深度为 9.24mm,远远超过其他不同品质的再生粗骨料混凝土,可见长期处于侵蚀性水环境下的混凝土构筑物对骨料的选择至关重要,尤其当溶液中含有 H^+ 时,出于对耐久性方面的考虑,应尽量避免使用石灰石等碱性骨料,在条件允许的情况下应优先考虑花岗岩骨料等。此外,溶蚀深度 NAC2＜RAC1＜RAC2＜RAC3,这表明天然骨料混凝土的抗溶蚀性能良好,结构致密,内部损伤程度小,再生混凝土的抗溶蚀性能则相对较低,并随着表观密度、堆积密度、吸水率和压碎值等表征 RCA 品质指标值的降低,骨料内部孔隙和微裂纹增多,因此由其制备的混凝土内部孔隙率及微裂纹也较多,而钙离子溶蚀又加剧了这种现象,并随着溶蚀龄期的增加,混凝土内部孔隙及微裂纹的劣化程度进一步加大,形成连续通道,最终导致结构破坏,而连续的通道反过来又为钙离子的浸出提供了有利途径,从而促进了结构的溶蚀破坏。

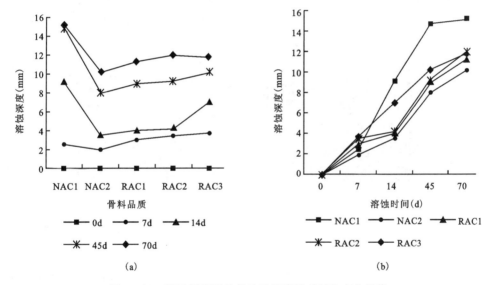

图 9-26 溶蚀深度随骨料品质及溶蚀时间的变化规律
(a)溶蚀深度随骨料品质的变化规律;(b)溶蚀深度随溶蚀时间的变化规律

在溶蚀初期,所有类型混凝土的溶蚀深度增长幅度均较快,在溶蚀中后期,其增幅逐渐减小并趋于稳定。以 RAC3 为例,0～7d 内溶蚀深度增加了 3.4mm,7～14d 内增加了 3.6mm,14～45d 内增加了 4.03mm,45～70d 内却仅仅增加了 1.24mm,最主要的原因是随着溶蚀过程的进行,硝酸溶液中钙离子浓度增加,混凝土内部水泥水化产物中钙离子浓度渐渐降低,因此内外钙离子浓度梯度减小,溶蚀速率大大降低。

由上述试验分析可知,混凝土抗溶蚀性能对骨料品质的要求相对较高,为保证软水或酸性侵蚀性水环境下的混凝土具有一定的抗溶蚀耐久性,应避免使用石灰石等。此外,采用再生粗骨料制备的再生混凝土也可用于侵蚀性水环境,且再生骨料品质越高,其抗溶蚀性能越好。目前常综合采用物理和化学方法对 RCA 进行品质改性,通过提高不同来源 RCA 的品质,进而提高 RCA 在侵蚀性环境下的应用潜力[56,57]。

9.6.2 再生混凝土抗溶蚀性能微观机理

混凝土力学性能退化可通过微观机理分析进行解释,采用扫描电镜(SEM)表征溶蚀前后结构内部变化以阐明 RCA 品质对混凝土溶蚀耐久性的影响机制。图 9-27 分别给出了 NAC1 和 RAC3 在溶蚀 0d 及 70d 时 ITZ 部位的微观形貌变化图。

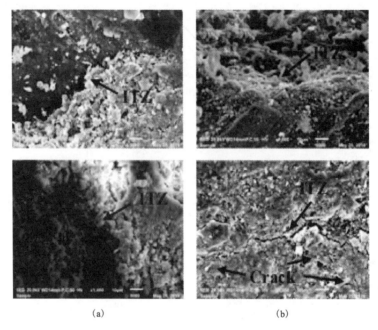

图 9-27 混凝土溶蚀前后的扫描电镜图
(a)NAC1:0d、70d;(b)RAC3:0d、70d

从图 9-27 可以看出,钙离子浸出前后混凝土的微观结构有着明显区别。钙溶蚀前,混凝土水化产物在 NAC1 内部的致密度较高,只有少量的微孔隙和微裂隙,ITZ 处黏结程度较高。而且骨料表面附着一些微小颗粒,这是水泥水化产生的 C-S-H 及 $Ca(OH)_2$ 物质。随着溶蚀反应的不断进行,骨料表面的微小颗粒在 70d 溶蚀龄期下接近消失,骨料与砂浆之间的结合不再紧密,内部出现微裂缝和孔洞,混凝土孔隙率增加,但边界仍然可见。RAC3 的溶蚀劣化机理与 NAC1 相似,初始状态下的骨料微观结构较 NAC1 较差,这是因为 RAC3 本身品质较低,是由其表面黏附砂浆疏松多孔所引起的。70d 溶蚀作用下 RAC3 劣化程度更加明显,其内部产生大量的裂纹和孔洞,骨料与砂浆的界面模糊,较难分辨。

9.6.3 小结

本节系统研究并阐述了再生混凝土的耐久性,包括再生混凝土的碳化性能、抗冻性能和抗氯离子侵蚀性能等,探究了荷载及不同环境因素耦合作用下再生混凝土的耐久性,并介绍了循环再生骨料混凝土的耐久性,这为再生混凝土的实际工程应用提供了重要参考。

但与普通混凝土相比,再生混凝土的耐久性更多地受到再生骨料本身性能(表观密度、坚固性、吸水率等)的影响,不同来源的再生骨料,其性能差异较大,导致再生混凝土的界面结构也较普通混凝土更为复杂。另外,由于再生混凝土耐久性问题本身的复杂性、实际工程中环境的随机性,在耐久性的机理、模型的建立及耐久性的改善措施等方面还有大量工作需要进一步开展。

9.7 再生混凝土构件的性能

9.7.1 再生混凝土梁

目前国内外对再生混凝土已经进行了大量的试验研究,研究成果表明合理设计的再生混凝土基本上能够达到基准混凝土的性能要求,其应用于土木工程中是可行的。为了推广再生混凝土的工程应用,迫切需要对其结构性能和设计方法进行进一步的研究,结构构件中受弯构件的比例最大,研究再生混凝土梁板的性能是相当重要的。

1. 再生混凝土梁受弯性能

(1)再生混凝土梁受弯性能研究概况。刘超等[58]和尹磊[59]对再生混凝土梁极限状态下的力学性能进行了研究。结果表明,再生混凝土梁的正截面受弯受力机理、破坏特征等与普通混凝土梁相似;再生混凝土梁在短期荷载作用下达到正常使用极限状态时,再生混凝土构件性能量较普通混凝土梁多,裂缝间距较小,最大裂缝宽度没有大幅度增长;再生混凝土梁挠度较普通混凝土梁大,不同再生粗骨料取代率的梁的挠度变化规律不明显,离散性大。

陈爱玖等[60]制作再生粗骨料取代率分别为 0、40%、70%、100%的再生混凝土梁,采用两端简支、跨中两点对称集中加载,研究再生混凝土梁的受弯性能。再生粗骨料取代率分别为 40%、70% 和 100% 时,再生混凝土梁极限承载力较普通混凝土梁分别降低了 1.5%、4.1% 和 10.6%,随着再生粗骨料取代率的增加,再生混凝土梁下部根状裂缝数目增多,间距减小,研究表明,平截面假定适用于再生混凝土梁。再生混凝土梁的破坏形态及承载力挠度曲线与普通混凝土梁相似,现行规范中开裂弯矩公式、极限承载力公式和挠度计算公式不适用于再生混凝土梁,建议将挠度计算值乘以 1.3,开裂弯矩和极限承载力计算值乘以与再生粗骨料取代率相关的修正系数。

汪加梁等[61]对再生混凝土梁受弯性能进行了试验研究,包括再生粗骨料混凝土梁和普通混凝土梁受弯性能的差异和共同点,以及不同取代率的再生混凝土梁受弯性能的差异,重点分析了再生混凝土梁的平截面假定的适用性、承载能力、抗裂性能和抗弯刚度的差异。结果表明,再生混凝土的立方体抗压强度和普通混凝土的立方体抗压强度相差不明显;再生混凝土梁极限受弯承载力小于普通混凝土梁的极限受弯承载力,取代率对再生混凝土梁的受弯极限承载力没有明显的影响;再生混凝土梁的受弯刚度小于普通混凝土梁,再生混凝土的抗裂性能比普通混凝土差。

(2)再生混凝土梁受弯破坏过程。陈爱玖[60]、汪加梁[61]等人的研究表明：再生混凝土梁的破坏过程与普通混凝土梁相似，经历弹性阶段、塑性阶段、钢筋屈服和极限状态，直至破坏。在加载的过程中发现再生混凝土梁的裂缝发展过程与普通混凝土梁相似，根据其裂缝的出现和发展形态特点，可以把再生混凝土梁的截面受力和变形过程划分为以下3个阶段：

第一阶段，从开始加载到出现第一条裂缝。在对构件加载的过程中发现，加载初期荷载值较小的时候，梁的挠度增长较慢，荷载和挠度接近直线变化，梁截面上各测点的混凝土和钢筋应变都很小。

第二阶段，随着加载值的增加，梁的弯矩达到开裂弯矩。在梁的跨中底部出现明显的裂缝，裂缝短而窄，与钢筋轴线基本垂直。随着荷载的增加，跨中的裂缝宽度和长度增长缓慢，长度还没有延伸到中性轴。同时，在梁的纯弯段第一批裂缝间也出现细小的垂直裂缝。

第三阶段，梁底纵向钢筋屈服，梁达到极限承载力，在此阶段几乎没有新的裂缝出现，即便加载值增加很小。梁的挠度迅速增大，跨中主裂缝的宽度急剧增长，并延伸到中性轴，迅速向梁顶扩展。主裂缝附近的裂缝有微小闭合的趋势，离主裂缝较远的一些微小裂缝基本闭合。继续加载时，在梁的跨中一段区域内，梁顶混凝土出现较大的塑性变形，在塑性区域内出现水平裂缝，当加载至梁的极限荷载时，受压区混凝土被压碎，甚至有几根梁顶跨中受压区混凝土崩落，并伴随一定的响声，梁破坏。

(3)试验过程分析。①平截面假定适应性分析。陈爱玖[60]为了验证平截面假定的适用性，在再生混凝土梁侧面粘贴电阻应变片，图9-28所示为再生粗骨料取代率为100%时的再生混凝土梁在不同荷载级别下的混凝土应变随梁截面高度变化的曲线。在一定标距内，再生混凝土梁从加载到接近破坏，混凝土的应变随试验梁高度的变化基本符合平截面假定。

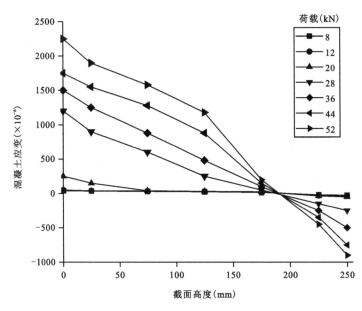

图9-28 各级荷载作用下各测点应变随高度变化的曲线

②荷载-跨中挠度分析。由图9-29中的曲线关系可以看出,再生混凝土梁在受力过程中与天然混凝土梁相同,也具有明显的弹性阶段、带裂缝工作阶段和破坏阶段,与前面的试验现象基本吻合。在弹性阶段,荷载-跨中挠度关系近似呈直线变化;开裂后至纵向钢筋屈服前,荷载-跨中挠度关系呈非线性变化;纵向钢筋屈服后,荷载-跨中挠度关系呈水平关系。

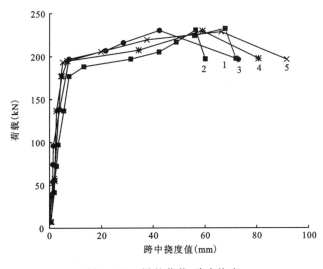

图9-29 梁的荷载-跨中挠度

相关研究表明[60],再生混凝土梁的承载力-挠度曲线与普通混凝土梁类似。随着再生粗骨料取代率的增加,再生混凝土梁的挠度增大。采用现行规范计算再生混凝土梁的挠度已经不再适用,但根据试验结果对比,给现行规范计算值乘以修正系数1.3之后的修正值与试验值较为吻合。另有研究表明[61],根据梁的跨中挠度曲线,在相同荷载作用下再生混凝土梁的挠度比普通混凝土梁的挠度大,平均约大20%,这说明相同条件下再生混凝土的受弯强度比普通混凝土小。同时随着取代率的增加,梁的挠度有增大的趋势,这表明再生混凝土梁比普通混凝土梁的延性要好。

③荷载-跨中钢筋应变分析。如图9-30所示,普通混凝土梁和不同取代率的再生混凝土梁纵向受力钢筋应变曲线都可以分成直线段、曲线段、水平段。在梁底受拉区混凝土开裂前,普通混凝土梁和再生混凝土梁跨中钢筋应变差别不大;梁底受拉区混凝土开裂后,再生混凝土梁跨中的钢筋应变都大于普通混凝土的跨中钢筋;钢筋屈服后,其应变急剧增大,再生混凝土梁比普通混凝土梁更明显。

④裂缝开展与分布分析。试验梁的裂缝开展的规律大体相同。初裂缝大多出现在加载点靠近纯弯段的下方,随着荷载的增加,裂缝沿梁高向上开展,裂缝宽度缓慢增加。纵向钢筋屈服后,裂缝宽度骤然剧增。对于平均裂缝间距,随着粗骨料取代率的增加,平均裂缝间距也随之增加;在相同荷载级别下,再生混凝土梁的裂缝宽度随粗骨料取代率的增加略有增加。

2. 再生混凝土梁受剪性能

(1)再生混凝土梁受剪性能研究概况。杜朝华等[62]对混凝土强度等级为C30,再生骨料

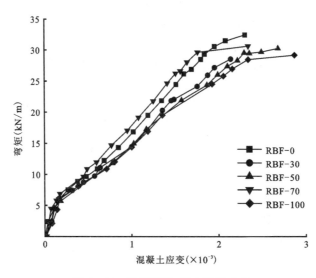

图 9-30 梁的荷载-跨中钢筋应变

取代率为 0、50%、70% 的 3 根 HRB500 钢筋混凝土梁进行试验,研究不同再生骨料取代率、不同剪跨比下混凝土梁的破坏形式以及裂缝最终形态、宽度、变形、钢筋应变及受剪承载力等性能。试验表明:当剪跨比为 1.5 时,再生混凝土梁的破坏过程、形态和裂缝发展破坏形态与普通混凝土梁相同;当剪跨比为 2.5 和 3.0 时,破坏过程与裂缝发展相似,但破坏形态趋向塑性破坏,再生骨料混凝土梁斜截面受剪能力没有降低,且再生骨料取代率的大小对梁斜截面承载力影响不大;现行规范中斜截面受剪承载力的理论公式对再生混凝土梁是适用的,安全储备较高,建议再生混凝土梁设计剪跨比在 2.5 左右。

张雷顺等[63]对腹筋再生混凝土梁进行了试验研究,主要考虑因素是再生骨料的取代率和剪跨比。试验表明:无腹筋再生混凝土梁的破坏形态与普通混凝土梁相差不大,剪跨比是主要影响因素。随着再生粗骨料取代率的增加,梁的受弯强度有所减小;再生混凝土梁的开裂荷载比普通混凝土梁小,斜裂缝的平均宽度较普通混凝土梁大。再生混凝土梁的承载力随着取代率的增大而减小,近似于线性关系。本节的研究对象为无腹筋混凝土梁,侧重于材料的改变对受剪性能的影响,并对斜裂缝的类型进行了总结。另外,对试验梁的破坏形态也进行了分析:与普通混凝土梁相同,随着剪跨比的变化,再生混凝土梁的破坏可分为斜压、剪压和斜拉 3 种形态。

(2)再生混凝土梁受剪破坏过程。再生混凝土梁受剪破坏过程与再生混凝土梁的剪跨比、配箍率、再生混凝土的强度等有着密切的联系。不同研究中再生混凝土梁受剪破坏过程也有所不同,但一般仍以剪压破坏为主。

兰阳[64]的研究表明,普通混凝土梁及再生混凝土梁,同样都发生剪压破坏。在梁破坏时,随着再生粗骨料取代率的提高,斜裂缝的平均宽度减小。对于再生粗骨料取代率为 50% 的梁,该梁未开裂时,箍筋应变较小,挠度和荷载成正比关系,荷载继续增加,在剪压区出现弯剪斜裂缝,此时箍筋应变突然增大。随着荷载的进一步增加,斜裂缝数量继续增加,斜裂缝宽度继续增大。当荷载到达 280 kN 时,在几条斜裂缝中形成一条主斜裂缝。此后,荷载增加,斜裂缝向荷载作用点延伸,剪压区高度不断减小,剪压区在剪应力和压应力的共同作用下破坏。对于再生粗骨料取代率为100%的梁,随着荷载的增大,在弯剪区出现斜裂缝,其中某条斜裂缝形成主斜裂缝后,开裂混凝土退出工作,与裂缝相交的箍筋应力急剧增加,出现应力重分布现象。随着荷载继续增加,斜裂缝不断扩展并向加载点延伸,最后箍筋屈服,剪压区混凝土破坏,梁失去承载能力。

从试验观测现象来看,再生混凝土梁在未出现斜裂缝前,箍筋应变和跨中挠度无明显变化。在斜裂缝出现时,箍筋应变有明显的拐点。在加载过程中,再生混凝土梁斜裂缝宽度、箍筋应变和跨中挠度随荷载有规律地增大,但在加载后期阶段,尤其是接近受剪极限承载力时,箍筋应变和斜裂缝宽度增大速度较快,直至试件破坏。通过试验数据来看,所有试件在破坏时,跨中挠度值较小。再生混凝土梁与普通混凝土梁的破坏形态基本一致,破坏时跨中挠度值较小,箍筋应变达到屈服,并且最大斜裂缝宽度均超过1.5mm,均发生脆性破坏。

(3)再生混凝土梁受剪破坏过程分析。①荷载-跨中挠度曲线。罗延明[65]的研究表明,试验梁均经历了弹性阶段和非弹性阶段,从加载开始到第一条斜裂缝的出现,荷载-跨中挠度曲线呈现弹性。在这个阶段,随着再生骨料取代率的增加,梁荷载-跨中挠度曲的斜率逐渐有轻微下降,即再生混凝土梁的刚度随着再生骨料掺入量的增多而略有降低;斜截面开裂后,曲线进入非线性阶段,随着荷载的增加,试验梁的挠度也随之增大,但粗骨料完全取代梁增长速度较慢而逐渐与普通混凝土梁的挠度接近。在相同荷载作用下,跨中挠度随着再生骨料取代率的增加而有所增加,这表明随着再生骨料取代率的增加,梁的受弯强度有所降低,在钢筋屈服时,荷载-挠度曲线上有一个明显的拐点,曲线水平发展,混凝土梁的挠度急剧增大而荷载保持较慢速度的增长,再生混凝土梁和基准混凝土梁的荷载-跨中挠度曲线的发展趋势是基本相同的,如图9-31所示。剪跨比对荷载-跨中挠度曲线有影响,再生骨料取代率对再生混凝土梁的变形有影响,但影响较小。

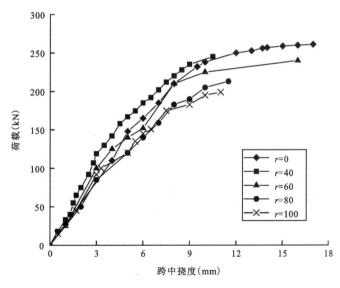

图9-31 实验梁的荷载-跨中挠度曲线对比

总体来说,再生混凝土梁的荷载-跨中挠度曲线经历了弹性阶段和非弹性阶段,与普通混凝土梁类似,随着再生粗骨料取代率的增大,跨中挠度变大,同时剪跨比对其也有一定的影响。

②荷载-箍筋应变曲线。根据已有研究[66,67],再生混凝土梁的荷载-箍筋应变曲线一般分为两个阶段,如图 9-32 所示。第一阶段,在斜裂缝出现以前,箍筋的应变很小,几乎与荷载呈线性比例增长;第二阶段,斜裂缝一旦出现,与之相交的箍筋应变随即产生突然变化,在荷载增长幅度不大的情况下应变急剧增大,未开裂处箍筋应变变化较小。此时可通过比较最终破坏时纵筋应变值与其实测屈服应变大小,判断试件破坏是否为剪切破坏。在相同荷载作用下,再生混凝土梁的箍筋应变均大于普通混凝土梁,同时从曲线的整体趋势可以发现,随着再生骨料取代率的增加,相同荷载作用下箍筋应变基本呈增长趋势,这说明再生骨料取代率对再生混凝土梁的箍筋应变影响较大,从而影响再生混凝土梁的受剪强度。

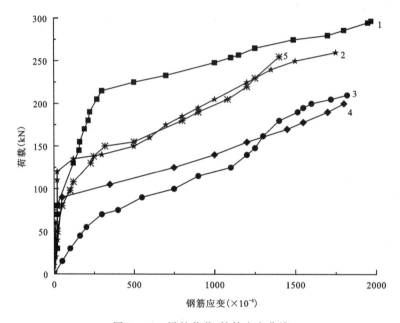

图 9-32 梁的荷载-箍筋应变曲线

③荷载-斜裂缝平均宽度曲线。王瑞娟[68]的研究表明,对于再生混凝土梁的荷载-斜裂缝平均宽度曲线,在荷载较小时,斜裂缝平均宽度与荷载基本上呈线性关系。随着荷载的增大,斜裂缝平均宽度变大。随着再生粗骨料取代率的增大,破坏时的斜裂缝平均宽度减小,但在同一荷载作用下,呈现出再生混凝土梁的斜裂缝宽度较普通混凝土梁大的趋势,而且再生骨料取代率越大,斜裂缝平均宽度越大。兰阳[64]等的研究也同样验证了这一点。

④再生混凝土粗骨料取代率。在相同条件下,再生混凝土梁的受剪开裂荷载和极限荷载均呈下降趋势,且破坏时斜裂缝平均宽度呈减小趋势。

9.7.2 再生混凝土柱

目前,再生混凝土柱的相关研究越来越多,其主要着眼于静力作用下,再生骨料取代率、再生混凝土的强度、偏心距等对再生混凝土柱受压性能的影响,但也有学者开始进行再生混凝土柱的耐火性能、重复荷载下再生混凝土柱的受压性能研究。本节基于以上研究,介绍再生混凝土柱的基本性能。

沈宏波[69]、肖建庄等[70]完成了12根不同再生粗骨料取代率下的再生混凝土柱轴心和偏心受压试验,研究的主要参数包括初始偏心距 e_0(0、30mm、82mm、100mm)、再生混凝土取代率(0、50%、100%),研究了再生混凝土柱的受力性能,主要包括其破坏形态和承载能力等,并与普通混凝土柱进行了对比。通过对试验数据的分析得到了如下结论:再生混凝土柱与普通混凝土柱的抗压受力过程和分析机理类似,再生混凝土柱在受力过程中仍具有明显的小偏压、大偏压和界限破坏3类破坏形态;再生混凝土受压 $N-M$ 相关曲线与普通混凝土类似;再生骨料对再生混凝土柱的刚度有增大作用,且再生粗骨料取代率越大,构件的刚度升高得越多;在大偏压时,增加相同的 N,随着再生粗骨料取代率的增大,承担的 M 逐渐降低,但试件的小偏压规律不明显;建议再生混凝土柱承载力设计时只用基准混凝土柱的承载力乘一个小于1的系数(轴心受压取0.9,偏心受压取0.8)。为了增大再生混凝土柱的延性,可以增加配箍率,以防止脆性破坏。

周静海等[71]研究不同再生粗骨料取代率对再生混凝土短柱承载能力的影响,采用人工方式破碎废弃混凝土,参照普通混凝土配合比设计方法,通过改变再生粗骨料的掺入量,配制再生骨料混凝土,对再生混凝土柱和普通混凝土短柱进行轴心受压试验。结果表明:再生混凝土柱与普通混凝土柱具有相似的破坏机理;再生混凝土柱的承载力随着再生粗骨料掺入量的增加逐渐降低,但降低幅度不大,当再生骨料掺入量为15%时,再生混凝柱的承载力约能达到普通混凝土柱承载力的94%。

曹万林等[72,73]对足尺、高强以及重复荷载下再生混凝土柱的性能进行了相关研究。结果表明:不同截面形式的再生粗骨料高强混凝土柱,其大偏压破坏过程、破坏形态、刚度退化、截面应变发展规律与普通混凝土柱没有明显区别。参照《混凝土结构设计规范(2015年版)》(GB 50010—2010)的相关设计公式计算其极限承载力,计算结果与试验结果符合良好,计算精度能够满足工程要求。对再生混凝土柱足尺试件轴心受压性能试验进行研究,结果表明:各试件在加载初期裂缝的出现、发展与总体损伤过程相近;再生混凝土柱的裂缝分布比普通混凝土柱均匀,裂缝相对多且发展过程相对长,承载力下降相对慢,延性较好;全再生混凝土柱后期损伤较半再生混凝土柱严重;箍筋加密对提高再生混凝土柱的承载力和延性有明显作用;轴心受压下,再生混凝土柱与普通混凝土柱相比,荷载、变形全过程曲线较为接近。相同配筋和相近混凝土强度条件下,再生混凝土柱与普通混凝土柱相比,弹性刚度和承载力接近,再生混凝土柱明显屈服位移略大,再生混凝土柱的延性较好,可采用规范中的公式进行近似计算,但应考虑再生混凝土的长期工作性能影响因素,公式中混凝土设计强度应乘折减系数。

对于足尺再生混凝土柱小偏压受力性能研究,研究者进行了3个足尺再生混凝土柱试件小偏心受压性能试验,3个试件的粗骨料取代率分别为0、50%、100%,各试件的纵筋及箍筋配筋相同,采用单向重复加载。研究者分析了各试件的破坏形态、承载力、刚度、延性、混凝土应变、钢筋应变情况。研究表明:小偏心受压下,再生混凝土柱的损伤过程及破坏形态与普通混凝土柱类似,两个再生混凝土试件的承载力与普通混凝土试件接近,刚度略小于普通混凝土试件,粗骨料取代率为50%的试件的延性较好,粗骨料取代率为100%的试件的延性与普通混凝土试件相当,可参照现行规范进行再生混凝土柱小偏心受压承载力设计。同时,研究者采用软件进行了非线性有限元分析,通过与试验结果对比验证了有限元模型的适用性,并深化研究了再生混凝土的强度、配筋率、配箍率设计参数及受压偏心率对试件偏压性能的影响。结果表明:随着再生混凝土强度的提高,试件的刚度、承载力均相应提高;随着配筋率的提高,试件的承载力有明显提高;随着配箍率的提高,试件的延性提高,承载力变化不明显;偏心率对试件受力性能的影响相对较大,随着偏心率的增大,试件的承载力降低、延性提高。

9.8 再生混凝土结构的抗震性能

9.8.1 框架结构

1. 研究概述

随着对再生混凝土研究的逐步深入,国内外开始了对再生混凝土结构性能的研究,肖建庄、孙跃东等研究了不同再生骨料掺量的再生混凝土框架及再生轻质砌块填充墙再生混凝土框架在低周反复荷载作用下的抗震性能[74,75]。试验中,以再生骨料掺量(30%、50%、100%)为主要参数,制作了5榀再生混凝土框架及1榀普通混凝土框架,通过低周反复荷载试验,研究了再生混凝土框架的抗震性能;同时还通过1榀用再生轻质砌块充填、再生骨料掺量为50%的再生混凝土框架,进行低周反复荷载试验,并和普通混凝土框架进行对比分析,研究其抗震性能,着重研究其破坏机制、延性、强度和刚度退化、耗能能力等问题,观察了不同取代率下再生混凝土框架在低周反复荷载下裂缝开展及破坏特征。

研究表明,再生混凝土框架有较好的抗震性能,随着再生骨料掺量的增加,再生混凝土框架的抗震性能没有明显降低,填充墙和框架共同工作性能良好,框架的刚度和抵抗水平荷载的能力大大加强,其变形和耗能能力较差,同时填充墙对主体框架结构的影响应引起设计者的重视,验证再生混凝土框架应用于实际工程的可行性。

闵珍等[76]完成了再生混凝土框架(再生骨料取代率包含25%、50%)和普通混凝土框架的低周反复荷载对比试验,试验表明:不同再生骨料取代率的框架破坏形态和破坏机制与普通混凝土框架没有显著的差别,且再生混凝土框架在地震作用下延性良好,满足抗震要求,在实际工程中是可应用的。

王成刚[77]对1榀单跨2层再生混凝土框架进行拟动力试验,采用不同加速度峰值的ElCentro地震波激励,研究框架的动力性能、受力特点、变形性能等抗震性能,运用有限元计算软件SAP2000对再生混凝土框架进行了动力时程分析,得出其位移反应,并与试验结果进行比较。试验表明:再生混凝土框架在多遇地震和设防烈度地震作用下具有足够的强度和刚度,框架处于弹性工作状态,加载至框架屈服,卸载后残余变形较小;在相同工况下,试验实测值比理论计算值要大,虽然存在一定的差异,但是框架各层的计算位移峰值随着加速度峰值的增大而增加的趋势是存在的。试验研究和理论分析表明,再生混凝土框架具有良好的抗震性能。

肖建庄等[78]制作1/4缩尺再生粗骨料取代率为100%的预制再生混凝土框架模型,选用不同地震波,通过模拟地震振动台进行3种地震波输入试验。通过试验得到该模型结构的自振频率、结构振型、阻尼比等动力特性,研究了加速度、楼层剪力、位移动力反应,记录了结构在试验中的开裂等现象。试验表明:随着地震动峰值强度的增加,模型自振频率下降,阻尼比增大,加速度放大系数逐渐降低,楼层剪力逐渐增大;在弹塑性阶段后期,后浇节点刚度退化迅速,层间位移明显增大;以层间位移作为评估标准,可得知预制再生混凝土框架的抗震性能良好,但应采取必要措施加强梁柱节点的耗能能力。

肖建庄等[79]又通过对1/4缩尺且平立面相同的预制及现浇再生混凝土框架结构模型的振动台试验,对比研究了2个再生混凝土框架的自振频率、楼层剪力、楼层位移、层间位移等动力反应以及刚度退化、延性等抗震性能。结果表明:在弹性和弹塑性阶段前期,在台面输入加速度峰值增加的同时,预制及现浇模型的自振频率均下降,楼层剪力和位移反应逐渐增大,但两者的抗震性能与动力反应变化趋势相近;在弹塑性阶段后期,预制框架后浇节点破坏程度较明显,结构承载力低于现浇框架结构,且刚度退化更为迅速,层间位移较现浇框架结构明显偏大,预制再生混凝土框架抗震能力总体略差于现浇框架,但施工方式对结构延性系数的影响不明显。

2. 抗震能力评估

采用层间位移作为评估标准,对预制再生混凝土框架的抗震能力进行评估。预制再生混凝土框架在弹性和弹塑性前期阶段完全满足规范规定的7度抗震设防烈度的要求,在弹塑性阶段后期节点处后浇混凝土破坏严重,耗能不佳。

结论如下:在整个试验过程中,预制再生混凝土框架结构在弹性和弹塑性阶段前期抗震性能较好,在弹塑性阶段后期,节点区损伤严重,梁端和节点区出现塑性铰,后浇混凝土和预制构件的结合面出现水平裂缝,结构抗侧刚度迅速退化;试验模型的自振频率随台面峰值加速度的增大而降低,阻尼比随着结构损伤程度的增大而增大;同一地震水准下,加速度放大系数总体上沿楼层高度方向逐渐增大,各楼层的最大楼层剪力沿楼层高度方向总体上呈递减趋势。结构的位移变形曲线和层间位移曲线的形状大致相同;随着振动台输入加速度峰值的不断增大,加速度放大系数持续减小,各楼层的位移和层间位移也随之增大,结构侧向变形曲线呈剪切型,楼层剪力呈先增大后减小的趋势;预制再生混凝土框架结构在8度多遇烈度下的最大层间位移角不满足规范要求,但是经过多次重复地震试验后,模型结构仍没有倒塌,这说明预制再生混凝土框架结构有良好的变形能力和抗震能力。建议预制再生混凝土框架结构房屋用在8度抗震设防烈度要求的地震区时,抗震结构宜按比本地区抗震设防烈度要求提高1度进行设计,且预制再生混凝土框架结构的节点连接方式还需进一步研究。

9.8.2 剪力墙

如今在建筑物中使用的结构形式种类繁多,剪力墙是一种应用非常普遍的结构形式。由于抗侧刚度大,在地震区应用剪力墙结构可建造抗震性能良好的建筑,并且在有良好的构造措施条件下,剪力墙结构能够拥有很好的延性。因此,把再生混凝土应用到剪力墙结构的研究有重大的实际意义。将再生混凝土低矮剪力墙应用到实际结构工程中,也是再生混凝土应用的重要途径。因此,本节通过对再生混凝土剪力墙抗震性能的阐述,为再生混凝土剪力墙在实际结构工程中的应用提供一定的参考和建议。

曹万林等[80,81]对再生混凝土剪力墙在低周反复荷载作用下的抗震性能进行了较系统的试验研究,包括再生混凝土低矮剪力墙(剪跨比为1.0)、再生混凝土中高剪力墙(剪跨比为1.5)、再生混凝土高剪力墙(剪跨比为2.0)。再生混凝土矮剪力墙的试验研究表明再生粗骨料混凝土低矮剪力墙在承载力、延性、耗能能力方面与普通混凝土剪力墙接近。由此可见,采用再生粗骨料替代天然石子用于剪力墙结构是可行的;相比普通混凝土低矮剪力墙,全再生混凝土低矮剪力墙的抗震性能有一定的降低。因此,建议严格控制再生细骨料替代天然细骨料的比例。另外,试验证明加设暗支撑可明显改善再生混凝土低矮剪力墙的抗震性能。

再生混凝土中高剪力墙的试验研究表明:相比普通混凝土剪力墙,再生混凝土中高剪力墙的承载力、耗能能力和延性略低,但其承载力下降幅度在7%以内,耗能下降幅度在10%以内,延性下降幅度在15%以内,可见通过合理的设计能够满足实际工程的要求;随着再生细骨料取代率的增加,再生混凝土中高剪力墙的承载力、延性、耗能能力呈下降趋势,刚度退化呈加快趋势;轴压比的提高,可使再生混凝土中高剪力墙的承载力有所提高,但墙体变形能力降低;随着配筋率的提高,再生混凝土中高剪力墙的承载力、耗能能力和延性均有所提高。可见,通过合理的设计,再生混凝土高剪力墙可以用于实际结构工程的抗震设计。

张朝阳[82]将再生混凝土用到了格构式剪力墙中,研究了格构式再生混凝土剪力墙的抗震性能,对3片格构式再生混凝土剪力墙进行了拟静力试验,研究分析了轴压比、加强边柱配筋、不同粗骨料掺量等参数对墙体的滞回曲线、骨架曲线、延性、耗能能力、刚度、墙体的承载力、相对变形等的影响,得到了较为实用的墙体抗震抗剪计算公式。研究结果表明,格构式再生混凝土剪力墙以剪切破坏为主;边柱配筋率的增加可以提高格构式再生混凝土剪力墙的抗震性能;实体混凝土剪力墙抗剪计算公式适用于格构式再生混凝土剪力墙。

肖飞[83]研究了不同轴压比对再生混凝土高墙的影响,试验影响参数轴压比分别为0.2、0.3、0.4,3片试件的骨料取代率均为100%,墙厚为130mm,墙宽为1050mm,墙高为2150mm,对3片再生混凝土高剪力墙进行低周反复荷载试验研究。在试验的基础上,肖飞分析了各剪力墙的承载力、延性、刚度、滞回特征及破坏特征。最后,通过有限元分析软件ABAQUS对3片试件的受力状况进行了数值模拟分析。研究表明:再生混凝土高剪力墙的受力过程与普通混凝土剪力墙比较相似,发生弯曲破坏的再生混凝土高剪力墙延性较好、滞回环稳定、承载力和刚度下降缓慢;随着轴压比的逐渐增大,再生混凝土高剪力墙的承载力有所增加,但是延性性能有所降低,耗能能力也略有下降,抗震性能略差。在实际工程中,这种再生混凝土高剪力墙经过合理的设计可以满足小高层剪力墙住宅的结构抗震要求。

9.8.3 节点

框架节点,狭义上来说,为框架梁柱交接处节点核心区域;广义上来说,为框架梁柱交接处核心区域及梁柱构件端部的区域。梁柱的构件尺寸与梁柱根部纵筋、箍筋配置直接影响着节点核心区的破坏形式,关系相邻梁柱端部承载力、转动刚度和锚性能。对框架节点进行研究时,要将核心区域与梁柱端部作为相互关联的整体进行分析。

姚峰[84]制作了2榀再生粗骨料取代率为100%、粉煤灰等量取代率为15%的改性再生混凝土框架中节点,探讨以粉煤灰作为外加剂的改性再生混凝土框架节点的破坏机理、滞回曲线、刚度退化、耗能能力、延性特征等抗震性能。图9-33为试件尺寸及配筋图。

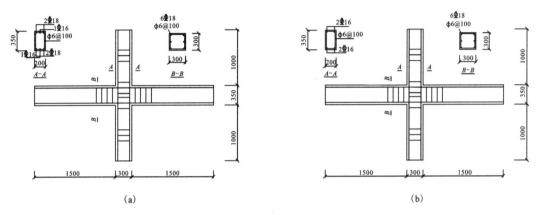

图9-33 试件尺寸及配筋图
(a)试件ZJ-1;(b)试件ZJ-2

试验表明:改性再生混凝土中节点破坏过程均经历初裂、通裂、极限、破坏4个特征阶段。节点核心区域破坏时混凝土呈酥裂状,表现出明显脆性性质。梁根部适量配置纵筋,在核心区域发生剪切破坏前,能够充分发挥变形能力,滞回曲线较为丰满。轴向压力的施加可改变核心区域主拉应力方向,延缓节点裂缝的开展。在试验研究的基础上,利用有限元分析软件ABAQUS,结合再生混凝土的本构关系及CDP模型对2榀试件ZJ-1与ZJ-2进行仿真模拟,模拟值与试验值所代表的荷载及变化趋势相近。而再生混凝土本构模型无成熟的应力-应变关系式,具有比普通混凝土更显著的脆性,导致模拟骨架曲线破坏阶段承载力下降不明显。软件无法有效模拟试件中后期产生的裂缝,导致滞回曲线中无滑移段及捏拢现象存在。

焦志超[85]设计并制作了3个再生混凝土框架梁柱中节点试件和1个普通混凝土框架梁柱中节点试件。设计水平力作用下框架平面中节点左、右梁与上、下柱反弯点之间的梁柱组合体试件。4个试件的设计原则均为"强柱弱梁",同时每个节点又采用了不同的设计原则。试件RACJ-1和RCJ的设计原则为"强柱,节点与梁均衡",试件RACJ-2的设计原则为"强节点、强柱、弱梁",试件RACJ-3的设计原则为"强梁、强柱、弱节点"。

RAC框架梁柱节点抗震性能试验采用拟静力加载,试件采用上、下柱端铰接,左、右梁端自由的边界条件,自平衡加载装置如图9-34所示。

试件RACJ-1受力局部破坏特征如图9-35所示。

通过低周反复荷载作用下的拟静力试验,对再生混凝土框架梁柱中节点试件的破坏形态、滞回特性、延性、耗能能力、刚度退化、节点核心区域梁筋黏结滑移问题等进行了研究,并与普通混凝土框架梁柱中节点试件的各项性能进行对比可知,再生混凝土框架梁柱中节点试件在承载能力、延性、耗能能力等各方面与普通混凝土框架梁柱中节点试件都存在不同程

图9-34 自平衡加载装置

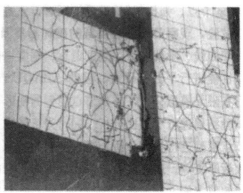

图9-35 试件RACJ-1受力局部破坏特征

度的劣势,且再生混凝土试件的最终破坏形态为贯穿节点的梁纵筋与核心区混凝土的黏结滑移破坏。梁纵筋在节点核心区域的锚固问题成为阻碍再生混凝土应用于抗震框架梁柱节点的一个重要问题,采取何种方式以避免这种破坏形态的发生,是今后研究工作的一个重要方向。

白国良等[86]通过对再生粗骨料取代率分别为0、50%、100%的3榀框架梁柱节点进行抗震性能试验研究,分析了3种取代率下再生混凝土梁柱节点的抗震性能和破坏形态,在此基础上重点研究了再生混凝土梁柱节点恢复力模型。试件的尺寸和配筋相同,如图9-36所示,试验采用拟静力加载方案。

通过分析试验结果发现,再生混凝土梁柱节点与普通混凝土节点的破坏过程相似,均经历了初裂、通裂、极限、破坏4个阶段,通过对比分析再生混凝土梁柱节点滞回曲线和骨架曲线特征,基于试验数据拟合与理论分析计算,建立了包含不同取代率再生混凝土梁柱节点恢复力骨架曲线模型和刚度退化规律的再生混凝土梁柱节点恢复力模型。

9 再生混凝土结构的性能

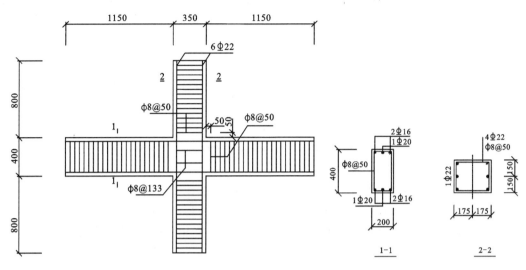

图 9-36 试件的尺寸和配筋

柳炳康等[87]通过3个再生混凝土框架梁柱中节点试件在低周反复荷载下的加载试验,对其破坏形态、滞回性能、延性特征、刚度退化等进行了研究,为再生混凝土结构的工程应用提供了试验依据和理论基础。研究结果表明:再生混凝土节点的受力和破坏过程可分为初裂阶段、通裂阶段、极限阶段、破坏阶段;节点核心区域剪切破坏时,混凝土多沿再生骨料新老砂浆界面呈酥松状破坏,表现出明显脆性性质;增加箍筋数量,可以提高节点核心区域的受剪承载力;在核心区域发生剪切破坏前,梁根部纵筋能够充分发挥变形能力,滞回曲线较为丰满;施加轴向压力,可延缓节点裂缝的开展,抑制梁纵筋黏结滑移,有助于提高试件的抗震性能;再生混凝土试件具有一定的延性和耗能能力,通过合理的设计可以用在抗震设防地区。

思考题

9.1 当再生混凝土用于道路时,冬季使用除冰盐处理表面积雪,除了保证再生混凝土的抗冻性能,还需要注意哪些问题?可采取哪些措施避免或减轻再生混凝土的劣化。

9.2 不同品质再生粗骨料混凝土的质量损失率随溶蚀龄期的变化规律与抗压强度损失率的变化趋势大致相同。思考溶蚀初期的质量损失主要来自哪些反应。

9.3 思考实验室碳化与室外自然碳化的区别和联系,并判断实验室碳化28d相当于室外碳化多久?思考碳化深度与钢筋保护层厚度之间的关系。

参考文献

[1] MALHOTRA V M. Use of recycled concrete a new aggregate[R]. Report 76-18, Canada Center for Mineral and Energy Technology, Ottawa, Canada, 1976.

[2] KAKIZAKI M, HARADA M. Strength and elastic modulus of recycled aggregate

concrete[A]//Proceedings of the second international RILEM symposium on demolition and reuse of concrete and masonry[C]. Tokyo,Japan,1988:565-574.

[3]Building Contractors Society. Proposed standard for the "Use of recycled aggregate and recycled aggregate concrete"[J]. Concrete Journal,1977,15(7):16-28.

[4]HANSEN T C. Recycling of demolished concrete and masonry[M]. London: E&FNSPON,1992.

[5]POON C S,SHUI Z H,LAM L,et al. Influence of moisture states of natural and recycled aggregates on the slump and compressive strength of concrete[J]. Cement and Concrete Research,2004,34(1):31-36.

[6]肖建庄,林壮斌,朱军.再生骨料级配对混凝土抗压强度的影响[J].四川大学学报(工程科学版),2014,46(4):154-160.

[7]黄显智,王子明,姜德义.再生骨料混凝土循环利用的试验研究[J].混凝土,2003(10):24-27.

[8]张向冈,陈宗平,薛建阳.再生混凝土的物理与力学性能试验研究[J].硅酸盐通报,2015,34(6):1684-1689.

[9]陈宗平,占东辉,徐金俊.再生粗骨料含量对再生混凝土力学性能的影响分析[J].工业建筑,2015,45(1):130-135.

[10]RIDZUAN A R M,DIAH A B M,HAMIR R,et al. The influence of recycled aggregate concrete on the early compressive strength and drying shrinkage of concrete[A]//Proceedings of the international conference on structural engineering,mechanics and computation[C]. Cap Town,South Africa,2001:1415-1421.

[11]IKEDA T,YAMANE S. Strengths of concrete containing recycled aggregate[A]//Proceedings of the second international RILEM symposium on demolition and reuse ofconcrete and masonry[C]. Tokyo,Japan,1988:585-594.

[12]RAVINDRARAJAH R S,LOO Y H,TAM C T. Recycled concrete as fine and coarse aggregates in concrete[J]. Magazine of Concrete Research,1987,39(141):214-220.

[13]TOPÇU I B,ŞENGEL S. Properties of concretes produced with waste concrete aggregate[J]. Cement and Concrete Research,2004,34(8):1307-1312.

[14]SAGOE-CRENTSIL K K,BROWN T,TAYLOR A H. Performance of concrete made with commercially produced coarse recycled concrete aggregate[J]. Cement and Concrete Research,2001,31(5):707-712.

[15]TAVAKOLI M,SOROUSHIAN P. Strengths of recycled aggregate concrete made using field-demolished concrete as aggregate[J]. ACI Materials Journal,1996,93(2):182-190.

[16]GUPTA S M. Strength characteristic of concrete made with demolition waste as coarse aggregate[J]. Recent Developments in Structural Engineering,2008,27(6):364-373.

[17]肖建庄,雷斌,袁飚.不同再生粗集料混凝土劈裂抗拉强度分布特征[J].建筑材料学报,2008(2):223-229.

[18]黄国兴,惠荣炎,王秀君.混凝土徐变与收缩[M].北京:中国电力出版社,2012.

[19]肖建庄,雷斌.再生混凝土耐久性能研究[J].混凝土,2008(5):83-89.

[20]肖建庄,范玉辉.再生混凝土徐变试验及机理的模型化分析[J].建筑科学与工程学报,2012,29(4):18-24.

[21]罗俊礼,徐志胜,谢宝超.不同骨料等级再生混凝土的收缩徐变性能[J].中南大学学报(自然科学版),2013,44(9):3815-3822.

[22]张珍,闫宏生.再生混凝土的碳化[J].混凝土,2009(11):34 36.

[23]冯乃谦,邢锋.高性能混凝土的氯离子渗透性和导电量[J].混凝土,2010(11):3-7.

[24]肖建庄,卢福海,孙振平.淡化海砂高性能混凝土氯离子渗透性研究[J].工业建筑,2004,34(5):4-6.

[25]POWERS T C. A working hypothesis for further studies of frost resistance[J]. Journal of the ACI,1945,23(4):245-272.

[26]POWERS T C,HELMUTH R A. Theory of volume changes in hardened Portland cement-pastes during freezing[J]. Proceedings of the Highway Research Board,1953,12(7):285-297.

[27]MARUSIN S. The effect of variation in pore structure on the frost resistance of porousmaterials[J]. Cement and Concrete Research,1981,11(1):115-124.

[28]慕儒,田稳苓,周明杰.冻融循环条件下混凝土中的水分迁移[J].硅酸盐学报,2010,38(9):1713-1717.

[29]李天瑷.试论混凝土冻害机理:静水压与渗透压的作用[J].混凝土与水泥制品,1989,12(5):8-11.

[30]FAGERLUND G. The international cooperative test of the critical degree of saturation method of assessing the freeze-thaw resistance of concrete[J]. Durability of concrete: American Concrete Institute,1975,11(5):13-65.

[31]FAGERLUND G. Prediction of the service life of concrete exposed to frost action[R]. Stockholm: Swedish Cement and Concrete Research Institute,1979.

[32]FAGERLUND G. The critical degree of saturation method of assessing the freeze-thaw resistance of concrete[J]. Matériaux et Construction,1977,10(4):217-229.

[33]王立久,袁大伟.关于混凝土冻害机理的思考[J].低温建筑技术,2007,119(5):1-3.

[34]黄士元,蒋家奋,杨南如,等.近代混凝土技术[M].西安:陕西科学技术出版社,1998.

[35]王立久,王振双,崔正龙,等.再生混凝土抗冻耐久性试验研究[J].低温建筑技术,2009,31(7):1-2.

[36]洪锦祥,谬昌文,刘加平,等.冻融损伤混凝土力学性能衰减规律[J].建筑材料学报,2012,15(2):173-178.

[37]ZAHARIEVA R,BUYLE-BODIN F,WIRQUIN E. Frost resistance of recycled aggregate concrete[J]. Cement and Concrete Research,2004,34(10):1927-1932.

[38]陈爱玖,王静,章青.再生粗骨料混凝土抗冻耐久性试验研究[J].新型建筑材料,2008,35(12):1-5.

[39] 王立久. 混凝土抗冻耐久性预测数学模型[J]. 混凝土,2009,234(4):1-4.

[40] 刘数华. 再生混凝土技术[M]. 北京:中国建材工业出版社,2007.

[41] 李金玉. 冻融环境下混凝土结构耐久性设计与施工[J]. 水力发电,2004,30(2):244-252.

[42] ACI Committee 318. Standard building code requirements for reinforced concrete ACI[J]. Detroit,Michigan,1983.

[43] 李滢. 矿物掺合料对再生混凝土性能的影响研究[J]. 混凝土,2013,283(5):65-68.

[44] 刘伟,邢锋,谢友均. 水灰比、矿物掺合料对混凝土孔隙率的影响[J]. 低温建筑技术,2006(1):9-11.

[45] 尹兴伟,吴相豪. 矿物掺合料对再生混凝土抗冻性影响的试验研究[J]. 混凝土,2012(8):90-93.

[46] 陈爱玖,孙晓培,张敏,等. 活性掺合料再生混凝土抗冻性能试验[J]. 混凝土,2014(6):20-23.

[47] SALEM R M,BURDETTE E G,JACKSON N M. Resistance to freezing and thawing of recycled aggregate concrete[J]. ACI Materials Journal,2003,100(3):216-221.

[48] DEBIED F,KENAI S. The use of coarse and fine crushed bricks as aggregate in concrete[J]. Construction and Building Materials,2008,22(5),886-893.

[49] 张德思,成秀珍. 粉煤灰混凝土抗冻融耐久性的研究[J]. 西北工业大学学报,2000,18(2):175-178.

[50] GOKCE A,NAGATAKI S,SSEKI T,et al. Freezing and thawing resistance of air entrained concrete incorporating recycled coarse aggregate:the role of air content in demolished concrete[J]. Cement and Concrete Research,2004,34(5):799-806.

[51] 张雷顺. 再生混凝土抗冻耐久性试验研究[J]. 工业建筑,2005,35(9):64-66.

[52] 柳俊哲,耿俊迪,巴明芳,等. 亚硝酸盐对含氯盐砂浆内钢筋钝化膜组成的影响[J]. 建筑材料学报,2018,21(4):536-541.

[53] OLANIKE A O. Experimental investigation into the freeze thaw resistance of concrete using recycled concrete aggregates and admixtures[J]. Civil Engineering and Architecture,2014,2(4):176-180.

[54] SAITO H,DEGUCHI A. Leaching tests on different mortars using accelerated electrochemical method[J]. Cement and Concrete Research,2000,30(11):1815-1825

[55] AGOSTINI F,LAFHAJ Z,SKOCZYLAS F,et al. Experimental study of accelerated leaching on hollow cylinders of mortar[J]. Cement and Concrete Research,2007,37(1):71-78.

[56] DAI J G,AKIRA Y,WITTMANN F H,et al. Water repellent surface impregnation for extension of service life of reinforced concrete structures in marine environments:the role of cracks[J]. Cement and Concrete Composites,2010,32(2):101-109.

[57] XUE X,LIU Y L,DAI J G,et al. Inhibiting efflorescence formation on fly ash-based geopolymer via silane surface modification[J]. Cement and Concrete Composites,

2018,94:43-52.

[58]刘超,白国良,冯向东,等.再生混凝土梁抗弯承载力计算适用性研究[J].工业建筑,2012,42(4):25-30.

[59]尹磊.再生混凝土梁正常使用极限状态力学性能试验研究[D].西安:西安建筑科技大学,2012.

[60]陈爱玖,王璇,解伟,等.再生混凝土梁受弯性能试验研究[J].建筑材料学报,2015,18(4):589-595.

[61]汪加梁,张春.再生混凝土梁抗弯性能试验[J].兰州理工大学学报,2016,42(2):130-134.

[62]杜朝华,刘立新,付俊飞.再生集料混凝土梁受剪性能试验研究[J].工业建筑,2012,42(9):66-70.

[63]张雷顺,张晓磊,闫国新.再生混凝土无腹筋梁斜截面受力性能试验研究[J].郑州大学学报,2006(2):18-23.

[64]兰阳.再生混凝土梁受弯与受剪性能研究[D].上海:同济大学,2004.

[65]罗延明.再生混凝土剪切性能和梁抗剪性能试验研究[D].南宁:广西大学,2008.

[66]邓志恒,杨海峰,罗延明.再生混凝土有腹筋简支梁斜截面抗剪试验研究[J].工业建筑,2010,40(12):47-50.

[67]王磊.混凝土梁受剪承载力及可靠度分析[D].哈尔滨:哈尔滨工业大学,2012.

[68]王瑞娟.再生混凝土梁抗剪性能研究及非线性有限元分析[D].天津:天津城市建设学院,2010.

[69]沈宏波.再生混凝土柱受力性能试验研究[D].上海:同济大学,2005.

[70]肖建庄,沈宏波,黄运标.再生混凝土柱受压性能试验[J].结构工程师,2006,22(6):73-77.

[71]周静海,杨永生,焦霞.再生混凝土柱轴心受压承载力研究[J].沈阳建筑大学学报(自然科学版),2008,24(4):572-576.

[72]张建伟,申宏权,曹万林.高强再生混凝土柱大偏压性能试验研究[J].自然灾害学报,2015,24(2):60-67.

[73]曹万林,李东华,周中一.再生混凝土柱足尺试件轴心受压性能试验研究[J].结构工程师,2013,29(6):144-150.

[74]孙跃东.再生混凝土框架抗震性能试验研究[D].上海:同济大学,2006.

[75]XIAO J Z,SUN Y D,FALKNER H. Seismic performance of frame structures with recycled aggregate concrete[J]. Engineering Structures,2006(28):1-8.

[76]闵珍,孙伟民,郭樟根.再生混凝土框架抗震性能试验研究[J].世界地震工程,2011,27(1):22-27.

[77]王成刚,胡波,柳炳康.再生混凝土框架拟动力试验研究和分析[J].工业建筑,2013,43(10):50-54.

[78]肖建庄,丁陶,范氏鸾,等.预制再生混凝土框架模型模拟地震振动台试验[J].同济大学学报(自然科学版),2014,42(2):190-197.

[79] 肖建庄,丁陶,王长青,等.现浇与预制再生混凝土框架结构抗震性能对比分析[J].东南大学学报(自然科学版),2014,44(1):194-198.

[80] 曹万林,刘强,张建伟,等.再生混凝土低矮剪力墙抗震性能试验研究[J].世界地震工程,2009,25(1):1-5.

[81] 张建伟,曹万林,朱珩,等.再生混凝土中高剪力墙抗震性能试验研究[J].工程力学,2010,27(1):270-274.

[82] 张朝阳.格构式再生混凝土墙体抗震性能研究[D].沈阳:沈阳建筑大学,2012.

[83] 肖飞.不同轴压比下再生混凝土高剪力墙试验研究[D].合肥:合肥工业大学,2012.

[84] 姚峰.改性再生混凝土框架中节点抗震性能试验研究[D].合肥:合肥工业大学,2015.

[85] 焦志超.再生混凝土框架梁柱节点抗震性能试验研究[D].北京:北京建筑大学,2013.

[86] 白国良,韩玉岩,刘超.再生混凝土梁柱节点恢复力模型试验研究[J].工业建筑,2016,46(2):42-46+62.

[87] 柳炳康,陈丽华,周安,等.再生混凝土框架梁柱中节点抗震性能试验研究[J].建筑结构学报,2011,32(11):109-115.